中国工程科技2035发展战略丛书

The Development Strategy of
China's Engineering Science and Technology for 2035

中国工程科技2035发展战略

农业领域报告

"中国工程科技2035发展战略研究"项目组

科学出版社

北 京

图书在版编目 (CIP) 数据

中国工程科技 2035 发展战略. 农业领域报告 /"中国工程科技 2035 发展战略研究"项目组编. —北京:科学出版社,2019.6
ISBN 978-7-03-061254-0

I. ①中… Ⅱ. ①中… Ⅲ. ①科技发展－发展战略－研究报告－中国 ②农业科学－科技发展－发展战略－研究报告－中国 Ⅳ. ①G322 ②S-12

中国版本图书馆 CIP 数据核字(2019)第 094694 号

策划编辑:侯俊琳 牛 玲
责任编辑:张 莉 李世霞 / 责任校对:邹慧卿
责任印制:师艳茹 / 封面设计:有道文化
编辑部电话:010-64035853
E-mail:houjunlin@mail.sciencep.com

科 学 出 版 社 出版
北京东黄城根北街 16 号
邮政编码:100717
http://www.sciencep.com

中国科学院印刷厂 印刷
科学出版社发行 各地新华书店经销

*

2019 年 6 月第 一 版 开本:720×1000 1/16
2019 年 6 月第一次印刷 印张:18 3/4 插页:1
字数:300 000

定价:**112.00 元**

(如有印装质量问题,我社负责调换)

中国工程科技 2035 发展战略研究联合领导小组

组　长：周　济　杨　卫
副组长：赵宪庚　高　文
成　员（以姓氏笔画为序）：
　　　　王长锐　王礼恒　尹泽勇　卢锡城　孙永福
　　　　杜生明　李一军　杨宝峰　陈拥军　周福霖
　　　　郑永和　孟庆国　郝吉明　秦玉文　柴育成
　　　　徐惠彬　康绍忠　彭苏萍　韩　宇　董尔丹
　　　　黎　明

联合工作组

组　长：吴国凯　郑永和
成　员（以姓氏笔画为序）：
　　　　孙　粒　李艳杰　李铭禄　吴善超　张　宇
　　　　黄　琳　龚　旭　董　超　樊新岩

中国工程科技 2035 发展战略丛书
编委会

主　任：周　济　杨　卫
副主任：赵宪庚　高　文　王礼恒
编　委（以姓氏笔画为序）：

丁一汇　王　雪　尤　政　尹泽勇　卢锡城
吕　薇　庄松林　孙永福　孙优贤　孙宝国
孙殿军　李　平　李天初　李德发　杨宝峰
吴孔明　吴曼青　余贻鑫　张　军　张　偲
范维澄　金东寒　金翔龙　周福霖　赵文智
郝吉明　段　宁　袁业立　聂建国　徐建国
徐惠彬　殷瑞钰　栾恩杰　高从堦　唐启升
康绍忠　屠海令　彭苏萍　程　京　谭久彬
潘德炉

项目办公室

主　任：吴国凯　郑永和
成　员（以姓氏笔画为序）：
　　　孙　粒　李艳杰　张　宇　黄　琳　龚　旭

工　作　组

组　长：王崑声
副组长：黄　琳　龚　旭　周晓纪
成　员（以姓氏笔画为序）：
　　　丁淑富　马　飞　王亚琼　王宏伟　王晓俊
　　　王爱红　王海风　左家和　白　雁　刘　奕
　　　安　达　孙　粒　孙胜凯　李冬梅　李铭禄
　　　李凭峰　但智钢　宋　超　张　勇　张　莉
　　　张　健　张　博　张文韬　陈进东　范桂梅
　　　周　源　宗玉生　胡良元　侯超凡　袁建华
　　　夏登文　唐海英　黄海涛　崔　剑　梁桂林
　　　董　超　满　璇　裴　钰　阚晓伟　谭宗颖
　　　樊新岩　魏　畅

中国工程科技 2035 发展战略·农业领域报告
编委会

顾　问： 刘　旭　邓秀新　夏咸柱　汪懋华　戴景瑞
　　　　　傅廷栋　尹伟伦　贾敬敦　刘　艳
主　任： 康绍忠
副主任： 吴孔明　李德发
成　员（以姓氏汉语拼音为序）：
　　　　　陈登宇　陈源泉　杜太生　方智远　郭　鑫
　　　　　胡顺林　霍再林　康绍忠　李德发　李憑峰
　　　　　刘秀梵　陆红娜　陆建中　罗锡文　孙龙启
　　　　　唐启升　田见晖　王军军　吴孔明　解　沛
　　　　　严海军　杨富裕　臧　英　张齐生

工 作 组

成 员（以姓氏汉语拼音为序）：

陈　清　　陈登宇　　陈松林　　陈源泉　　储富祥
董仁杰　　杜太生　　范　军　　方升佐　　傅　峰
桂建芳　　郭　鑫　　韩红兵　　韩建永　　韩鲁佳
韩振海　　胡顺林　　霍再林　　江正强　　赖长华
李　蕾　　李道亮　　李凭峰　　李天红　　李振波
刘振虎　　陆建中　　彭大新　　区颖刚　　宋卫堂
宋正河　　孙龙启　　田见晖　　王朝元　　王军军
王秀东　　吴才聪　　肖　波　　解　沛　　严海军
杨富裕　　杨晓光　　叶乃好　　尹佟明　　袁全平
臧　英　　臧建军　　赵桂慎　　周顺利　　庄志猛

总　　序

科技是国家强盛之基，创新是民族进步之魂，而工程科技是科技向现实生产力转化过程的关键环节，是引领与推进社会进步的重要驱动力。当前，中国特色社会主义进入新时代，党的十九大提出了2035年基本实现社会主义现代化的发展目标，要贯彻新发展理念，建设现代化经济体系，必须把发展经济的着力点放在实体经济上，把提高供给体系质量作为主攻方向，显著增强我国经济质量优势。我国作为一个以实体经济为主带动国民经济发展的世界第二大经济体，以及体现实体经济发展与工程科技进步相互交织、相互辉映的动力型发展体，工程科技发展在支撑我国现代化经济体系建设，推动经济发展质量变革、效率变革、动力变革中具有独特的作用。习近平总书记在2016年"科技三会"[①]上指出，"国家对战略科技支撑的需求比以往任何时期都更加迫切"，未来20年是中国工程科技大有可为的历史机遇期，"科技创新的战略导向十分紧要"。

2015年始，中国工程院和国家自然科学基金委员会联合组织开展了"中国工程科技2035发展战略研究"，以期集聚群智，充分发挥工程科技战略对我国工程科技进步和经济社会发展的引领作用，"服务决策、适度超前"，积极谋划中国工程科技支撑高质量发展之路。

---

① "科技三会"即2016年5月30日召开的全国科技创新大会、中国科学院第十八次院士大会和中国工程院第十三次院士大会、中国科学技术协会第九次全国代表大会。

第一，中国经济社会发展呼唤工程科技创新，也孕育着工程科技创新的无限生机。

创新是引领发展的第一动力，科技创新是推动经济社会发展的根本动力。当前，全球科技创新进入密集活跃期，呈现高速发展与高度融合态势，信息技术、新能源、新材料、生物技术等高新技术向各领域加速渗透、深度融合，正在加速推动以数字化、网络化、智能化、绿色化为特征的新一轮产业与社会变革。面向 2035 年，世界人口与经济持续增长，能源需求与环境压力将不断增大，而科技创新将成为重塑世界格局、创造人类未来的主导力量，成为人类追求更健康、更美好的生活的重要推动力量。

习近平总书记在 2018 年两院院士大会开幕式上讲到："我们迎来了世界新一轮科技革命和产业变革同我国转变发展方式的历史性交汇期，既面临着千载难逢的历史机遇，又面临着差距拉大的严峻挑战。"从现在到 2035 年，是将发生天翻地覆变化的重要时期，中国工业化将从量变走向质变，2020 年我国要进入创新型国家行列，2030 年中国的碳排放达到峰值将对我国的能源结构产生重大影响，2035 年基本实现社会主义现代化。在这一过程中释放出来的巨大的经济社会需求，给工程科技发展创造了得天独厚的条件和千载难逢的机遇。一是中国将成为传统工程领域科技创新的最重要战场。三峡水利工程、南水北调、超大型桥梁、高铁、超长隧道等一大批基础设施以及世界级工程的成功建设，使我国已经成为世界范围内的工程建设中心。传统产业升级和基础设施建设对机械、土木、化工、电机等学科领域的需求依然强劲。二是信息化、智能化将是带动中国工业化的最佳抓手。工业化与信息化深度融合，以智能制造为主导的工业 4.0 将加速推动第四次工业革命，老龄化社会将催生服务型机器人的普及，大数据将在城镇化过程中发挥巨大作用，天网、地网、海网等将全面融合，信息工程科技领域将迎来全新的发展机遇。三是中国将成为一些重要战略性新兴产业的发源地。在我国从温饱型社会向小康型社会转型的过程中，人民群众的消费需求不断增长，将创造令世界瞩目和羡慕的消费市场，并将在一定程度上引领全球消费市场及相关行业的发展方向，为战略性新兴产业的形成与发展奠定坚实的基础。四是中国将是生态、能源、资源环境、医疗卫生等领域工程科技创新的主战场。尤其是在页岩气开发、碳排放减量、核能利用、水污染治理、土壤修复等方面，未来 20 年中国需求巨大，给能源、节能环保、医疗保健等产业及其相关工程领域创造了难得的发展机遇。五是中国的国防现代化建设、航空航天技术与工程的跨越式发展，给工程科技领域提出了更多更高的要求。

为了实现 2035 年基本实现社会主义现代化的宏伟目标，作为与经济社会联系最紧密的科技领域，工程科技的发展有较强的可预见性和可引导性，更有可能在"有所为、有所不为"的原则下加以选择性支持与推进，全面系统地研究其发展战略显得尤为重要。

第二，中国工程院和国家自然科学基金委员会理应共同承担起推动工程科技创新、实施创新驱动发展战略的历史使命。

"工程科技是推动人类进步的发动机，是产业革命、经济发展、社会进步的有力杠杆。"[①] 习近平总书记在 2016 年"科技三会"上指出："中国科学院、中国工程院是我国科技大师荟萃之地，要发挥好国家高端科技智库功能，组织广大院士围绕事关科技创新发展全局和长远问题，善于把握世界科技发展大势、研判世界科技革命新方向，为国家科技决策提供准确、前瞻、及时的建议。要发挥好最高学术机

---

① 参见习近平总书记 2018 年 5 月 28 日在中国科学院第十九次院士大会和中国工程院第十四次院士大会上的讲话。

构学术引领作用，把握好世界科技发展大势，敏锐抓住科技革命新方向。"这不仅高度肯定了战略研究的重要性，而且对战略研究工作提出了更高的要求。同时，习近平总书记在2018年两院院士大会上指出，"基础研究是整个科学体系的源头。要瞄准世界科技前沿，抓住大趋势，下好'先手棋'，打好基础、储备长远"；"要加大应用基础研究力度，以推动重大科技项目为抓手"；"把科技成果充分应用到现代化事业中去"。

中国工程院是国家高端科技智库和工程科技思想库；国家自然科学基金委员会是我国基础研究的主要资助机构，也是我国工程科技领域基础研究最重要的资助机构。为了发挥"以科学咨询支撑科学决策，以科学决策引领科学发展"[①]的制度优势，双方决定共同组织开展中国工程科技中长期发展战略研究，这既是充分发挥中国工程院国家工程科技思想库作用的重要内容和应尽责任，也是国家自然科学基金委员会引导我国科学家面向工程科技发展中的科学问题开展基础研究的重要方式，以及加强应用基础研究的重要途径。2009年，中国工程院与国家自然科学基金委员会联合组织开展了面向2030年的中国工程科技中长期发展战略研究，并决定每五年组织一次面向未来20年的工程科技发展战略研究，围绕国家重大战略需求，强化战略导向和目标引导，勾勒国家未来20年工程科技发展蓝图，为实施创新驱动发展战略"谋定而后动"。

第三，工程科技发展战略研究要成为国家制定中长期科技规划的重要基础，解决工程科技发展问题需要基础研究提供长期稳定支撑。

工程科技发展战略研究的重要目标是为国家中长期科技规划提供

---

① 参见中共中央办公厅、国务院办公厅联合下发的《关于加强中国特色新型智库建设的意见》。

有益的参考。回顾过去，2009年组织开展的"中国工程科技中长期发展战略研究"，为《"十三五"国家科技创新规划》及其提出的"科技创新2030—重大项目"提供了有效的决策支持。

党的十八大以来，我国科技事业实现了历史性、整体性、格局性重大变化，一些前沿方向开始进入并行、领跑阶段，国家科技实力正处于从量的积累向质的飞跃、由点的突破向系统能力提升的重要时期。为推进我国整体科技水平从跟跑向并行、领跑的战略性转变，如何选择发展方向显得尤其重要和尤其困难，需要加强对关系根本和全局的科学问题的研究部署，不断强化科技创新体系能力，对关键领域、"卡脖子"问题的突破作出战略性安排，加快构筑支撑高端引领的先发优势，才能在重要科技领域成为领跑者，在新兴前沿交叉领域成为开拓者，并把惠民、利民、富民、改善民生作为科技创新的重要方向。同时，我们认识到，工程科技的前沿往往也是基础研究的前沿，解决工程科技发展的问题需要基础研究提供长期稳定支撑，两者相辅相成才能共同推动中国科技的进步。

我们期望，面向未来20年的中国工程科技发展战略研究，可以为工程科技的发展布局、科学基金对应用基础研究的资助布局等提出有远见性的建议，不仅形成对国家创新驱动发展有重大影响的战略研究报告，而且通过对工程科技发展中重大科学技术问题的凝练，引导科学基金资助工作和工程科技的发展方向。

第四，采用科学系统的方法，建立一支推进我国工程科技发展的战略咨询力量，并通过广泛宣传凝聚形成社会共识。

当前，技术体系高度融合与高度复杂化，全球科技创新的战略竞争与体系竞争更趋激烈，中国工程科技2035发展战略研究，即是要面向未来，系统谋划国家工程科技的体系创新。"预见未来的最好办法，就是塑造未来"，站在现在谋虑未来、站在未来引导现在，将国家需求同工程科技发展的可行性预判结合起来，提出科学可行、具有中国特色的工程科技发展路线。

因此，在项目组织中，强调以长远的眼光、战略的眼光、系统的眼光看待问题、研究问题，突出工程科技规划的带动性与选择性，同时，注重研究方法的科学性和规范性，在研究中不断探索新的更有效的系统性方法。项目将技术预见引入战略研究中，将技术预见、需求分析、经济预测与工程科技发展路径研究紧密结合，采用一系列规范方法，以科技、经济和社会发展规律及其相互作用为基础，对未来20年科技、经济与社会协同发展的趋势进行系统性预见，研究提出面向2035年的中国工程科技发展的战略目标和路径，并对基础研究方向部署提出建议。

项目研究更强调动员工程科技各领域专家以及社会科学界专家参与研究，以院士为核心，以专家为骨干，组织形成一支由战略科学家领军的研究队伍，并通过专家研讨、德尔菲专家调查等途径更广泛地动员各界专家参与研究，组织国际国内学术论坛汲取国内外专家意见。同时，项目致力于搭建我国工程科技战略研究智能决策支持平台，发展适合我国国情的科技战略方法学。期望通过项目研究，不仅能够形成有远见的战略研究成果，同时还能通过不断探索、实践，形成战略研究的组织和方法学成果，建立一支推进工程科技发展的战略咨询力量，切实发挥战略研究对科技和经济社会发展的引领作用。

在支撑国家战略规划和决策的同时，希望通过公开出版发布战略研究报告，促进战略研究成果传播，为社会各界开展技术方向选择、战略制定与资源优化配置提供支撑，推动全社会共同迎接新的未来和发展机遇。

展望未来，中国工程院与国家自然科学基金委员会将继续鼎力合作，发挥国家战略科技力量的作用，同全国科技力量一道，围绕建设世界科技强国，敏锐抓住科技革命方向，大力推动科技跨越发展和社会主义现代化强国建设。

中国工程院院长：李晓红院士
国家自然科学基金委员会主任：李静海院士
2019 年 3 月

前　　言

"中国工程科技 2035 发展战略·农业领域报告"在中国工程院和国家自然科学基金委员会的联合资助下，面向 2035 年社会经济发展远景及农业领域工程科技的发展趋势，立足未来 20 年现代农业发展的现实问题与技术需求，开展科技发展战略研究。

未来 20 年是我国社会经济提质增效、转型升级的重要时期，迫切需要依靠科技创新培育发展新动力。坚持创新、协调、绿色、开放、共享的发展理念，加快转变农业发展方式，优化农业空间布局，节约利用资源，保护产地环境，提升生态服务功能，全力构建人与自然和谐共生的农业发展新格局，推动形成绿色生产方式和生活方式，大幅提高土地产出率、资源利用率、劳动生产率，提升农业产业竞争力，实现农业强、农民富、农村美和乡村振兴，发展生态、绿色、高效、安全的现代农业技术，确保食物安全、主要农产品的有效供给和农业可持续发展是未来现代农业绿色发展的主题。

未来 20 年，我国人口的增加对农产品数量提出了更高要求，资源短缺与生态环境压力给农业生产带来更大挑战，气候变化与极端气候灾害频发亟须提升农业防灾减灾能力，降本增效和国际竞争对转变农业生产方式提出了新的要求，产业融合和新型经营主体将催生新的农业产业革命，社会发展进步对农产品品质与食品安全提出更高标准，新的农业科技革命正引领农业走向新时代，依靠农业领域工程科技革命，将是解决这些问题的关键动力。我国农业领域工程科技创新将由追求高产、再高产向注重农产品品质转变；由高水、高肥、高产向控水、减肥、减药、优产、优质、高效转变，更加重视降本提质增效、绿色发展；由单一粮食安全向综合食物安全和营养健康转变；由单一农产品生产功能向关注农业的生态、休闲、养老等多功能转变；由传统耕地农业向非传统耕地利用转变；由重点关注农业生产过程的科技创新向关注提升农业产业竞争力和促进乡村振兴的科技创新转变。

未来 20 年，世界农业领域工程科技创新将继续得到加强，现代农业生物技术、信息技术、先进制造技术等高技术及新材料和新型可再生能源的迅猛发展，依然是现代农业发展的重要引擎，将会诞生支撑农业绿色提质增效和提升竞争力的重大技术，引领现代农业技术和生产方式的重大变革，并不断催生出一批新兴产业，新的绿色革命将推动传统农业技术的改造升级。

本书围绕食物安全、人民健康、生态安全、乡村振兴、绿色发展、消灭贫困等国家战略需求，面向 2035 年，提出了农业领域工程科技发展的主要思路，即夯实基础科学研究，提升原始自主创新能力；攻克重大关键技术瓶颈，实现产业技术升级；实现常规工程技术升级，加快农业现代化进程；发展资源替代技术，促进农业可持续发展；拓展传统农业技术领域，保障国家食物安全；加强平台和人才队伍建设，提升科技创新能力；注重全球视野，增强国际竞争能力。

本书在粮食与经济作物、园艺、林业与生态、畜牧、渔业、动物疫病防控、农业工程及农业资源与环境等重要领域，提出了工程科技重点任务与发展路径。在此基础上，分析提出了未来需要实施的绿色生物种业、智慧农业等重大工程，作物绿色高效安全生产、畜禽生态养殖、节水农业、耕地质量提升、海洋农业、森林资源培育与高效利用、农产品贮藏加工与质量安全、农业应对气候变化与减灾防灾、区域农业可持续发展等一批对我国农业发展和农业高技术产业开发带动性强、覆盖面广、关联度高的核心技术、共性技术及配套技术的重大工程科技专项，引领农业变革的重大颠覆性技术及农业领域工程科技发展需要优先开展的基础研究方向。通过这些领域的超前探索、重点攻关，引领农业科技的跨越式发展，用现代科技和装备改造传统农业，形成我国农业生产技术的创新体系，建设农业重大科技创新平台，大幅度提升我国农业领域工程科技的创新水平，建立完备的现代农业领域工程技术体系和产业体系。

最后，针对未来农业工程科技创新的障碍和制约因素，本书在科技创新体系建设、管理体制机制、创新基地平台与人才建设、国际交流合作、科技评价和成果转化、投入机制等方面提出了相关政策建议。

在研究过程中，各专题组和综合组召开了多次研讨会，在技术预测部分进行了大量问卷调查，广泛征求各个领域专家的意见与建议，在多位专家的共同执笔下，经反复研讨和修改，几易其稿，形成各专题的中长期发展战略研究报告。在各专题研究报告的基础上，综合组形成了《中国工程科技2035发展战略·农业领域报告》，由康绍忠、杨富裕、陈源泉、田见晖、杜太生、严海军、李凭峰统稿。本书是农业领域广大工程科技人员集体智慧的结晶，在此对参加相关研讨会和问卷调查及各专题战略研究的科技人员表示衷心的感谢。

由于我们缺乏工程科技发展宏观战略研究的经验，加之研究时间短，资料数据收集有限，国内外对比研究不够充分，书中不妥之处在所难免，恳请读者批评指正。

《中国工程科技2035发展战略·
农业领域报告》编委会
2018年9月

目　录

总序 / i

前言 / ix

第一章　面向 2035 年的世界农业领域工程科技发展趋势前瞻 / 1
　　第一节　农业领域工程科技国际先进水平与前沿问题综述 / 1
　　第二节　农业领域工程科技发展趋势及影响 / 17

第二章　国家经济社会发展对农业领域工程科技的需求 / 24
　　第一节　2035 年农业领域相关的经济社会发展情景 / 24
　　第二节　农业领域需要解决的重大问题及其对工程科技的需求 / 36

第三章　农业领域技术预见结果与发展能力分析 / 44
　　第一节　技术预见方法 / 44
　　第二节　农业领域技术预见过程 / 53
　　第三节　技术预见结果分析 / 58
　　第四节　技术实现可能性、预期实现时间 / 63
　　第五节　农业领域工程科技发展的制约因素 / 68
　　第六节　技术预见总体结论与关键技术方向发展策略 / 73

第四章　农业领域工程科技发展思路与战略目标 / 76
　　第一节　发展思路 / 76

第二节　战略目标 / 81

第三节　农业领域工程科技发展的总体构架 / 85

第五章　农业领域工程科技重点任务与发展路径 / 86

第一节　粮食与经济作物 / 86

第二节　园艺 / 91

第三节　林业与生态 / 96

第四节　畜牧 / 102

第五节　渔业 / 108

第六节　动物疫病防控 / 112

第七节　农业工程 / 116

第八节　农业资源与环境 / 123

第六章　农业领域重大工程 / 128

第一节　绿色生物种业 / 129

第二节　智慧农业 / 137

第七章　农业领域重大工程科技专项 / 144

第一节　作物绿色高效安全生产 / 144

第二节　畜禽生态养殖 / 149

第三节　节水农业 / 156

第四节　耕地质量提升 / 165

第五节　海洋农业 / 172

第六节　森林资源培育与高效利用 / 180

第七节　农产品贮藏加工与质量安全 / 186

第八节　农业应对气候变化与防灾减灾 / 191

第九节　区域农业可持续发展 / 198

第八章 农业领域工程科技的重大基础研究方向 / 207

第一节 农业生物经济性状形成和器官发育的分子基础及其调控机制 / 207

第二节 作物丰产优质高效的生理生态基础与调控机制 / 209

第三节 农业动植物有害生物致害与天然免疫机制 / 210

第四节 农业动物卵泡发育与机体营养代谢对胃肠微生物的响应机制 / 212

第五节 农业水土资源绿色高效利用与科学配置机理 / 214

第六节 农田土壤污染修复与化肥农药减施机理 / 216

第七节 农业洪涝与干旱致灾响应及应对气候变化的科学基础 / 218

第八节 农业生物质高效转化与资源化利用机理 / 220

第九节 土壤-机器-作物系统互作机理与农业智能装备设计基础 / 222

第十节 多元农业信息感知、获取原理和智能信息处理方法 / 223

第九章 促进农业变革的重大颠覆性技术方向 / 226

第一节 基因编辑技术 / 228

第二节 动物干细胞技术 / 230

第三节 新型生物基材料与农业纳米材料技术 / 232

第四节 3D 生物打印技术 / 235

第五节 智慧型生物能源技术 / 238

第六节 智能农业机器人技术 / 241

第七节 垂直智慧植物工厂技术 / 244

第十章 农业重大科技创新平台 / 247

第一节 需求与必要性 / 247

第二节 建设目标 / 248

第三节 建设任务 / 249

第四节 需要解决的关键问题 / 253

第五节　发展路径 / 254

第十一章　措施与政策建议 / 256

第一节　加快国家农业科技创新体系建设，提升农业科技自主创新能力 / 256

第二节　加快布局创新基地，提高科技创新支撑能力 / 258

第三节　加强人才队伍建设，培养创新型农业科技人才 / 259

第四节　拓展国际交流合作，增强农业科技国际竞争力 / 260

第五节　改进科技成果评价与奖励政策，加速农业科技成果转移转化 / 261

第六节　加大财政投入，建立多元化科技投入体系 / 262

参考文献 / 264

关键词索引 / 271

第一章
面向 2035 年的世界农业领域工程科技发展趋势前瞻

第一节 农业领域工程科技国际先进水平与前沿问题综述

一、农业领域工程科技国际先进水平与前沿技术

近年来,世界农业科技创新异常活跃,现代农业生物技术、信息技术、先进制造技术等高技术及新材料的迅猛发展,已成为现代农业发展的重要引擎,并不断催生出一批新兴产业。未来 20 年,世界农业科技创新将继续得到加强,并进一步加速传统农业技术的变革与升级,推动农业生产方式继续发生前所未有的深刻变革。

(一)生物种业

农业生物种业是农业发展的基础,也是世界各国的前瞻性战略产业。在世界范围内,粮食产量增加主要依靠单产提升。联合国粮食及农业组织(FAO)的数据显示,自 20 世纪 60 年代以来,粮食单产提升对世界粮食产量增加的贡献率为 67.9%,播种面积贡献率仅为 32.1%,依靠科技进步提高单产水平是解决

世界粮食与食物安全的重要途径（张学彪等，2016）。其中，种业科技起到关键的作用，良种对产量的贡献率达到 40% 以上。与同期世界最高水平相比，我国粮食单产在数量和品质方面还存在一定差距，谷物单产水平仍然偏低（表 1-1）。

表 1-1 中国三大作物平均单产与世界最高水平的对比情况 （单位：kg/hm^2）

作物	年份	中国	世界	世界最高水平及国家	
小麦	2005	4 275	2 855	8 593	荷兰
	2006	4 593	2 847	9 155	爱尔兰
	2007	4 608	2 828	8 496	新西兰
	2008	4 761	3 066	9 939	赞比亚
	2009	4 739	3 056	9 465	比利时
	2010	4 749	3 000	8 909	荷兰
	2011	4 838	3 158	9 863	爱尔兰
	2012	5 013	3 072	8 909	新西兰
	2013	5 055	3 266	9 105	新西兰
	2014	5 049	3 290	10 014	爱尔兰
玉米	2005	5 288	4 821	23 334	约旦
	2006	5 327	4 763	22 406	约旦
	2007	5 168	4 898	18 834	科威特
	2008	5 556	5 133	18 834	科威特
	2009	5 259	5 160	25 185	以色列
	2010	5 460	5 216	28 391	以色列
	2011	5 748	5 177	33 816	以色列
	2012	5 883	4 890	25 880	圣文森特和格林纳丁斯
	2013	6 017	5 471	36 762	阿拉伯联合酋长国
	2014	5 999	5 664	37 500	阿拉伯联合酋长国
水稻	2005	6 260	4 092	9 987	埃及
	2006	6 276	4 131	10 131	澳大利亚
	2007	6 423	4 241	9 768	埃及
	2008	6 554	4 371	9 735	埃及
	2009	6 582	4 325	9 593	埃及

续表

作物	年份	中国	世界	世界最高水平及国家	
水稻	2010	6 548	4 374	10 842	澳大利亚
	2011	6 687	4 440	9 567	埃及
	2012	6 741	4 530	9 530	埃及
	2013	6 717	4 499	10 218	澳大利亚
	2014	6 749	4 539	10 920	澳大利亚

资料来源：联合国粮食及农业组织统计数据库. http://faostat3.fao.org/.

目前，世界范围内生物组学、基因编辑等新技术快速发展，引领生物种业方兴未艾。

首先，种质资源研究与重要基因挖掘得到快速发展。欧美等发达国家和地区对作物种质资源的保护力度越来越大，安全、高效保存技术手段逐步成熟，已经建立了较完整的农作物种质资源收集保存、繁殖更新、评价与创新体系，优异种质资源的保存与评价取得长足进展，种质资源挖掘与利用向精准化、高效化、系统化迈进。随着功能基因组学、系统生物学、计算生物学的进一步发展，大量基因资源和对关键基因功能解析将得到提速，大规模生物种质资源发掘和在动植物上的利用技术将快速发展，并为动植物育种提供材料和快速发展的动力。

其次，分子设计育种将提供大量突破性品种，并催生智能动植物品种的诞生。农业生物基因组学已成为育种技术创新与国际种业竞争的制高点。随着第二代高通量测序技术成熟推向市场，基因组学研究迅猛发展，生物技术与常规技术有机结合，催生了育种技术突破，基因组选择、基因编辑及高频重组技术成为育种技术的新突破点，多种组学技术发展带动了大规模、高通量、实用型分子标记的开发和利用，全基因组分子标记辅助育种与材料创制技术已得到普遍应用，功能基因组与常规育种之间的桥梁已经架起，显著降低了育种成本，提高了育种效率。

随着生物技术的不断突破和在育种领域的迅速应用，国际种业科技快速实现了战略转型。国外公司凭借其先进的科技、雄厚的资金及丰富的市场运作经验，快速地占领了国际种业市场。

在作物种业领域，美国孟山都公司是商业化育种的成功典范，每年将其营业收入的15%投入研发，在全球种质资源搜集和鉴定等基础性研究、基因标记定位和转基因育种等高新技术领域，均进行全方位投入。在其高科技产品的销售收入中，用于知识产权投入的比例很大，如该公司通过转基因技术生产的 2013 年新上市的含有 3 个抗地下害虫、3 个抗地上害虫和 2 个抗除草剂基因的玉米新品种，农民购种款中专利费就占到 60%。该公司在基础研究领域投入巨大，研发实力雄厚，在诸多领域的技术处于世界领先水平。

在动物育种领域，发达国家及其跨国种业集团为增强自身竞争实力、抢占动物种业先机，纷纷投入巨资开展动物种业科技创新，促进家畜品种的改良。重要动物基因组测序计划及衍生的各种组学计划最先成为投资热点。如在基因组选择技术方面，美国农业部 2011 年投资 1000 万美元用于全基因组选择技术研发，美国的 PIC 种猪育种公司 2010~2012 年共投资 400 万美元；丹麦的丹育公司（Danish Agriculture Real Sustained Development, DANBRED）2008~2010 年共投资 200 多万欧元，至此全基因组选择已成为国际种业集团投资研究开发的焦点。在干细胞技术研究方面，美国 2008 年对干细胞研究的经费投入高达 9.38 亿美元，而日本近 5 年来共投入 100 亿日元。分子育种技术已经开始被运用于畜禽的育种实践中，特别是标记辅助选择应用更为广泛。目前，在牛种上至少有 6 种基因诊断盒实现了商业化应用，而一些曾经依赖于常规育种技术的大型育种公司也纷纷建立了自己的分子育种部。利用动物全基因组的标记信息结合生物信息学系统，动物分子育种技术平台已经开始建立，并正在育种实践中进行完善。

生物组学、合成生物学等前沿学科不断突破性状遗传基础。基于多组学大数据的功能基因挖掘及其综合信息分析平台与辅助育种技术的快速发展，新一轮以强优势杂交种为主体的杂种优势利用研究与开发，以及基因编辑、大数据等新技术在农业中的应用，必将引发全球新一轮的育种工程技术革命。

（二）动植物重大病虫草害防控

世界各国政府均十分重视重大动物疫病及人畜共患病对人类健康、食品安全及公共卫生的影响。随着一系列不同生物安全等级研究和诊断实验室、动物实验设施的建设及动物传染病早期预警预报系统的建立，传染病防控基础设施建设不断加强，为疫病流行病学、快速诊断和监测预警研究提供了重要保障。欧盟、美国、澳大利亚、新西兰等畜牧业发达国家和地区的动物疫病防控战略通常包括"跨界动物疫病风险防范、重大动物疫病控制扑灭、突发动物疫病应急处置"三条主线和"兽医能力建设、疫情监测预警、无疫评估认证、动物防疫条件改善"四条辅助线，并成立专门组织实施，有效控制了动物疫情的发生、发展和传播，推动了经济增长，保障了人民健康（宋建德等，2014）。例如，加拿大组织实施动物疫病区划管理工作，完善动物及动物产品追溯体系建设，增强动物及动物产品流通监管，开展动物疫病主动监测和流行病学分析，加强同国际组织交流合作，通过多年努力被世界动物卫生组织（OIE）认可为无口蹄疫、无禽流感和无新城疫国家；发展中国家巴西也实行区域区划管理，建成无口蹄疫国家，并且维持无禽流感和无新城疫状态，其动物产品出口效益逐年上升。陆生及水产养殖动物免疫机理与免疫防控技术在抗原分子结构、免疫应答机理、细胞免疫活性及疫苗制备技术等方面取得了丰硕的研究成果，基础理论和防控技术研究不断深入，为动物传染病的有效控制提供了有力的科学依据和技术支撑；新型疫苗和诊断试剂产业化进程加快，一批新型的动物疫病防控技术产品得到广泛应用，在动物传染病防控中发挥了重要作用（陈焕春，2012）；新发或再发传染病及外来病流行病学监测网络和预警预报系统及应急预案的建立，加快了重大动物疫病及人畜共患病的控制与根除步伐。国际交流与合作日趋紧密，全球疫病防控水平显著提升，养殖效益显著增加。

面对全球性粮食安全、环境与健康及气候变暖等问题给动植物重大疫病防控带来的挑战，目前美国、英国等发达国家在动植物重大病虫草害防控的生物技术研发和应用方面处于引领地位。生物组学技术已经广泛应用于有害生物致害机理和作物抗病虫途径解析的研究，推动了作物重大疫病灾变规律的微观理论不断创新；现代分子标记分析技术及基因组靶向编辑技术促进了重要作物抗性资源的挖掘及持久抗性材料的选育和创制（Biotechnology and Biological Sciences Research Council，2014）。植物保护产业向重视低毒、绿色防控方向发展，以靶标分子结构为基础的药物分子设计逐渐成为环境友好型农药的研发方向。生物技术、信息技术等高新技术引入有害生物的早期检测和种群动态监测预报，促进了重大病虫害的中长期预测技术、作物重要病虫害的预警及综合治理技术体系的不断发展和完善。

随着全球范围内养殖模式和生态环境改变及世界经济一体化进程的加快，原有动植物病虫害流行态势发生了显著改变，给动植物病虫害的防控带来了诸多问题。其中，新发和再发动植物病虫害不断出现，疫情传播速度加快和范围明显扩大，人畜共患病危害日益加深等问题，将对全球社会经济、生态环境和公共卫生安全造成严重威胁。

（三）农业绿色高效生产

作物生产向绿色高效方向转型。近年来，注重集约农作、高效增收、生态持续三者协调统一的持续集约成为国际广泛关注的农业未来发展的重要方向。目前，美国、英国、以色列、澳大利亚等发达国家在农业发展目标上注重高产、优质、高效与生态安全的有机结合，在生产方式上已经形成了机械化、轻简化、标准化、生态化的技术体系；在经营模式上实现了规模化经营、产业化运转；在技术层面上，强调轮作、豆科作物、病虫草害的生物防治、生物农药、有机肥料等方面的生态农业技术。各种绿色高效生产技术的应用，使得世界发达国家对农业化肥的使用更趋于理性，其并不单纯依靠增加施肥量使粮食增产。2013 年我国化肥生产量 7037 万 t（折纯，下同），农用化肥施用量 5912 万 t。我国农作物化肥用量 328.5 kg/hm^2，远高于 120 kg/hm^2 的世界平均水平。随着高新技术在农业生产中的不断应用，发达国家在作物生产过程中大大降低了劳动成本，有效地提高了资源的利用效率，减少了资源的浪费，保护了环境，推动了农业的可持续发展。

世界银行的统计数据表明，2014 年，中国的土地生产率（每公顷耕地的谷物产量）为 4998 kg/hm^2，与世界上主要发达国家还有较大的差距，为美国的 74.78%，法国的 71.68%；中国的劳动生产率（每个农业劳动者的农业增加值）为 525.47 美元/人，与世界上主要发达国家的差距巨大，仅为美国的 1.06%，是日本的 1.01%（表 1-2）（刘晓琳，2016）。

表 1-2　中国与一些发达国家的农业生产率对比

	指标	中国	美国	日本	法国	荷兰
土地产出率	每公顷耕地的谷物产量 /（kg/hm^2）	4 998	6 684	5 980	6 973	8 201
劳动生产率	每个农业劳动者的农业增加值 /（美元/人）	525.47	49 511.92	52 061.63	58 070.92	45 969.21

资料来源：刘晓琳. 2016. 农业现代化综合发展水平测度及实证研究. 成都：成都理工大学硕士学位论文.

畜牧业与种植业是农业生产的两大支柱。近年来，我国对外开放程度的不断提高和农村经济体制改革极大地推进了畜牧业的产业转型与升级。然而，与世界上畜牧业最发达、最先进的美国相比，我国畜牧业的生产、加工、贸易依然较为落后。我国是畜牧业生产大国，但不是畜牧业生产强国，人均畜牧业产值要远远低于美国。如图1-1所示，美国人均畜牧业产值在250~400美元，中国在2004年之前一直低于100美元，2004年之后增加到100~150美元。两国之间的差距在2001年之前基本维持在250美元左右，2001年之后呈现缩小趋势，2009年差距最小为150美元。随着畜牧业开放程度的加大和国际竞争的加剧，2001年后两国人均畜牧业产值波动均加剧，美国的波动相对更加明显（周海川等，2013）。

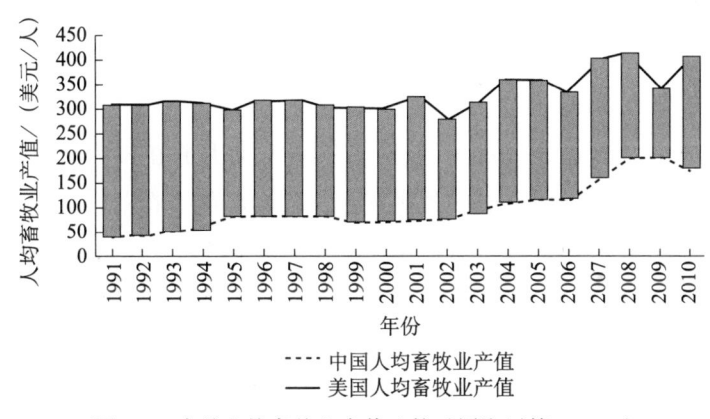

图1-1 中美人均畜牧业产值比较（周海川等，2013）

未来畜牧业转型要实现生产方式由数量速度型向数量速度型与数量质量型并重，更加注重向质量和效益方向转变，由传统分散养殖向标准化规模养殖转变。动物生产向生态健康与清洁生产方向转变。目前，美国、丹麦、荷兰、加拿大等畜牧业发达国家非常重视畜禽养殖的健康与福利、环境友好等问题，规模畜禽养殖正朝着福利化与健康化、节能环保型、精准营养与清洁生产的方向发展。在欧盟等发达国家已正式实施动物福利立法的大背景下（European Commission, 2001），蛋鸡非笼养、母猪群养等生态健康养殖生产方式已经在欧盟成员国普及；餐饮业巨头麦当劳于2016年年初宣布将逐步转向采购非笼养方式生产的鸡蛋，加速了美国家禽养殖向非笼养方式的转变。生态健康等新型生产方式增加了畜禽活动量，更加注重畜禽健康和自身免疫力的提升，丹麦、荷兰等国家一头母猪年提供的上市商品猪数量已突破 30 头，约为我国的两倍（农业部，2016），同时减少用药频次和用药量以保障产品质量安全。更加依赖新型技术装备，智能化程度不断提高，以减少对人工的使用和提升劳动效率；欧盟还通过智慧畜牧业（EU-PLF）等研发专项，以期进一步提升畜禽的健康、生产效率和产品质量。更加注重养殖环境的调控、养殖污染物的排放管理，推行粪污的资源化利用和严格限定氨气等空气污染物的排放。2010 年，荷兰畜牧业氨气排放（含粪便还田过程造成的排放）已经较 1990 年下降了约 70%，2013 年，荷兰强制推行了更为严格的限定畜牧业氨气排放的法规，如要求不同养猪阶段的氨气排放下降 38%~65%。

（四）智慧农业工程科技

以物联网技术、大数据、移动互联、云计算、空间信息技术和智能装备（机器人为代表）等新一代信息技术为支撑和引领的智慧农业工程科技的发展已成为国际上现代农业技术发展的前沿，呈现出快速发展的良好势头。新一代信息技术与农业种养殖技术及装备技术加速渗透和融合，在对传统农业生产方式进行改造和提升的同时，也将从根本上提高农业劳动生产率、土地产出率、资源利用率和科学管理水平。通过新一代信息技术，对耕作、播种、施肥、灌溉、喷药和除草等田间作业，繁育、饲养、营养、养殖环境等进行数字化设计、精准化控制、智能化管理，使农业投入品利用精准化、效率最大化。对产前、产中、产后各个环节实行全程服务与监控，借助云计算和智能化数据库系统，分析海量数据，进行信息加工、预测和建模，从而更快、更好、更准地做出决策。国外先进农业机械装备技术已开始融合现代微电子技术、仪器与控制技术、信息技术，加速向数字化、智能化、机电一体化方向快速发展。机器人技术在农业播种、育苗、移栽、灌溉、施肥、除草、喷药、消毒、监控和生产管理实践中得到应用，推进农业不断向精耕细作、智能管理方向发展。欧美国家、日本等发达国家已经形成以大学和科研院所为主体的先进材料、信息、动植物表型等顶尖和前沿技术研发体系，也形成了以企业为主体的传感器、智能控制软件、种养殖智能装备软硬件一体化的产业体系，以及以协会、运营商为主体的智慧农业运行体系。以设施蔬菜生产为例，美国、荷兰等设施蔬菜技术领先国家借助智慧农业技术，番茄产量达到 70 kg/m^2，而我国番茄的产量仅为欧美发达国家的1/8~1/6。在人力方面，国内设施蔬菜生产仍以人力为主，劳动强度大，温室年平均用时达54 000 h/hm² 以上，人均管理面积仅相当于日本的1/5、西欧的1/50和美国的1/300。

智慧农业领域工程科技的前沿问题主要是围绕现代农业数字化、精准化和智能化的重大需求，以"感知-处理-应用"为主线，重点突破低成本高精度农业传感器、动植物生命与环境信息感知、多尺度农业遥感与动植物表型信息融合、农业大数据与云计算、农业智能机器人与虚拟现实、农业精准作业与智能装备等关键技术研究和产业化。以农业智能机器人为例，美国、日本、韩国等国家已经研发出田间喷药、施肥、耕作机器人，用于收获番茄、丝瓜、黄瓜、草莓、葡萄等蔬菜水果的多种智能农业机器人。荷兰研制的自动挤奶机器人、澳大利亚研制的剪羊毛机器人、英国研制的葡萄修剪机器人等极大地提高了劳动生产率，改变了传统的劳动生产方式。

（五）农产品贮藏加工与食品质量安全

农产品贮藏加工行业担负着为人类提供安全健康食品的重任，作为朝阳产业正在向多领域、多梯度、深层次、高技术、智能化、低能耗、全利用、高效益、可持续的方向发展。全球食品行业通过不断与高新技术渗透融合，正向可预测性的高品质、营养安全、功能性、方便休闲、高技术含量产品研发和制造方向发展。绿色制造技术、高效节能技术和综合利用技术正成为农产品加工业发展的新亮点。无菌贮藏与包装技术、绿色节能保鲜技术、智能冷链物流技术、节粮减损技术、瞬时高温杀菌技术、多效浓缩技术、膜分离技术、超微粉碎技术、超临界流体萃取技术、分子蒸馏技术、生物技术、快速检测技术等高新技术已得到普遍应用。食品安全监控技术体系研发得到迅速发展。农产品质量安全过程控制技术体系、食品安全的关键检测技术创新和应用实现了从"农田到餐桌"的全过程管理和监控。

农产品贮藏加工与食品质量安全领域工程科技的前沿问题主要是：高效绿色制冷技术、绿色防腐保鲜技术、新型绿色包装材料开发和智能化信息监控技术与装备创制；自动检测、智能控制、工业机器人等先进技术提高农产品加工装备；高效分离、物性修饰、质构重组、膨化与挤压技术、非热杀菌技术、真空冷冻干燥技术、膜分离技术、微胶囊技术、微波技术、微生物发酵、酶工程、基因工程等绿色制造与加工技术；生产富含某些营养素的强化食品和具有调节亚健康、慢性病预防、保健功能的食品科技；农产品质量安全检测技术，如农产品的农兽药残留快速检测技术、转基因食品检测技术等。

世界各国农业的竞争，已表现为整个农业产业链的竞争，尤其是农产品加工业。发达国家农产品加工业产值是农业产值的2~4倍，如美国为3.7倍，我国仅为2.1倍（孟宪军，2011；李锐等，2015）。发达国家农产品加工业占制造业比重加大，如美国为9%、法国为20%、荷兰为13%等，产生了如美国嘉吉、瑞士雀巢、法国达能、荷兰联合利华、日本味之素、新加坡丰益等加工业规模巨大的著名跨国公司。雀巢公司为世界最大的食品制造商之一，已在全球拥有500多家工厂。我国是农业大国，2015年农产品加工业产值为20万亿元，是国民经济的支柱产业，接近国内生产总值（GDP）的1/3，但结构不尽合理，如以初加工、规模小的企业为主，农产品加工企业品牌少，综合利用水平低等（成立园，2014）。

（六）农业资源与环境

随着农业资源紧缺加剧及环境问题日益严重，农业资源高效利用及生态环境保护技术成为国际当前关注的焦点。生物技术、信息技术、新材料和新能源技术的发展有望缓解农业对资源的消耗及对生态环境释放的压力。通过生物技术选育耐旱和抗病虫作物品种，减少作物灌溉用水量和杀虫剂施用量；基于作物生命需水过程的节水节肥调质技术，通过大数据、精准农业等信息技术，水肥一体化技术及变量灌溉技术在农业生产中得到广泛应用；耕地资源的集约利用与耕地质量定向培育科技研发体系不断加强，土壤质量培育技术和土壤质量的恢复重建技术体系，障碍土壤改良的生物、耕作和化学改良剂技术在农业耕地质量保育与土壤污染治理方面发挥重要作用。

农业资源与环境领域工程科技前沿问题主要是围绕资源高效利用与环境健康，实现基于作物生命过程的水肥高效利用及水肥变量精准应用技术，农业化学肥料等生物替代技术，可降解地膜等新型材料研发，农业土壤、水体污染修复技术，农业废弃物资源化综合利用工程技术等。以可降解地膜为例，据统计，我国地膜年残留量高达35万t，残膜率达42%，白色污染严重，地膜可破坏土壤结构（邵丽华，2016）。而对可降解地膜的研究主要分为光降解地膜、生物降解地膜、光和生物双降解地膜、植物纤维地膜四个方向。发达国家在生物降解地膜方面技术较为成熟，美国以玉米淀粉和改性淀粉为原料研制出淀粉基高分子型生物降解地膜；德国巴斯夫（BASF）公司于2012年研制出一种脂肪族-芳香族共聚酯生物降解地膜；日本开发了以纤维素为原料制造的农用纸地膜技术，这些技术水平都处于世界前列（严昌荣等，2006；山立和韩冰，2015）。这些成熟的技术通过规模化开发应用，能够降低成本，适于普遍推广。

欧美国家在畜禽粪污处理与利用方面，严格执行《清洁水法》（美国）、《综合污染预防与控制指令》（欧盟）（IPPC，2013）等政策与法规，对粪污贮存设施及粪污还田限额、还田季节和还田技术等做了非常明确的规定（Burns et al., 2015），推行种养结合的资源化利用模式，严格限定对地表水的不利影响。美国各州在联邦要求的基础上，制订并执行本州的养分管理计划（NMP），且一般比联邦的标准更高；同样，欧盟各成员方则可以在欧盟的基础上制定和执行本国更为严格的粪污管理政策。例如，欧盟规定粪污贮存设施的渗透系数不应大于1×10^{-9} cm/s，需要对土质粪污贮存设施进行定期检查以确保其防渗性能达标，而丹麦、荷兰、英国、爱尔兰等已经不允许使用土质粪污贮存设施（Burns et al., 2015）；欧盟规定每公顷农用土地每年施用不超过170 kg的氮素（含粪污和化肥等），而新修订的指南则加入了磷施用限额的规定；部分欧盟国家还对粪污贮存设施的空气污染物排放进行了严格的限定（郭凯军和杨振海，2017；贾伟 等，2017）。

我国每年畜禽粪便和污水排放量达38亿t，综合利用率不到60%，畜禽粪便高效处理率仅为30.1%，这些已成为农业面源污染的主要来源。以畜禽粪便资源化利用的四种模式（贾伟等，2017），即种养结合、集中处理、清洁回用和达标排放为基础，深入研究畜禽粪便资源化利用技术迫在眉睫。目前，国外主要是对畜禽粪便进行无害化处理，制成多效性有机肥料用于有机农业，研究重点不仅仅局限于终端的粪污综合利用技术，而是针对畜禽舍设计、养殖管理、粪污收集、养分提取等全过程的控制技术研究，突出生态系统循环经济理念。例如，美国的畜牧业具有高度机械化、规模化、专业化的特点，喂食、清洁等全部由机械完成，并通过水泡粪工艺收集畜禽养殖的废弃物，达到资源化利用的目的；丹麦为了减少畜禽粪便污染，规定了每公顷土地可容纳的粪便量,基本可以做到所有粪便自然消化。

根据国际灌溉排水委员会(ICID)2016年最新公布的统计数据,与世界主要农业大国相比,我国耕地面积仅次于美国和印度的耕地面积,而灌溉面积却高于美国和印度的灌溉面积(表1-3),灌溉水需求量大,我国灌溉总面积和微灌面积均位列世界首位(表1-4)。但总体上灌溉水利用率低,2014年,全国范围内的灌溉水有效利用系数为0.53,而西欧国家的灌溉水有效利用系数普遍达到了0.7~0.8,我国灌溉水利用率与西方国家还有差距,存在较大的上升发展空间。在输水和配水过程中,渠道的渗漏损失是主要的水量损失,对土质渠道而言,一般从取水枢纽到田间进水口,约有50%的水量是渠道渗漏损失。在田间灌水过程中,如果灌水方式落后,用水管理技术粗放,田间水量损失也很大,占进入田间水量的20%甚至30%以上。因此,我国农业节水事业发展亟须推广喷灌、微灌、管灌等高效灌溉技术和渠道防渗技术。以以色列为例,目前滴灌面积已经占总灌溉面积的85%以上,滴灌技术的水利用效率达到95%,水肥一体化应用面积达90%,灌溉工程全部实现计算机控制和自动化操作,该国根据土壤墒情监测反馈信息为农作物提供适时适量的水、肥。

表1-3 世界主要农业大国耕地面积和灌溉面积比较

国家	耕地面积/万 hm^2	灌溉面积/万 hm^2	灌溉率/%	参考年份
中国	12 171	6 587	54	2015
美国	17 050	2 474	15	2015
印度	15 350	6 200	40	2010
澳大利亚	4 715	255	5	2011
伊朗	2 214	857	39	2015
巴基斯坦	2 150	1 908	89	2013
西班牙	1 849	361	20	2014
法国	2 271	290	13	2011
日本	455	292	64	2013

资料来源:http://www.icid.org/world%20irrigated%20area.pdf。其中中国数据来自中国国家灌溉排水委员会网站。

表 1-4　世界主要国家喷灌面积、微灌面积及喷微灌面积占总灌溉面积的百分比

国家	灌溉总面积/万 hm²	喷灌面积/万 hm²	微灌面积/万 hm²	喷微灌总面积/万 hm²	喷微灌面积占总灌溉面积的百分比/%	参考年限
美国	2470	1235	164	1399	56.6	2015
中国	6590	373	527	900	13.6	2015
印度	6090	304	190	494	8.1	2010
巴西	580	293	167	460	77.3	2013
西班牙	361	85	176	261	72.4	2014
俄罗斯	450	250	4.7	255	56.6	2012
乌克兰	250	245	5.2	250	100	2013
法国	290	138	10	149	51.1	2011

资料来源：http://www.icid.org/sprinkler%20and%20micro%20irrigated%20area.pdf。其中中国和美国数据来自中国国家灌溉排水委员会网站。

注：因统计表格来源不同，美国、中国和印度的灌溉总面积数据与表 1-3 稍有差异。

（七）平台设施与装备

重大科技平台设施与装备是国家创新体系的重要组成部分，是突破科学前沿、解决经济社会发展和国家安全重大科技问题的物质技术基础。进入 21 世纪，平台设施与装备条件已日益成为国家的重要战略资源，显示出一个国家在国际竞争中的战略地位，发达国家普遍把科技平台设施条件的优化与加强作为强化竞争优势的一项国策，许多发展中国家也把科技基础条件的重整与提高当作实现跨越发展的战略举措。美国、欧盟、英国、日本和澳大利亚等发达经济体推出了科学目标宏大、创新性突出、技术水平高的设施长远发展规划，如美国能源部发布了《未来的科学装置——二十年前瞻》，欧盟发布了为期 10~20 年的《欧洲研究基础设施路线图》，印度、巴西和韩国等新兴国家也做出类似部署，并以立法形式对农业科技投资做出规定，确保农业科技资金的有效供给和刚性增长。

在农业研究与开发（R&D）投资强度（即农业 R&D 经费占当年农业 GDP 的比重）方面，全球农业 R&D 投资强度接近 1.4%，发达国家超过 5%，发展中国家超过 0.5%，中国在 2000 年仅为 0.18%，2009 年增加到 0.37%（袁学国等，2012）。据《中国科技统计年鉴》（2011~2014 年）统计数据，"十二五"期间，

我国公共财政每年对农业科技的投入只占农业 GDP 的 0.6%，远低于发达国家 2.0% 以上的比例，与联合国粮食及农业组织建议的发展中国家 1.0% 的水平尚有较大差距（田胜平 等，2016）。联合国粮食及农业组织认为，农业 R&D 投资强度达到 2% 以上时，才能使农业科技真正进入自主创新阶段。从投资来源看，主要依靠公共财政投入，私人企业投资比重低，且不稳定。2000 年经济合作与发展组织（OECD）国家私人投入农业研发经费高达 54%，美国达 52%，日本达 59%。而中国私人投入农业研发经费在 2000 年占 28%，但 2009 年只有 11.6%，与发达国家差距较大（袁学国等，2012）。此外，从投入的功能结构来看，财政投入主要用于应用研究和试验发展，基础研究经费占比较低。受国家财力的限制和其他因素影响，我国在农业科技的财政投入总量有限，尤其是基础研究投入经费不足，致使我国农业科技创新后劲不足，难以取得重大原创性科技成果。

二、世界各国正在开展的重大科技计划及其预期成果

世界各国及国际组织高度重视农业领域的工程科技创新，相继启动了多项相关重大科技计划。欧盟"地平线 2020"计划将"粮食安全、可持续农业"列为七大资助方向之一，该计划将重点在原始创新、技术集成、试点、示范、试验平台、公共采购和市场转化等方面进行全球性攻关研究。此外，在农业领域多个方向设立了重大科技计划，以期进行集成研究，实现相关工程科技的突破。同时，2013 年 11 月欧盟和中国签订协议，在"地平线 2020"计划框架下，双方在食品、农业和生物技术（FAB）领域开展科研合作，进行协同创新，并已经在 2016 年和 2017 年启动的计划内设定了相关的研究课题。

在生物种业方向，1997 年，美国成立了小麦和大麦赤霉病研究协作网，加利福尼亚大学戴维斯分校等 56 个单位参加，致力于分子标记培育小麦和大麦新品种；2011 年，美国农业部国家食品与农业研究所启动了小麦族研究重大项目，以开展小麦和大麦遗传多样性评价、核心种质构建、单核苷酸多态性（SNP）分子标记开发及其应用等工作，为创制小麦、大麦新材料奠定基础；美国在 2005 年启动了海洋行动计划，提出到 2025 年将海水养殖鱼类的产量增加 5 倍，以弥补其目前仅次于石油进口的外贸赤字。2009 年，欧盟的《共同渔业政策改革绿皮书》及多年来实施的渔业和水产养殖计划，都突出了可持续发展

和自给的发展目标。英国、德国等国家均启动了生物种业方向的重大研究计划。2004年，国际农业研究磋商组织（CGIAR）启动了为期10年的世代挑战计划（GCP）项目，其目标是利用现代分子生物技术发掘利用抗旱、抗病等抗逆作物种质资源，改良作物抗逆性。2009年，世代挑战计划在比尔及梅琳达·盖茨基金会（Bill & Melinda Gates Foundation）的资助下，启动了为期5年的"分子育种平台"（Molecular Breeding Platform, MBP）研究项目。

在动物疫病防控方向，2009年欧盟实施了口蹄疫免疫控制计划，包括提高现有口蹄疫疫苗和诊断试剂的质量；重新制定口蹄疫疫苗效力评价标准；利用新理论、新技术开发新一代的疫苗和诊断试剂，深入了解口蹄疫病毒的扩散与传播机制。同时，该计划还开展野生动物在口蹄疫传播中的作用研究。此外，2010年欧盟实施了蓝耳病控制计划，将集中攻克当前蓝耳病防控中亟待解决的问题，尤其是更加有效的疫苗和鉴别诊断试剂的研制与开发。针对2014年年底的H5亚型高致病性禽流感疫情，美国随即启动了一系列研究计划，将在禽流感病毒的病原学、流行病学、病原生态学、分子致病与免疫机理、新型疫苗、诊断试剂、药物开发和综合防控等方面进行系统研究。此外，2014年美国农业部还启动了猪流行性腹泻研究计划，研究的重点包括建立猪流行性腹泻病毒（PEDV）的仔猪和母猪感染模型，揭示其分子识别机制，并阐明病毒发生免疫逃逸的机理，以为疫病防控技术研究提供重要的理论依据。

在农业绿色高效生产及资源可持续利用方向，2009年比尔及梅琳达·盖茨基金会提供1100万美元资助国际水稻研究所C4水稻研究，以提高水稻光合作用效率，美国、英国、德国、中国、加拿大和澳大利亚等国家的科学家共同参与，该项研究被称为水稻阿波罗计划。联合国粮食及农业组织于2012年组织实施了持续作物生产计划，着眼于提高单位耕地面积的作物产出能力，特别强调环境的可持续性，通过生态系统方法实现作物生产的集约持续。2015年，美国国家科学基金会启动了食物—能源—水相互作用重大研究计划，重点研究食物生产过程中水资源高效利用及与能源之间的相互关系。德国联邦食品、农业和消费者保护部正在牵头启动农业高效用水相关研究计划，以提高农产品和食品价值链的水资源利用效率，实现可持续管理。国际农业研究磋商组织正在实施世代挑战计划，在世界七大典型流域实施提高农作物水利用效率、流域上游水的多种利用、水生态系统、流域水综合管理、全球和国家的粮食-水系统等研究内容，重点关注农业资源利用与环境影响方面的科学问题。

在林业和生态环境方向，国际科学理事会早在 1987 年就发起了国际地圈生物圈计划，以"引导社会在快速全球变化下走向可持续发展的轨道提供关键的科学引领和有关地球系统的知识"为目标，标志着地球科学和宏观生物学的研究跨入了一个新的深度和广度。2011 年，国际科学理事会和国际社会科学理事会共同发起了未来地球计划，设置了动态地球、全球发展、向可持续发展转变三个研究领域。1991 年，联合国教育、科学及文化组织等发起了国际生物多样性计划，推动了全球生物多样性观测网络、全球森林生物多样性监测网络的建立，为全球生物多样性研究提供了重要的数据平台。国际上还针对当前面临的特定生态环境问题形成了一系列具有针对性的大型联网研究平台，如建立了 TreeDivNet 全球树种多样性研究网络，是全球最大的生物多样性实验网络。在国家层面上，德国创建了陆地环境观测网络，美国有望于 2017 年建成美国国家生态观测网络，澳大利亚则建立了陆地生态系统研究网络。我国中国科学院于 2001 年创建了中国生态系统研究网络和碳通量观测网络，包括 40 个生态站和 45 个通量观测站；国家林业局则创建了中国森林生态系统定位研究网络，之后又拓展了湿地生态系统定位研究网络和荒漠生态系统定位研究网络（国家林业局，2014）。这些大型国际计划为推动区域和全球可持续发展及相关生态系统科学知识的发现和应用，服务于管理决策，进而促进可持续发展目标的实现起到了至关重要的作用。

在农业工程方向，2010 年，欧洲国家提出了亚特兰蒂斯计划，与美国在生物系统工程研究方面开展了深入的合作，增强了欧洲农业工程学科的研究水平。为顺应农业工程学科的发展潮流，2008 年，欧洲农业工程大学研究联盟改名为欧洲农业与生物工程教育和研究联盟，欧洲农业工程学科进入生物系统工程的发展阶段。从国际农业与生物系统工程学会（CIGR）的技术部门分布来看，土地和水工程、农业建筑与环境、植物生产、农业能源、系统工程、生物加工和信息技术是当前国际农业工程学的研究热点。美国农业部农业研究组织启动了农业水管理国家重大研发计划，旨在研究提高农业用水效率及发展新的灌溉技术，项目实施地点覆盖 18 个州，该项目成为农业领域 17 项重大研究计划之一，主要任务是开展提升农业用水效率、保障生态环境的基础研究和应用基础研究以及研发新一代农业高效用水及管理技术。

第二节 农业领域工程科技发展趋势及影响

进入21世纪以来,探索以节水增效、绿色、智能、可持续为特征的农业领域工程科技创新,建立未来农业发展的新引擎,正成为许多国家建立农业新竞争优势的战略。

一、农业领域工程科技的发展方向和趋势

自21世纪以来,现代生物技术、信息技术、先进制造技术等高技术及新材料迅猛发展,正在加速传统农业技术变革与升级,传统农业生产方式与产业结构正在发生前所未有的深刻变革,逐步摆脱仅仅依靠土地等自然资源生产农产品的传统产业羁绊,向科技主导型的多功能现代农业产业转变。

(一)现代前沿技术引领农业技术变革

生物组学技术正成为新基因争夺和竞争的制高点,新一代高通量、低成本、高性价比的测序技术为基因组学研究与应用带来了革命性的突破。发达国家(如美国、加拿大、德国、日本等)纷纷制订重要动植物的基因组测序计划及其衍生出来的各种基因组计划,试图夺取新基因和新技术的优先开发权,抢占农业生物技术新的制高点。全基因组选择技术迅速兴起,引领分子育种技术进入全新阶段。这一革命性育种技术将使动植物育种的效率提高60%~150%,对农业生物育种产生了极其深刻的影响,成为国际动植物育种领域的研究热点和国际大型公司竞争的焦点。干细胞和细胞工程技术不断突破,为动植物品种创制开辟了新的重要途径。动物克隆技术正在向高效、简便、低成本方向发展,成为大批量扩充繁殖优质高产动物后代的最有潜力的技术手段。基因定向转移技术日渐成熟,转基因育种和重组蛋白生产真正实现高效准确。生物反应器也逐步向高效、规模化、低成本生产蛋白药物、功能食品、抗体、疫苗等生物医药

产业技术发展。药物分子设计成为新型农业药物研发革新的强有力手段。农业药物分子设计在新型农业药物开发中的重要性已引发高度关注。数字农业和精准作业技术引领农业生产迈向数字化、精准化和智能化。电子信息技术、自动控制技术和先进制造技术都已应用到农业生产的各个环节和整个生产过程。发达国家精准作业技术及装备已应用到农业生产的各个领域。美国和欧洲的一些发达国家相继开展了农业领域的物联网应用示范研究，智慧农业显现出强劲的发展势头。

（二）战略性新兴产业带动现代农业产业发展

战略性高新技术蓬勃发展和成功应用，催生了生物育种、生物药物、生物能源等一批战略性新兴产业，生物产业成为国际科技竞争乃至经济竞争的战略重点，正在引领构建新型的现代农业产业体系。应用现代生物技术研制开发高效、安全、环保型生物制剂作为新兴产业已备受瞩目。目前，世界上生物农药使用量最多的国家，如美国、加拿大和墨西哥的生物农药使用量已占世界生物农药使用总量的44%，欧洲的生物农药使用量占全世界生物农药使用总量的20%。生物调节剂、生物肥料、生物饲料添加剂、生物兽药制剂等新兴产业也蓬勃发展。农产品贮藏加工产业是发达国家现代农业产业体系的重要标志。在发达国家农业总产值中，农产品加工产值已是农业初级产品产值的3~5倍。现代食品产业围绕人类营养健康的新需求，正在向多领域、多梯度、深层次、低能耗、高效益、可持续的方向发展。生物技术、信息技术、纳米技术等先进技术应用于食品制造业，全面推进了食品产业技术升级。现代海洋产业不断发展，海洋生物资源的可持续利用成为美国、日本、欧盟等国家和地区海洋科学研究领域的研究重点。

（三）绿色革命推动传统农业技术改造升级

20世纪初以来，常规农业在取得世界粮食产量不断提高的巨大成就的同时，也伴生了环境污染、能源消耗、成本增加等诸多问题。国际社会普遍认为，优良品种、施肥、灌溉、机械、农药等常规技术依然是农业的关键技术，但必须依靠现代高新技术，加快常规农业技术的改造升级，推行在可持续发展基础之上的"新的绿色革命"。主要技术发展趋势表现如下。①生物化：农业常规技术与现代农业生物技术结合，加快培育高产、抗逆、优质农作物新品种；通过动物生物技术与常规育种技术结合，改善畜禽的生产水平与产品质量；利用现代技术，发展生物肥料、生物农药等。②信息化：加快现代信息技术在农业领域的应用，使农业生产的对象和过程控制实现数字化和模型化；智能化农业不断发展，使传统农业由经验走向科学化；发展精准农业技术，加快农业技术由粗放向精确的转变。③无害化：现代农业生产的农产品逐渐向多品种、高品质、无公害方向发展；重视清洁生产、健康养殖，从源头上杜绝影响农产品安全的不良因素。④循环化：发展农业循环经济，实现农业从"田间到餐桌"各环节产业的全程连接，各个环节均注重循环生产，使农业产业过程中的废弃资源多层次、多级化地有效利用。⑤标准化：现代农业十分注重农产品的品牌和市场竞争，以制定产品标准为主要的产业控制手段，对产品的生产、加工、贮藏、运输、销售全过程进行标准化管理。

（四）农林固碳减排促进生态环境技术发展

循环经济、低碳经济正在成为国际社会推崇的发展理念。农业作为全球生物质生产的基础产业，既是温室气体的重要来源之一，又受到温室效应的严重影响。世界各国普遍加强了农业生态环境技术研发与应用，积极推动农业生产方式的转变，重视研究建立低碳农业技术体系。联合国政府间气候变化专门委员会（IPCC）评估报告表明，农林生态系统既是全球重要的碳汇，同时也是温室气体的排放源之一，其中全球来自农业活动的甲烷排放量约占人类活动排放总量的50%，N_2O约占60%（IPCC，2013）。世界各国致力于确立农业温室气体减排量标准并建立科学的农业固碳减排技术体系，积极发展资源节约型农业技术体系；倡导按照"减量化、再利用、再循环"（reduce, reuse, recycle, 3R）原则，建立循环农业生产体系，积极研发农业废弃资源的多级循环利用技术；重视改善和修复农业退化土地，提高土地生产潜力；重视保护和利用农业水资源，研究开发高效节水灌溉技术体系和旱作农业系统，提高农业水资源利用效率；积极保护农业生物多样性，增强农业生态稳定性；发展环境友好型农业技术体系；积极发展生态农业和保护性农业，降低农业生产的生态环境代价；倡导科学施肥技术创新，减少农业化学品投入；加强生态修复技术，防治农业污染；重视建立农业防灾减灾技术体系，增强农业系统的抗灾能力。

二、2035 年世界农业领域经济社会发展状况

2035 年，全球人口将增加到 87 亿，粮食和肉、蛋、奶等农畜产品需求将大幅增长，对粮食的需求将从 2016 年的 26 亿 t 增加到 60 亿 t 以上，增长 131% 以上。发达国家农业科技对农业生产的贡献率已达 70%~80%，已全面进入机械化、自动化阶段，农业机械化进入了粮食、棉花、油菜、畜牧、水产、园艺等生产领域，而且发达国家还高度重视农业保护性耕作技术与机械的推广和使用。以美国为例，其农业科技水平在很多指标上均优于我国（表 1-5）。发达国家农业产业化、组织化、合作化、规模化程度很高。无论从哪种模式起步，各国最终都转向了以机械化、良种化、化学化、电气化、信息化等为主要内容的全面农业现代化，进入基本趋同的发展阶段。近年来，围绕生物技术、物联网技术、低碳农业技术等重点领域，发达国家已开始了新一轮的战略部署，国际农业科技竞争日益激烈。

表 1-5　美国与我国农业科技水平比较表（2015 年）

指标	美国	中国
主要农作物良种普及率 /%	100	95
主要农作物耕种收综合机械化水平 /%	100	62
农产品加工转化率 /%	>90	50
农产品产后产值与采收时自然值的比例	3.7：1	0.38：1
农作物秸秆综合利用率 /%	100	80.1
灌溉水有效利用系数	0.7	0.53
化肥利用率 /%	>50	35.2
农药利用率 /%	>50	36.6

发展产出高效、产品安全、资源节约、环境友好的现代农业已成为当今世界农业发展的重大趋势，并形成了如下一些明显的发展特点。

一是愈发高度依靠科技创新。加强农业科技创新是现代农业发展的根本动力。各国政府通过完善法制建设、支持基础研究、补贴应用研究和试验发展、农业科技推广、建设基础设施、开展信息服务等，在农业科技发展中发挥主导作用。现代农业以生物技术、信息技术和新材料技术等高技术为引领，以常规技术升级为支撑，用现代技术装备改造传统农业，用现代农业科技知识培

养造就新型的农业产业队伍。例如，以计算机技术为基础的育种值估计技术对现代动物种业快速发展起了关键作用。生物技术在动物种业发展过程中起着越来越重要的作用，最新建立的测序定型基因型技术（genotyping by sequencing, GBS），既达到了基因组选择效果，又大幅降低了育种成本，正在逐渐展示出广阔的市场前景。物联网与农业产业加快融合，如西门子、国际商业机器公司（IBM）等方案解决商及美国电话电报公司（AT&T）、威瑞森电信（Verizon）、中国移动等电信运营商纷纷加速了农业物联网的战略布局。美国应用全球定位系统（GPS）和传感器技术提升节水灌溉装备的自动化水平，实现作物需用水信息的远程实时监测等，促进了精细农业的发展。

二是逐步向多功能、高效益发展。现代农业突破了传统农业主要从事初级农产品供给和原料生产的局限性，逐步显现出原料供给、加工增值、生态保护、观光休闲、文化传承、就业增收等多元功能，不断向农业的广度和深度拓展，实现种养加、产供销、贸工农一体化的高度组织化、规模化生产，大幅度提高土地产出率、资源利用率和劳动生产率。例如，德国农业除提供食物外，还被赋予其他非常重要的功能：为工商业提供原材料，并为能源部门提供能源；保护自然资源，特别是保护物种的多样性、地下水、气候和土壤；提供良好的生活、工作和休养的场所。其走出了一条以提高土地生产率和劳动生产率并重，"中小农场+机械化+产业多元+集约经营+生态农业"的发展之路。中国台湾省在工业化初期（1950~1960年）选择了"以农业培养工业，以工业发展农业"的策略，实施一系列扶农政策措施，使农业获得了极大发展。20世纪60年代后期以来，在成功完成"培养工业"的重任后，大量农业资本输出并流入工业，台湾传统农业开始出现衰退，促进农业结构调整和推进产业升级成为农业发展的必然趋势。20世纪70年代以后，发展外向型精致农业、休闲农业及加速农业生物科技产业发展成为台湾农业发展的主流方向。

三是更加注重生态环境友好和可持续发展，将现代农业建立在资源环境可持续性的基础之上。在保护农业生态环境的原则下，改变传统农业生产方式，提高生产要素的配置效率及资源利用效率，科学合理地减少化学品使用量，大力发展生物肥料、生物农药等生物环保制品部分替代化学品，并采用精确施肥、精准灌溉技术，实现对农业投入品的有效控制，减少生态环境污染,建立环境友好型的绿色产业。我国生物肥料比例还不足1%,而美国、巴西、阿根廷等国家的这一比例为20%。欧美等发达国家已将生物农药作为现代农业的朝阳产业进行发展。美国是全球最大的生物农药市场,美国国家环境保护局(EPA)新批准的生物农药数量远超过常规农药;欧洲是全球增长最快的生物农药市场,保持着15%的高增长率。国际上有27个国家已将46种微生物列为微生物杀菌剂的有效成分,其中真菌类25种,细菌类21种。在生物降解地膜研究方面,日本的昭和电工已开发出绿色环保的碧能系列可生物降解地膜,德国巴斯夫公司生产出ECOVIO、ECOFLEX等生物降解树脂及地膜产品。

四是向一体化产业体系方向发展。农业全链条开发、一体化经营使得农业产业链由主要集中于产中环节向产前和产后延伸,由比较单纯的初级产品生产拓展到流通领域和加工环节。这一趋势在世界各国不断蔓延,也引发了政府农业经营和管理体制的一系列变革。美国的阿彻丹尼尔斯米德兰、邦吉等公司均是包括从生产至经营为一体的覆盖农业全产业链的大型跨国农业综合性企业。丹麦在制备生物燃气过程中,建立了纤维原料的醇、烷、化学品联产模式,实现了全成分的综合利用。生物质能源产业由单一的油气、热电可再生能源生产,向整合有机废弃物污染治理、生态环境保育、原料梯级能源转化应用转变,注重全产业链综合效益。我国中粮集团等企业也正在开展构建全球供应链的行动。从各国的实践看,农业一体化经营的不断推进,不仅改变了传统的农业观念,全面创新了农业经营的理念,而且带来了从田间地头到餐桌的产业链变革。

五是向智能化方向发展。物联网将成为每条供应链的重要组成部分,大数据和系统集成将使农业精准化程度进一步提高。农业生产实现环境可控,在能源、品质、自动化、机器人化、虫害管理、控制等领域将实现突破,智能灌溉、智能施肥与智能喷药等自动控制方式将得到广泛应用,有利于降低农业生产成本、提高效率和保护农村生态环境。农业无人机、轻型高效拖拉机、自动驾驶、传感器等将广泛应用,农业生产的耕作、种植、管理、收获和加工过程智能化程度得到很大提高。电商将进一步实现农村与城市的快速连接,活跃农村经济。

六是向第一、第二、第三产业融合方向发展。①以农业为中心,产业链条得到进一步延伸,进而将种子、农药、肥料供应及农产品加工、销售等环节与农业生产连接起来;②新技术广泛应用,在提高生产效率、转变生产模式、缩短供求双方之间距离的同时,也使农业与第二、第三产业间的边界变得模糊;③产业间关联与渗透得到拓展和提升,使农业具备生态休闲、旅游观光、文化传承、科技教育等多种功能,进而与文化、旅游、教育等产业交叉融合;④产业发展效益得到提升,推动农村产业空间布局的调整和发展方式的转变,农村产业增值增效。

第二章
国家经济社会发展对农业领域工程科技的需求

第一节 2035年农业领域相关的经济社会发展情景

一、人口增加对农产品数量提出了更高要求

2015年，我国人口总量达到13.64亿（不含香港、澳门特别行政区和台湾省），约占世界总人口的18.84%。目前，在人口红利消失、社会养老压力加剧的时代背景下，全面二孩政策出台，据预测，我国人口峰值将出现在2035年左右，为15.5亿人。未来10~20年，一方面，随着我国城镇化步伐的加快，大量农村剩余劳动力势必向城镇流动转移；另一方面，我国社会人口老龄化日益严重的现象也将导致农业劳动人口在未来20年呈现持续下滑态势。粮食和肉、蛋、奶等农畜产品需求将大幅度增长，满足未来人口高峰期的食物安全供给是我国农业发展的首要任务。

从结构看，现在一些食物品种缺口较大，未来缺口还会继续扩大。典型的是大豆缺口逐年加大，2015年进口大豆超过8000万t。这种结构性矛盾将长期存在。不同专家通过多种预测模型或方法都发现（表2-1），

我国粮食需求总量在未来将会持续增加，到2035年，需求总量为7亿t左右，其中，用于动物饲养和工业加工所用的间接性耗粮将会大幅增加，成为我国未来主要的粮食消耗途径，玉米则会因其在畜禽养殖和工业加工过程中的重要作用而成为我国未来粮食消费的最主要品种。按照目前6亿t的产量基数和95%的基本自给率，要保持年度产需基本平衡，全国每年粮食至少要增产100亿kg。近10年的单产增长率平均不足0.7%，与未来需求的增长率相差较大，产需矛盾更加突出。通过作物生产科技创新与技术优化可挖掘增产潜力巨大。因此，大力发展农业领域工程科技，依靠科技进步保障粮食供给，是我国最重要的国家战略需求。

表 2-1　国内外专家对我国粮食需求程度的预测

预测年份	预测结果	预测专家或机构
1995	2020年粮食需求量达到6.93亿t，其中43%将用于饲料粮，2030年粮食需求量达到7.37亿t，其中饲料粮占50%	梅方权
1996	2020年及2030年中国的粮食需求总量的预测值修正为6.45亿t和7.34亿t，其中饲料粮比例未发生变化	梅方权
1996	2020年、2050年中国粮食总需求量分别为6.11亿t和8.67亿t	康晓光
1997	2020年、2030年中国粮食需求总量分别为6.176亿t和6.818亿t	黄佩民
1998	2020年中国粮食总需求量将达到5.94亿t	黄季焜
2001	2020年谷物和肉类需求的增长将分别占世界谷物和肉类需求总量的25%和40%以上	罗斯格兰特（Rosegrant）
2002	2025年玉米、小麦、大豆、稻米和其他谷物需求量分别为2.64亿t、1.47亿t、0.39亿t、1.42亿t和0.28亿t	罗斯格兰特
2004	2020年粮食需求总量为5.16亿t	黄季焜
2009	2020年小麦消费量为1.1亿t，大米消费量为1.27亿t	联合国粮食及农业组织
2013	中国粮食需求总量的峰值可能出现在2030年前后，最高可能达6.5亿t	向晶、钟甫宁
2015	2020年中国粮食消费量为7.34亿t，其中谷物5.87亿t，口粮消费2.70亿t，饲料用量1.64亿t，工业用粮1.66亿t	国家统计局统计科学研究所

续表

预测年份	预测结果	预测专家或机构
2015	2020年中国的粮食需求量预计达到7.2亿t	钱克明
2015	《人民日报》刊发了农业部部长韩长赋的文章,该文指出,据专家预测,到2020年我国粮食需求大约为7亿t	—

二、资源短缺与生态环境压力给农业生产带来更大挑战

我国人多、地少、水缺,人均耕地仅为世界平均水平的1/3。随着工业化、城镇化快速推进,每年要减少耕地40万~46.7万 hm^2,城市生活用水、工业用水和生态用水还要挤压农业用水量。为了保护和恢复生态环境,还要适度退耕还林还草。需求增长、资源减少,将使农产品供求长期处于紧平衡状态。我国水资源人均占有量低,约为世界人均水平的1/4,且地区分布极不均衡(图2-1),松辽河、黄河、淮河、海河流域等都远远低于国际公认的严重缺水警戒线,如位于海河流域的北京市人均水资源量仅为250 m^3/(人·年),远远低于以干旱缺水著称的以色列人均水平,到2035年,我国的人均水资源占有量将降至1800 m^3/(人·年)。此外,水资源分布与人口、耕地、生产力布局不相匹配(图2-2),我国北方国土面积、人口分别占全国国土面积、人口的64%和46%,而水资源量仅占19.1%,其中黄淮海地区缺水尤其严重。

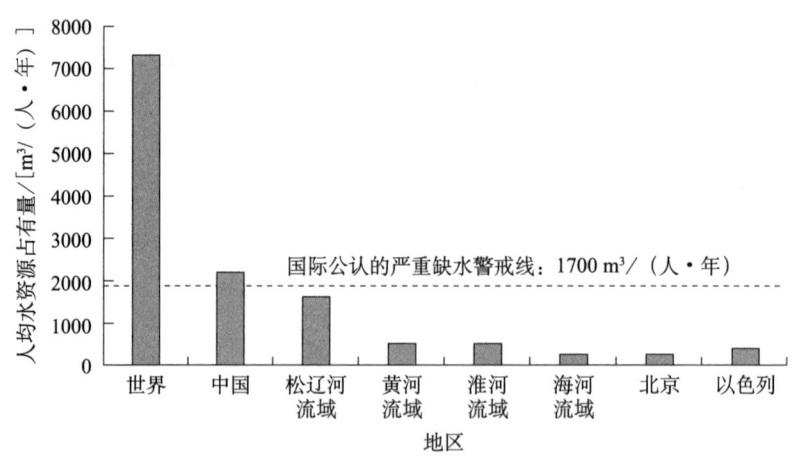

图2-1 我国及我国部分地区与以色列、世界人均水资源占有量的比较

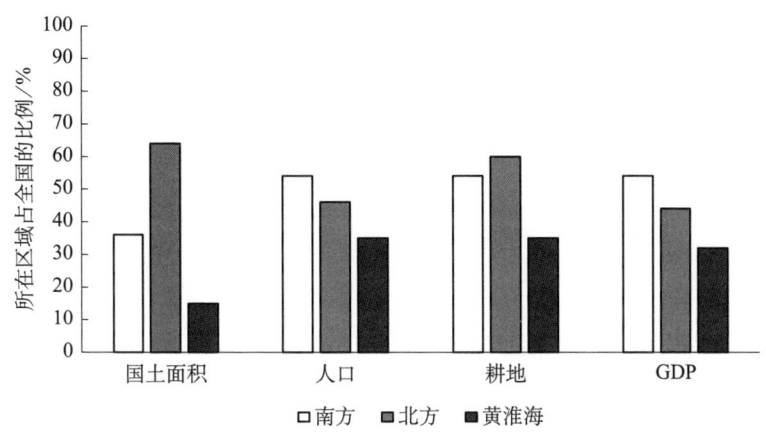

图 2-2 我国不同区域国土面积、人口、耕地与 GDP 占有量分布

当前我国农业环境质量的突出问题是环境污染和生态破坏,据 2000 年农业部组织的调查统计,我国 5.5 万 km 河段有 23.7% 的水质不符合灌溉要求,4.3% 的河段严重污染、鱼虾绝迹;受污染的农田面积达 1 亿亩[①]。我国化肥流失量约占使用量的 40%,引起硝酸盐积累和水体富营养化;农药在大气中扩散和流失及在部分农畜产品中残留也较严重;地膜年残留量 200 多万 t。我国畜禽养殖总量不断上升,每年产生 38 亿 t 畜禽粪便,有效处理率却不到 50%,已成为城郊农业环境的主要有机污染物。全国种植业投入的化肥总折纯量持续增长且幅度较大,从 1981 年的 1334.90 万 t 增加到 2014 年的 5995.94 万 t,增长了 3.5 倍(图 2-3)。其中,钾肥和复合肥增幅较大,钾肥从 1983 年的 58.40 万 t 增加到 2014 年的 641.94 万 t,增加了 10 倍;复合肥从 1983 年的 86.20 万 t 增加到 2014 年的 2115.81 万 t,增加了 23.5 倍。氮肥和磷肥的增幅较小,氮肥从 1983 年的 1163.8 万 t 增加到 2014 年的 2392.86 万 t;磷肥从 1983 年的 351.40 万 t 增加到 2014 年 845.34 万 t。全国种植业投入的农药和地膜总量持续增长且幅度大,农药使用量从 1991 年的 76.53 万 t 增加到 2014 年的 180.69 万 t,增长了 1.36 倍;地膜使用量从 1991 年的 64.21 万 t 增加到 2014 年的 258.02 万 t,增长了 3.0 倍(图 2-4)。为了改变上述趋势,农业部提出了"一控、两减、三基本"的控制目标。规划要求,到 2020 年,农业的用水总量要保持在 3720 亿 m³,灌溉水有效利用系数要从现在的 0.53 提高到 0.55,2020 年化肥农药的施用量要实现零增长。据

---

① 1 亩 ≈ 666.67 m²。

此预测，随着培肥地力、测土配方施肥、种养结合，以及对规模化养殖场改造工作的推进，我国化肥农药的施用总量将在 2030 年开始大幅度下降，2035 年预计将比现状水平降低 15%～20%；2030 年灌溉水有效利用系数要提高到 0.60。

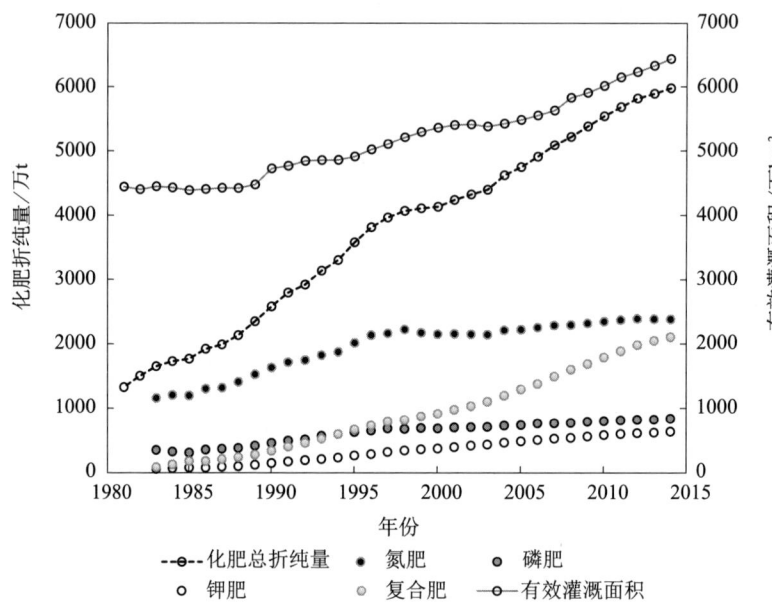

图 2-3　全国种植业施肥量与有效灌溉面积变化（1981～2014 年）

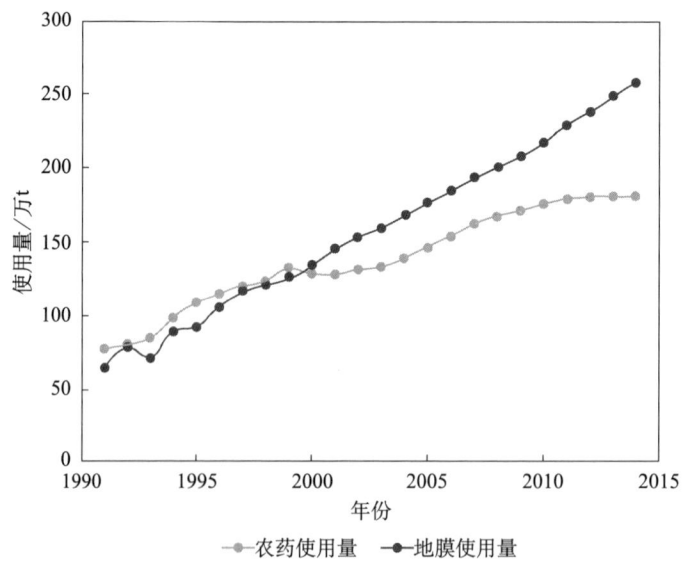

图 2-4　全国农药和地膜使用量变化（1991～2014 年）

据 2010~2012 年开展的第一次全国水利普查成果，我国现有水土流失面积 294.91 万 km²，沙化土地 173.97 万 km²，分别占国土面积的 30.72% 和 18.12%，土壤次生盐渍化面积 3470 万 hm²，其中盐土 1600 万 hm²，碱土 86.66 万 hm²，各种类型的盐化、碱化土壤 1800 万 hm²，尚有 1733 万 hm² 潜在盐渍化土壤，主要分布在黄淮海平原、东北平原西部、黄河、河套地区和西北内陆地区，东部滨海地区也有少量分布。农业资源有所衰退，我国草原面积 90% 以上都存在退化现象，严重退化的占 50% 以上，且每年以 200 万 hm² 的速度扩张，天然草原面积每年减少 65~70 hm²。目前，全国湿地面积 5360 万 hm²，占国土面积的 5.58%，湿地面积比 10 年前减少 339.63 万 hm²，全国 2/3 以上的湖泊受到氮、磷等物质的污染，10% 的湖泊富营养化污染严重。全国地下水降落漏斗 188 个。在具备系统统计数据的 171 个地下水开采漏斗中，漏斗面积扩大的有 65 个，面积扩大了 6736 km²，由于多年的地下水超采，华北平原已经成为世界上最大的"漏斗区"。其中最大的冀枣衡漏斗区面积达 8800 多 km²。除此之外，我国是海水养殖大国，养殖产量从 20 世纪 80 年代中期的 100 多万 t 增加到 2009 年的 1400 多万 t，已连续 20 多年居世界第一，预计到 2035 年，海水养殖产量将超过 3000 万 t。随着海水养殖业的快速发展，以高浓度氮、磷和赤潮频发为主要特征的养殖海域污染等环境问题频发，对全国 18 个重点增养殖区的监测结果表明，养殖区水体富营养化严重，许多赤潮都发生在养殖区内及邻近海域，如福建厦门沿海养殖区、浙江象山港和岱山海水养殖区。浙江和福建沿海已成为我国赤潮发生频率最高的地区。这些都将给农业生产带来更大的挑战。

三、气候变化与极端气候灾害频发亟须提升农业防灾减灾能力

联合国政府间气候变化专门委员会第五次评估报告表明，全球气候变暖是毋庸置疑的，1880~2012 年，全球温度升高了 0.85℃，北半球 1983~2012 年可能是过去 1400 年中最暖的 30 年；全球范围内冰川、北极海冰和北半球春季积雪范围继续缩小；二氧化碳、甲烷和氧化亚氮的大气浓度上升为前所未有的水平，2011 年上述三种温室气体浓度分别超过工业化前水平的 40%、150% 和 20%。

在全球气候变暖背景下，中国温度升高明显，1909~2011 年，我国陆地区域平均增温 0.9~1.5℃，最近 50 年全国年平均气温上升速度为

0.21~0.25℃/10 a，增温幅度高于全球水平，总体而言，北方地区增温大于南方，冷季大于暖季，夜间大于白天，全国大部分地区夜间增暖显著，白天增暖较弱，气温日较差明显减小。近百年来全国年平均降水量没有表现出显著的趋势性变化，但具有明显的年代际变化特征和区域分布差异性，东北南部、华北地区、华中西部和西南地区降水量减少，华南、东南、长江下游地区降水增加，青藏高原和西北地区降水量也呈增加趋势，降水特征总体表现为东部季风区自20世纪70年代末开始南涝北旱，西北干旱和半干旱地区近30年降水量呈增加趋势。全国蒸发量和潜在蒸发量总体呈下降趋势，绝大多数地区水面蒸发量呈减少趋势，实际蒸发量在东南部呈下降趋势，西北半干旱区呈上升趋势。近60年东南诸河、西南诸河和西北内陆河流径流量增加，其余流域径流总量均表现为减少趋势。大范围的冰川、冻土面积呈明显的减少趋势。

在全球气候变化背景下，极端天气气候事件发生频率增加。我国气候类型多样，地形地貌复杂，种植结构丰富多样，不同承灾体与不同气候致灾因子组合，形成多种多样的气象灾害，如干旱、洪涝和湿害，低温冷害、霜冻、冻害、寒害和热害，大风、干热风、台风等，世界上所有的气象灾害类型在我国均有发生。特别是干旱、洪涝、台风、低温、风暴等重大气象灾害几乎年年发生，干旱灾害平均每年发生7.5次，洪涝灾害平均每年发生5.9次，台风平均每年发生7次，冻害平均每年发生2.9次，干热风平均每年发生1.5次。每年气象灾害造成农作物受灾面积平均为5000万 hm^2，其中干旱和洪涝受灾面积分列第一、第二位，占总受灾面积的60%~70%。随着经济发展水平的提高，近年来气象灾害造成的直接经济损失占当年GDP已下降到0.3%左右。气候变化导致旱涝灾害交替出现，发生频率增高，危害程度加重，影响范围扩大，因灾损失增大。气候变化背景下，干旱往往与高温灾害相结合，灾害呈多发、并发趋势。作物高温逼熟、果树蔬菜灼伤频繁发生，危害加重，特别是在南方地区更为明显。气候变暖导致温度波动性增大，加上作物抗寒能力下降，农业低温灾害仍频繁发生，危害程度甚至呈加重趋势。台风登陆次数减少但强度增强，登陆路径出现新特征，危害程度加剧。北方地区暖干化趋势，强化了干热风灾害对冬小麦的不利影响，南方地区小麦雨后青枯频繁发生。

联合国政府间气候变化专门委员会评估报告显示，与1986~2005年相比，2016~2035年全球平均表面温度上升可能为0.3~4.8℃，全球大部分地区高温事件频率和持续时间增加，中纬度大部分地区和热带地区极端降水事件强度加大、频率增高，干旱的强度和持续时间都增加，强热带气旋活动增加。未来中国区域气温将继续升高，与1980~1999年相比，中国平均气温在21世纪中期升温幅度为2.0℃以上，高于全球平均升温幅度，且冬季升温高于夏季，尤其是东北地区和青藏高原地区升温明显，全国年平均降水量有所增多，夏季降水量大部分地区表现为增多趋势，而冬季青藏高原南部和华南部分地区降水减少，其他地区降水则增多。未来中国低温事件呈减少趋势，极端降水和高温事件增多。21世纪中期中国呈现北方暖干化、南方夏季洪涝和冬季干旱同时加重趋势；中国干旱区范围可能扩大，荒漠化可能性增大；冰川加速退缩。农业活动是仅次于能源活动的第二大温室气体排放源。2010年温室气体排放在8亿~9亿t二氧化碳当量。未来，可通过水稻田水分管理、农田氧化亚氮控制、秸秆氨化、农田土壤固氮等技术进行增汇减排。

气候变暖是春季物候期提前、秋季延后，作物可种植期延长，适宜种植区向高纬度和高海拔地区扩展，有利于复种指数提高和中晚熟品种种植扩大，二氧化碳浓度升高有利于提高光合作用效率和水分利用效率。但气候变化对农业的不利影响更加明显和突出，温度升高使同一品种生育期缩短，作物生长发育加快，作物单产和品质降低。温度升高加速土壤有机质分解和养分流失，耕地质量下降，肥料和用水成本增加，气候变暖导致极端天气气候事件频发，灾害加重，中国农业生产面临更大的挑战，农业适应气候变化、防灾减灾、固氮减排能力亟待提高。

四、降本增效和国际竞争对转变农业生产方式提出了新的要求

经过多年粮食价格的持续上涨，目前国内主要农产品价格已经超过国际市场价格，农业生产的比较效益逐年减小。2006~2013年，大米、小麦、玉米、棉花、大豆的生产成本分别增加了77%、81%、81%、92%和84%。2014年，每吨大米、小麦、玉米、棉花、大豆的价格同比分别比国际市场高318元、451元、924元、7078元和484元。国内外市场农产品价格倒挂产生了"封顶效应"，继续提价遇到了"天花板"。按照我国入世时对世界贸易组织承诺的补贴上限，粮食是27%、油料是18%、大豆是10%，现在这些都已"触顶"。与此

同时，国内农业生产要素价格还在持续上涨，农业生产成本"地板"刚性抬起，农业比较效益持续下降，调动和保护农民积极性、保障农产品有效供给将越来越困难。我国劳动力人均占有耕种面积与世界相比处于较低水平，劳动力人均占有耕地面积比印度（0.6 hm²）还少。可见，我国的农业劳动力人均耕地经营规模太小，农业劳动生产率很低，2013年仅为法国、美国、以色列、荷兰等国的1%左右（表2-2）。如何降本增效，提高劳动生产率是当前和未来很长一段时间最为迫切的任务。

表2-2　世界主要国家劳动力人均占有耕地面积与农业劳动生产率（2013年）

国家	劳动力人均占有耕地面积/hm²	农业劳动生产率/（美元/人）
法国	1.34	74 307
美国	5.21	69 457
以色列	0.33	68 999
荷兰	0.21	66 238
日本	0.17	50 720
澳大利亚	6.55	49 723
德国	0.78	35 219
英国	0.74	28 208
韩国	0.08	26 415
巴西	0.33	5 297
中国	0.038	754
印度	0.04	688

当前，全球大宗农产品库存消费比均处于历史最高水平，为我国更好地统筹利用国内外两种资源、两个市场，提供了现实可能和操作空间。我国农业已深度融入国际市场，成为全球第一大农产品进口国，第二大农产品贸易国，但在全球农产品贸易中的话语权和影响力不够，根本原因在于农产品国际竞争力不强，产业分工仍处在价值链中低端。2015年，《国务院办公厅关于加快转变农业发展方式的意见》提出，当前和今后一个时期，加快转变农业发展方式要以发展多种形式适度规模经营为核心，以构建现代农业经营体系、生产体系和产业体系为重点，着力转变农业经营方式、生产方式、资源利用方式和管理方式，推动农业发展由数量增长为主转到数量、质量效益并重上来，由主要依靠物质

要素投入转到依靠科技创新和提高劳动者素质上来，由依赖资源消耗的粗放经营转到可持续发展上来，走产出高效、产品安全、资源节约、环境友好的现代农业发展道路。未来20年，我国农产品需求将会形成稳态，农业专业化程度大大提高，农业产品结构体现全球分工，全球一体化程度将越来越高。因此，需要统筹国内、国外两个市场，既满足我国自身粮食需求，又发挥比较优势，成为国际农业市场中重要的一员，促进农业经济的发展，提高农民的收入水平，促进我国农业综合生产能力再上一个新台阶，进而加固农业的基础地位，有力地支持国民经济发展和社会稳定。

五、产业融合和新型经营主体将催生新的农业产业革命

当前，我国农村第一、第二、第三产业比重分别是9%、43%和48%，到2035年，这一比重预计为5%、31%和64%。农村第一、第二、第三产业融合发展，是拓宽农民增收渠道、构建现代农业产业体系的重要举措，是加快转变农业发展方式、探索中国特色农业现代化道路的必然要求。《国务院办公厅关于推进农村一二三产业融合发展的指导意见》（国办发〔2015〕93号）指出，国家将着力推进新型城镇化，加快农业结构调整，延伸农业产业链，拓展农业多种功能，大力发展农业新型业态，引导产业集聚发展。到2020年，农村第一、第二、第三产业融合发展总体水平将明显提升，产业链条完整、功能多样、业态丰富、利益联结紧密、产城融合更加协调的新格局基本形成，农业竞争力明显提高，农民收入持续增加，农村活力显著增强。

到2035年，城市经济发展将极大地提高城市吸纳农村转移劳动力的能力，高素质的职业农民将成为农业经营的主体，预计2035年前后能够实现农民家庭务农收入与城市家庭收入相等这一目标，届时我国只需要职业农户约3000万户，占全国总户数的比重约为6%。专业大户、家庭农场、农业合作社、龙头企业将是我国农业主要的经营主体，其中家庭农场最终将成为我国农业生产中的主要经营主体。另外，土地流转和规模化经营将极大促进农业全程、全面机械化和信息化水平的提高，有利于现代农业经营体系的建立。加快培育新型农业经营主体的职业化、合作化、网络化是解决"谁来种粮"问题、发展现代农业的应对之策，也是深化农村改革的一个重点。未来要扶持发展农业产业化龙头企业、

合作社、家庭农场和社会化服务组织，积极培育新型农业经营主体。加快构建以农户家庭经营为基础、以合作与联合为纽带、以社会化服务为支撑的立体式复合型现代农业经营体系。这些新型经营主体必将催生新的农业产业革命，拓展农业其他功能。比如，农业与其他产业交叉型融合，农业与生态、文化、旅游、健康等元素结合起来，大大拓展了农业原来的功能，使农业从过去只卖产品转化到还卖风景、观赏，卖感受、参与，卖绿色、健康等，极大地提升了农业的价值。信息技术的快速推广应用，既模糊了农业与第二、第三产业间的边界，也大大缩短了供求双方之间的距离，使网络营销、在线租赁与托管等快速发展。

六、社会发展进步对农产品品质与食品质量安全提出更高标准

随着国民经济和社会的发展，食用农产品消费需求正朝着优质、安全、方便、营养的方向发展。农产品质量与食品安全关系每个人的身体健康和生命安全，吃得美味、吃时放心、吃后安全、吃得营养、吃出健康是永恒的主题。当前，我国正处于改革攻坚期和矛盾凸显期，食品安全基础依然比较薄弱，农兽药超标、非法添加、制假售假等问题屡禁不止，违法犯罪屡打不绝，有的涉嫌严重违法犯罪，性质严重、手段恶劣，酿成较大的社会问题，严重影响了社会经济和谐发展。2015 年 10 月 1 日起施行的新修订的《中华人民共和国食品安全法》被称为"史上最严的食品安全法"，将来非法添加、添加剂的滥用、制假售假会越来越少。加工过程、食源性病原微生物、食物过敏、重金属污染等带来的危害还将继续存在，转基因食品也会增加。农产品原料质量是农产品加工业的基础，发达国家非常重视农产品的品质，严格按照各种行业标准开展农业生产经营活动，保证了农产品原料的标准化、专用化和高质化（中国农业机械化科学研究院赴美考察组，2014）。发达国家用于加工的原料都有专用的加工品种及其基地，我国将来会拥有更多的加工专用原料及其基地，从而解决原料价高质低的现象。

保障农产品和食品安全是一项长期、艰巨、复杂的任务，随着工业化和农业现代化的发展，主要农产品和食品安全的风险也面临一些新的情况，不断发生一些新的变化，也存在一些传统安全的隐患，同时也有一些新的风险因素。

例如，土壤污染、农兽药残留、食源性病原微生物、环境污染、真菌毒素、病原体可能引发的农产品及食品安全问题等，应该采取切实有效的措施，如通过完整的产业体系、溯源预警体系，重视加工过程中的质量管理和标签连接互联网提升食品安全。科学认识食品添加剂及其安全性要求，对重金属污染和真菌毒素的限量也会提出更高的要求。

七、新的农业科技革命引领农业走向新时代

为应对气候变化、水资源缺乏、能源短缺、粮食安全、食品安全、环境恶化等重要挑战，必须进一步加强农业科技创新，确保农业可持续发展。近年来，以生物、信息、新材料等高新技术为代表的世界科学技术飞速发展，并不断取得重大突破，为农业生产带来了新的技术革命。

生物技术是农业科技革命的重要组成部分。以基因组学为核心的现代农业生物技术，已成为未来世界各国农业科技发展的重点之一。基因编辑技术（CRISPR）可实现对受体基因组目标基因进行精确的敲除、删除、修改、替换或定点插入等编辑，在动植物遗传改良等领域具有广阔的应用空间，成为当前研究热点之一。采用农业废弃物、植物基淀粉和木质纤维素材料等为原料，采用生物炼制的方法生产生物塑料、生物纤维、生物树脂、生物橡胶、可再生生物基质等生物材料将成为发展趋势。推动生物合成、先进发酵、生物炼制等关键技术创新，开发农业生物药物、生物能源、生物酶、生物溶剂、生物肥料、生物饲料等重大农业生物制造产品，促进产业绿色转型升级是未来的农业产业发展高地。物联网技术的迅速发展将催生农业迈入智慧农业发展阶段。农业资源综合利用技术受到各国重视。以节地、节水、节肥、节药、节能为目的，以农业资源综合利用的循环经济为重点，有针对性地开发资源节约型和环境友好型技术，是世界各国农业科学技术的研发重点。纳米技术在农业领域的应用具有潜在优势，包括降低沉降率、增强物质元素在土壤中的运移、提高扩散率、降低活性成分结晶及提高效率等。这些农业科技革命和新的颠覆性技术将催生新的"一控、两减、三基本"的绿色高效农业技术的变革，引领农业走向产出高效、产品安全、资源节约、环境友好的新时代。

第二节 农业领域需要解决的重大问题及其对工程科技的需求

一、种业国际竞争力整体较弱，亟须强化育种科技创新

种业是一个国家农业发展的根本。科技创新能力是种业的核心竞争力，提高我国育种创新能力是提升民族种业竞争力的根本途径。我国拥有世界一流的农作物育种基础研究技术，拥有快速增加的公共育种经费投入，拥有世界最大规模的育种科研队伍，常规育种经验极其丰富。但与发达国家相比，我国育种创新能力仍然较弱，基础研究能力未能转化成实用化专利技术，基础研究成果未能转化为先进育种技术手段，综合科技资源优势未能集成为综合育种技术，缺乏集成转化主体与动力机制，缺乏以市场为导向的商业化育种机制。不仅品种生产力水平不高，更为关键的是品种创新的组织方式落后，没有形成以企业为主体的技术创新和品种创新体系。中国种子企业数量多、规模小、实力弱，在国际市场中缺乏竞争力。目前，中国持证种子企业近9000家，但是注册资本500万元以上的只占30%左右，注册资本在3000万元以上的仅有200多家，没有一家种子公司进入世界种业的前15强。国际种子联盟（ISF）2016年的数据显示，全球种子市场销售额已达到365亿美元，其中美国国内种子市场为85亿美元，占全球种子市场份额的23%；其次是中国为40亿美元，约占11%。自从2000年中国颁布《中华人民共和国种子法》和2001年加入世界贸易组织之后，国内种业市场对外开放步伐加快，国外公司凭借其先进的科技、雄厚的资金、丰富的市场运作经验，大举进军我国种子市场，目前已控制了我国高端蔬菜种子50%以上的市场份额，几乎涉及所有的蔬菜品种，高端蔬菜种子由于设施农业的高效要求，基本都是国外的高质量蔬菜种子。近几年，国外大公司又开始整合并布局我国大田作物种子市场。例如，我国第一大粮食作物玉米的最大优良品种郑单958种植面积逐年减小，而国外品种先玉335的种子市场

份额以年复合增长率228%的速度快速扩张。在玉米生产大省吉林基本以先玉335为主，700多个国产玉米种子只占市场份额的10%左右。此外，德系德美亚1号玉米种子具有较好的耐低温出苗能力，基本上独占了黑龙江省北部玉米生产区；美国孟山都公司的迪卡系种子也开始在中国西南玉米生产区布局。种业是保证国家粮食安全和主要农产品有效供给的关键所在，面对日趋加剧的国际竞争压力，我国需要深化种业科技体制改革，建立健全种业科技创新体系，大力加强种业基础性、公益性研究，切实强化种业企业育种创新主体地位，推进产学研紧密结合；构建育种技术集成创新的分子育种大平台，激发科技人员创新活力。

二、动植物重大病虫草害多发，迫切需要加快绿色防控技术创新

我国动植物生产面临动物病种多、流行范围广、发生频率高及农作物病虫草鼠害给作物生产带来重大威胁的问题。近年来全球气候变化与灾害性天气频发，导致我国农作物病虫草害问题更加突出：飞蝗滋生区逐步向高纬度蔓延，危害面积呈扩大趋势；稻瘟病和小麦赤霉病等重要作物病害出现加重流行态势。此外，伴随耕作和栽培方式的转变，一些次要病虫草害如稻曲病、地下害虫和杂草稻等已开始对作物生产造成重大危害。据统计，2013年农作物病虫草鼠发生面积已达4.87亿hm^2次（农业部，2015）。2013年3月报道发生H7N9亚型禽流感事件以来，仅上半年我国家禽养殖业的直接经济损失就达到600亿元（刘秀梵，2013）。同时，我国农药及兽药用量居高不下，而新型农业药物及生物制剂匮乏，2012～2014年仅农作物病虫害防治农药年均折合使用量达31.1万t（农业部，2015）；2013年我国抗生素总用量约为16.2万t，其中52%为兽用抗生素（Zhang et al.，2015）。农药和兽药过量使用造成残留及环境污染日益加剧等问题，不但严重影响我国农业的持续稳定和健康发展，还威胁人类健康及公共卫生安全。因此，迫切需要创新绿色农业植保防控工程科技，大力加强农业有害生物远程监测预警技术和农作物有害生物绿色防控技术研究，研发新型农业药物和生物制剂。

三、农业生产代价高，亟待完善降本增效和生态高效生产技术体系

农业绿色高效生产已经成为国际农业可持续发展的主流方向。我国农业发展水平不断提高的同时，投入巨大，并付出了巨大的资源环境代价。我国农作物生产资源、能源投入高，效率低。农业生产用了世界 20% 以上的农业劳动力、30% 的化肥、25% 的农药。我国化肥利用率仅为 35%~40%，而发达国家在 60% 以上；灌溉水有效利用率仅为 53%，而发达国家达到 70% 以上。动植物生产产生的废弃物量大、利用率低，污染严重。每年产生的秸秆、粪便、果蔬和农产品加工副产物等废弃物约 40 亿 t，年产生温室气体超 10 亿 t、化学需氧量（COD）排放超 1000 万 t，氮磷排放超 300 万 t，对生态环境造成重要影响。由于农资成本、人工成本上升等因素，我国三大主粮（水稻、玉米、小麦）每公顷总成本由 2009 年的 9006.15 元上升到 2014 年的 16028.55 元，增长了 77.97%。其中，人工成本由 2009 年的 2825.85 元上升到 2014 年的 6701.25 元，上升了 137.14%；土地成本由 2009 年的 1719.3 元上升到 2014 年的 3059.1 元，增长了 77.93%；每公顷净利润则大幅下降，由 2009 年的 2885.25 元下降到 2014 年的 1871.7 元，5 年间降低了 35.13%。每公顷成本利润率由 2009 年的 32% 大幅下降到 2014 年的 11.68%。这种以"高投入、高产出、高代价"为主要特征和片面追求高产的传统集约化模式难以为继，开始倒逼中国农业转型发展。因此，转变农业生产方式、降耗增效、减少农业废弃物污染，通过作物绿色高效生产、动物生态健康养殖与清洁化，促进农业节能减排，对于建设资源节约型、环境友好型农业，实现农业可持续发展意义重大。

四、农业生产方式相对滞后，需要构建智慧农业技术体系

我国人多地少，人均可耕地面积仅为 0.08 hm^2，相当于世界人均耕地面积的 1/3 左右，人均水资源是世界平均水平的 1/4。随着我国工业化、城市化进程的加快，农业生产用耕地、水等面临的问题将更加突出，应对这一挑战，必须发展更加精准化、智能化、设施化的农业生产方式。我国农业劳动生产效率仅仅是发达国家平均水平的 2%，是美国的 1%，是世界平均水平的 64%。传统一家一户的分散农业生产方式阻碍了大型农业生产装备和新型农业技术的推广应

用，阻断了农业生产链的有效连接，农业技术体系水平不高，是农业生产效率不高的重要原因。当前"互联网+"、大数据、云计算等正在引领信息技术和产业进入一个转折期。集成电路正在逐步进入"后摩尔时代"，计算机逐步进入"后PC时代"，互联网正在进入"后IP时代"，云计算和大数据的兴起是信息技术应用模式的一场变革。无时不在、无处不在的信息网络环境，推动人类生产、生活和管理方式发生深刻改变。信息化新技术与农业交叉渗透，催生智能装备、智慧农业、农业现代化新模式。智慧农业的研究和应用快速发展，农业物联网技术、移动互联、空间信息技术和人工智能等先进信息技术将得到大量应用，传感设备朝着低成本、自适应、高可靠和微功耗的方向发展，未来传感网也将逐渐具备分布式、多协议兼容、自组织和高通量等功能特征，实现信息采集处理实时、准确、高效和智能，各领域知识库、模型库、推理分析机制系统融合，进行智能精准监测、预测并提供智能控制和决策管理，生物技术、种养工艺、信息技术和农业设施与装备将充分融合，成为现代农业发展的必然趋势。

五、食物消费需求不断升级，需要提升农产品加工科技创新能力

马克思提出的"消费的需要决定着生产"仍具有重要的现实意义。农产品消费规模不断扩大，消费结构趋于高端化。消费者对食物的需求不断升级，追求绿色、天然、美味、安全、营养、健康、方便等。我国口粮消费将进一步下降，高附加值农产品需求将显著增长。安全、绿色、休闲和健康的农产品已成为人们消费的主流和方向。国外休闲食品的年销量剧增，成为创造利润的重要途径，譬如美国休闲食品人均年消费量达 8.6 kg（陈久昀，2011）。

农产品加工是一个复杂过程，各个环节均要求技术和设备的高新化。与国际先进水平相比，我国农产品加工领域的重大共性关键技术与核心成套装备制造相对落后，特别是在新型加工、精深制造、智能控制、高效利用、综合转化和低碳生产等技术领域的研究开发仍相对迟缓。农产品加工技术装备相对落后发达国家 20 年，核心设备主要靠仿制和进口。发达国家和企业非常重视农产品加工技术的创新，科研投入大、设备先进、技术推广体系发达，极大地促进了农产品加工业的快速发展。美国的玉米和大豆的产量都占世界总产量的 40% 左右，主要取决于美国的先进深加工技术。我国农产品加工率不足 60%，而发达

国家在 80% 以上。我国创新能力不足，超过 60% 的农产品及加工副产物仍未能很好利用（杨小梅，2010；冯伟等，2015）。

农产品质量安全不仅涉及人类健康、生命安全，也关系到国家经济发展和社会稳定。但我国目前仍处于经济快速发展的初级阶段，农产品质量安全状况仍不乐观，我国在农业投入品管理体系、标准化生产管理体系、质量安全检测体系及相应技术创新研究方面与发达国家仍存在一定差距，因此，亟须依靠科技，开发高效利用、节能减排和绿色低碳的新技术、新工艺和新装备，加速产业生产方式的根本转变；加强农业全产业链的源头控制，实现我国农业快速、健康、可持续发展。

六、生态环境形势依然严峻，需要持续创新农业资源环境工程技术

目前，我国农业发展面临着高投入、低产出、低效益、资源高消耗和过度利用、生态退化、环境污染等严峻问题，水土资源紧缺与过度利用是我国农业发展的重大瓶颈之一。我国耕地面积 1.3513 亿 hm^2，不到世界总量的 8%，但 2013 年我国化肥生产量 7037 万 t（折纯，下同），农用化肥施用量 5912 万 t，约占世界化肥施用总量的 1/3，已成为世界最大的化肥消费国。化肥有效利用率低，研究表明，我国氮肥利用率为 33%，农作物每公顷化肥用量 328.5 kg，远高于每公顷 120 kg 的世界平均水平（农业部，2015）。据统计，我国中、重度污染土地面积达 333.33 万 hm^2。随着工业化和城镇化进程的加快，耕地面积仍将继续减少，农业生产后备耕地不足，中低产田面积占现有耕地面积超过了 2/3，干旱、瘠薄、盐碱、冷浸等不同类型障碍农田比例高，治理难度大；农田水利工程年久失修、管护制度落实不到位，中低产田改造整体进展缓慢，仍然影响农业的稳定发展（国土资源部土地整治中心，2014，2015，2016，2017）。资源紧缺及利用不当、效率低下对农业发展形成巨大压力，也对农业科技的提升提出了新要求。随着农业集约化程度的不断提高，农业外部投入如化肥农药过量施用和不合理灌溉等对农业内部生态环境，以及畜禽养殖废弃物等对外部生态环境都产生了累积性负面影响。加强农业领域工程科技创新，促进农业生产方式由常规型向生态型转变，是当前我国农业面临的艰巨任务。因此，需要重点研

发新型肥料与新型农药产品及精准化施用与装备技术、农业废弃物资源化与清洁化利用技术、土壤肥力与健康保育技术、农业生物多样性利用与综合调控技术、作物生命需水过程控制与生理调控技术、增蓄降耗高效农艺节水技术、节水绿色环保制剂技术与产品、高效节水灌溉技术与产品、节水生态型输配水系统技术与装备、智慧灌区及农业水管理决策技术与产品、现代生态循环农业关键技术体系等。

七、农业气候灾害频发，需要发展农业应对气候变化和防灾减灾技术体系

全球气候变化及极端天气气候事件频发深刻影响农业可持续发展，也是世界各国共同面临的重大挑战。由于气候变化趋势仍在持续，近年来全球极端气候事件频发，各国对气候变化的重视程度逐步提高，特别是进入 21 世纪以来，各国纷纷发布国家适应气候变化计划。如英国、芬兰、德国、法国、荷兰等国家已经实施了国家适应气候变化计划，澳大利亚政府发布了《国家气候变化适应框架》，印度发布了《气候变化国家行动计划》，各国农业适应气候变化计划的核心是如何提高应对气候变化影响的应变能力及应对极端天气气候事件的防灾减灾能力，包括加强基础设施建设、土地利用管理和规划、自然灾害风险管理等方面。

中国人口众多，人均耕地、人均水资源等严重不足，经济发展水平和农业现代化程度相对较低，应对气候变化和抗灾减灾能力仍然相对较弱。我国政府高度重视应对气候变化，在 2007 年制定了《中国应对气候变化国家方案》，2015 年发布了《气候变化绿皮书：应对气候变化报告（2015）》，确定了适应气候变化的重点领域及相关政策。农业如何趋利避害，充分利用气候变化有利影响，减小气候变化不利影响和极端天气气候事件危害，固碳减排是农业适应气候变化的主要目标。近 30 年来，中国各地区农业已采取了很多适应气候变化和防灾减灾的措施，如抗逆性作物品种选育、作物结构调整等，保障了农业持续增产。未来气候变化仍在持续、农业灾害频发重发，农业应对气候变化必须采取更有效的措施和途径。具体措施包括：加快农业现代化建设，加强农田水利、粮食仓储、加工与流通等农业基础设施建设，推进土地流转和适度规模经营，

增强农业应对气候变化的物质基础,提高农业适应气候变化的能力;加强抗逆性动植物品种培育,构建适应未来气候变化的抗逆性种质资源库;调整种植制度和作物品种布局,趋利避害,充分利用未来气候变暖增加的热量资源;健全农业灾害监测预警系统,提高农业灾害预警能力和防控体系;构建具有中国特色的农业应对气候变化技术体系。

八、新兴产业崛起,需要加快突破农业科技前沿技术

在现代高新技术的推动下,生物制剂、生物肥料、生物饲料、生物质能源、生物基材料等生物制造产业正在迅速崛起,农业智能装备、智慧农业等一批新兴产业迅猛发展。近年来,特色化、产业化、基地化,正在形成现代农业新格局。一村一品、一乡(县)一业,围绕特色产业,发挥比较优势,摆脱零星分散的传统种植,构建板块化、链接式、集群型产业基地,正在释放我国农业的又一种规模效应。农业市场越来越受到资本关注。在互联网发展的引导下,农业开始走上新型变革之路,在需要"用工业理念发展农业"的今天,农业需要在真正意义和本质上进行产业变革,在产业领域进行拓展和延伸。以生物技术、信息技术、新材料制造等为标志的高新技术将应用于农业领域,并与常规技术紧密融合,将在人工定向培育与可持续生产经营技术、动植物重要性状遗传解析与基因克隆技术、先进农业材料制造技术、生物质能源材料、生物质高分子材料以及植物工厂、农业无人机等领域可能出现支撑农业产业变革的颠覆性技术。

九、创新支撑能力薄弱,亟须加强科研平台与人才队伍建设

农业科学技术具有研究的长期连续性、动植物生产的周年性和区域性、研究对象的相对复杂性和研究成果的生产实用性等特点。农业科技创新离不开良好的基础平台、长期的数据积累和完善的驱动机制。农业科学研究国家平台应包括国家研究中心、国家重点实验室、国家工程技术研究中心、国家野外试验台站等。目前,我国农业科技条件和平台建设得到了快速发展,但是与日益活跃的科技创新活动的需求相比,仍然存在较大差距。国家重点实验室、种质资

源保存库、野外试验台站数量明显不足，布局不够合理，农林业工程中心、质检站发展不均衡，科技推广和服务体系有待充实，产业技术联盟建设刚刚起步，农产品质量监督体系还不健全，农业知识产权保护、转基因生物安全监管体系尚不健全，亟须加强农业长期科研试验基地、野外定位观测研究站网、国家重点实验室、工程（技术）研究中心、产业技术创新战略联盟等平台和人才队伍建设。美国农业有着完善的科研体系及雄厚的科研实力，是世界上最发达的农业强国和最大的农产品出口国，农业科技进步贡献率高达80%，按照资源条件、生态环境和农业区域特点，美国共设置了五大区域性研究中心，同时在全国各地设有100多个国家农业实验站。各州的农学院及56个州农业实验站，主要承担对本州经济有影响的应用技术研究及推广任务；私人农业研究机构则重点从事有直接经济效益的产品开发。

与发达国家相比，我国农业领域科技创新支撑能力有明显差距，农业科技创新体系长期以来存在条块分割、资源分散、分工不明、协作不力等问题，一直没有得到根本解决。2011年，农业部全面启动重点实验室建设工作，部署重点建设30个学科群，包括重点实验室228个、农业科学观测实验站269个。科技创新能力逐步提升，但还不能满足未来农业科技创新的需求，需要在创新平台全面布局、运行经费、研发支持、人才培养等方面进一步加强支持力度，支撑我国现代农业快速发展的需求。

第三章
农业领域技术预见结果与发展能力分析

第一节 技术预见方法

一、技术预见方法与流程

技术预见活动是将技术发展放在经济社会大系统中,对未来较长时期技术发展趋势的预测与选择。本书的技术预见工作,主要面向 2035 年我国农业领域工程科技发展进行技术趋势判断和技术选择。技术预见工作的总体目标是,把握世界农业领域工程科技发展趋势,根据我国 2035 年经济和社会发展的实际需求,提出农业领域工程科技的重点发展领域,并对 2035 年我国农业领域工程科技的能力水平进行预判,为研究提出农业领域工程科技发展的未来发展路径提供依据和支撑。

技术预见的主要环节之一是问卷调查,通过广泛征集专家意见、汇聚专家智慧,对未来重点技术方向进行选择判断。调查方法主要采用德尔菲法(Delphi method)。德尔菲法又称专家调查法,该方法主要是由调查者拟定调查表,按照既定程序,以函件的方式分别向专家组成员进行征询;而专家组成员又以匿名的方式（函件）提交意见。经过几次反复征询和反馈，专家组成员的意见逐步趋于集中，最后获得具有很高准确率的集体判断结果。

调查问卷面向院士、领域专家、政府和企业界人士等群体发放，搜集各界人士对技术清单中所列技术项目的全方位评价。基于对问卷调查结果的统计和分析，进一步筛选提炼出未来农业领域工程科技发展的重点领域、关键技术项目和重大技术群，为2035年农业领域工程科技发展战略的制定提供支撑。

问卷调查采用网上在线填报和纸质问卷填报两种方式。分两轮开展，根据第一轮调查统计结果及问卷调查中专家新提的技术方向等，进行进一步深化分析，并对技术清单进行修订；形成并更新第二轮调查的备选技术预见清单，设计形成第二轮调查问卷，组织开展第二轮专家调查，开展第二轮调查的统计分析，形成技术预见报告。完成问卷统计分析，形成技术预见分析报告，为后期深化研究提供支撑。具体技术预见工作流程见图3-1。

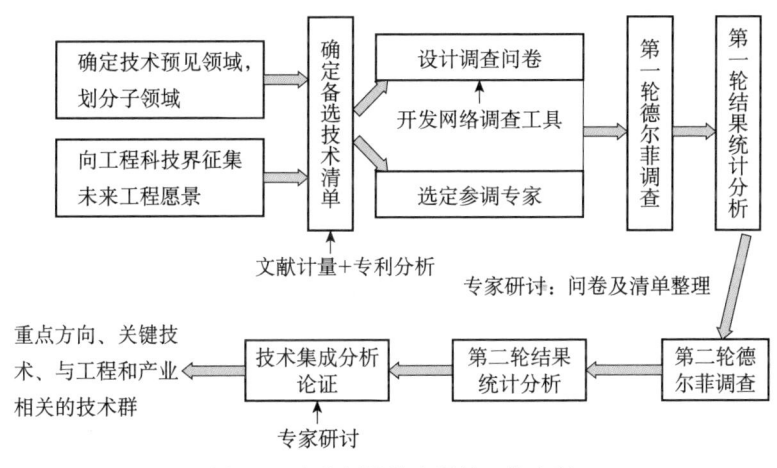

图 3-1　农业领域技术预见工作流程

二、技术预见调查数据统计分析方法

（一）基本假设

本次调查统计分析建立在以下基本假设之上。

假设1："很熟悉"技术课题的专家对技术课题重要程度的判断要比"熟悉"技术课题的专家的判断为优，"不熟悉"技术课题的专家的判断可以忽略不计。

假设 2：在处理调查问卷中，"很熟悉""熟悉""较熟悉""不熟悉"四类专家，分别赋予权重 4、2、1、0。

采用加权回函专家人数取代实际回函专家人数，在指标统计中，该方法有助于使判断更趋向于"熟悉"专家的判断。

（二）统计指标与分析方法

数据统计采用的主要指标包括单因素指标和综合性指标，具体指标意义如表 3-1 所示。

表 3-1　技术预见统计指标及其意义

指标名称		计算及意义说明（包括标准值）
单因素指标	技术核心性指数*	指标说明：判断该项技术是否在相关技术群和产品研发中起到核心关键作用，该项技术突破直接关系到相关产品、产业、工程的发展。4 个选项"高""较高""中""低"选择其一 评分标准：将评价结果数值化，"高"为 100 分，"较高"为 50 分，"中"为 25 分，"低"为 0 分，考虑专家对该技术的熟悉程度，加权计算评分 分析应用：得出技术核心性指数最高的前 N 项技术；技术核心性指数最高的前 N 项技术的领域或子领域分布；领域或子领域的技术核心性指数平均值等
	技术通用性指数	判断该项技术的应用范围是否广泛，是否是多行业共性技术
	技术带动性指数	判断该项技术是否具有先行作用，对其他技术及产业发展的辐射带动作用大小
	技术非连续性指数	判断该项技术研发成果是否将替代现有主流技术，是否具有市场颠覆性
	经济发展重要性指数	主要从市场需求大小、对未来产业发展的作用、可能产生的经济效益大小等角度评估该项技术对经济发展的重要性
	社会发展重要性指数	主要从对环境保护、提高资源利用率、提高生活质量的影响角度评估该项技术对社会发展的重要性
	保障国家安全重要性指数	主要从维护国家利益、提升安全技术能力、提升国防能力等角度评估该项技术对保障国家安全的重要性
	研发水平指数	指标说明：判断该项技术我国当前的研发水平。3 个选项"国际领先""接近国际水平""落后国际水平"选择其一 评分标准：将评价结果数值化，"国际领先"为 100 分，"接近国际水平"为 50 分，"落后国际水平"为 0 分，考虑专家对该技术的熟悉程度，加权计算得到该技术项目的研发水平指数 分析应用：得出各项技术目前的研发水平指数，国际领先（研发水平指数 81~100）、较领先（研发水平指数 61~80）、持平（研发水平指数 41~60）、较落后（研发水平指数 21~40）、落后（研发水平指数 0~20）
	技术领先国家/组织	指标说明：判断技术项目的领先国家。5 个选项"美国""欧盟""日本""俄罗斯""其他"选择其一 分析应用：得出各项技术领先、次领先国家，有助于分析各国在哪些技术项目和领域或子领域上处于领先地位

续表

	指标名称	计算及意义说明（包括标准值）
单因素指标	技术发展的制约因素	指标说明：判断技术项目的发展制约因素。6个选项"人才与科技资源""法律法规政策""标准规范""研发投入""工业基础能力""协调与合作"选择其一 分析应用：得出各项技术及领域或子领域的技术发展的首要、次要制约因素等，以分析提出有针对性的促进措施
	世界范围内技术实现时间	指标说明：判断技术项目在世界范围内的技术实现时间。5个选项"2020年之前""2021~2030年""2031~2035年""2035年之后""不确定"选择其一 分析应用：得到技术项目的世界技术实现时间、领域或子领域技术项目的世界技术实现的时间分布
	中国范围内技术实现时间	指标说明：判断技术项目在中国范围内的技术实现时间。5个选项"2020年之前""2021~2030年""2031~2035年""2035年之后""不确定"选择其一 分析应用：得到技术项目的中国技术实现时间、领域或子领域技术项目的中国技术实现的时间分布
	中国范围内的社会实现时间	指标说明：判断技术项目在中国范围内的社会实现时间。5个选项"2020年之前""2021~2030年""2031~2035年""2035年之后""不确定"选择其一 分析应用：得到技术项目的中国社会实现时间、领域或子领域技术项目的中国社会实现的时间分布
综合性指标	技术本身重要性指数	技术本身重要性采用技术核心性指数和技术带动性指数综合进行衡量
	技术应用重要性指数	技术应用重要性采用经济发展重要性指数、社会发展重要性指数和保障国家安全重要性指数综合进行衡量
	技术与应用重要性综合指数	综合"技术本身重要性"和"技术应用重要性"得到技术与应用重要性综合指数，用以筛选综合重要性高的技术方向、重要性较高的子领域
	通用性与应用重要性综合指数	综合"技术通用性"和"技术应用重要性"得到通用性与应用重要性综合指数，用以筛选重要共性技术
	非连续性与应用重要性综合指数	颠覆性技术不仅要强调技术本身的独创性，还要强调其对未来经济社会发展的推动作用。综合"技术非连续性"和"技术应用重要性"得到非连续性与应用重要性综合指数，用以筛选重要颠覆性技术
	技术与经济发展重要性综合指数	综合"技术本身重要性"和"经济发展重要性"得到技术与经济发展重要性综合指数，用以筛选对经济发展作用较大的重要技术方向
	技术与社会发展重要性综合指数	综合"技术本身重要性"和"社会发展重要性"两方面，有助于筛选出社会发展作用较大的重要技术方向
	技术与安全保障重要性综合指数	综合"技术本身重要性"和"保障国家安全重要性"得到技术与安全保障重要性综合指数，用以筛选对保障国家安全作用较大的重要技术方向

* 技术核心性指数、技术通用性指数、技术带动性指数、技术非连续性指数、经济发展重要性指数、社会发展重要性指数、保障国家安全重要性指数的统计方法类似，因此以"技术核心性指数"为例详细进行说明，其他指数不再一一详细说明。

1. 单因素指标

单因素指标包括技术核心性指数、技术通用性指数、技术带动性指数、技术非连续性指数、经济发展重要性指数、社会发展重要性指数、保障国家安全重要性指数等。

技术核心性指数包括"技术核心性""技术通用性""技术带动性""技术非连续性""对经济发展的重要性""对社会发展的重要性""对保障国家安全的重要性"等，其统计方法类似，下面以"技术核心性"为例详细进行说明。

技术核心性指数的统计分析方法如下。

输入：问卷中问题2的专家作答情况。

计算方法：

赋予作答选项"高""较高""中""低"权重分别为100、50、25、0；选项"非常有利""有利""比较有利""影响不大"权重分别为100、50、25、0。示例如表3-2所示。

表3-2 问卷问题的权重表格

	该技术的核心性				对促进社会发展的作用			
	高	较高	中	低	非常有利	有利	比较有利	影响不大
该技术的核心性	100	50	25	0				
对促进社会发展的作用					100	50	25	0

假设 N_i 代表本技术项目中第 i 种熟悉程度的专家人数，i 表示第 i 种熟悉程度，$i=1，2，3，4$。

N_{i1}、N_{i2}、N_{i3}、N_{i4} 分别代表选择"高""较高""中""低"的专家人数，且 $N_i=N_{i1}+N_{i2}+N_{i3}+N_{i4}$。那么，第 i 种熟悉程度专家统计得到的技术核心性指数计算公式为

$$I_i=(N_{i1}\times 100+N_{i2}\times 50+N_{i3}\times 25+N_{i4}\times 0)/N_i \quad (3-1)$$

根据式（3-1），得出技术核心性指数 I_{jh} 的计算公式为

$$I_{jh}=(I_1\times N_1\times 4+I_2\times N_2\times 2+I_3\times N_3\times 1)(N_1\times 4+N_2\times 2+N_3\times 1) \quad (3-2)$$

计算过程：

第一步，统计问卷作答情况。收集问卷并统计，得到"很熟悉"的专家分别选择4个选项的人数 N_{11}、N_{12}、N_{13}、N_{14}，同理可统计出熟悉程度为"熟

悉""较熟悉""不熟悉"的专家分别选择不同选项的人数 N_{ij}，i 表示第 i 种熟悉程度。

第二步，统计不同熟悉程度专家问卷的技术核心性指数。输入第一步中的专家作答的统计数据，"很熟悉"的专家问卷的技术核心性指数为

$$I_1 = (N_{11} \times 100 + N_{12} \times 50 + N_{13} \times 25 + N_{14} \times 0)/N_1 \qquad (3-3)$$

同理，可以得到其他熟悉程度专家问卷的技术核心性指数 I_2、I_3、I_4。

第三步，技术核心性指数 I_{jh}。输入第二步得到的不同熟悉程度专家问卷的技术核心性指数 I_1、I_2、I_3、I_4 计算 I_{jh}，公式为

$$I_{jh} = (I_1 \times N_1 \times 4 + I_2 \times N_2 \times 2 + I_3 \times N_3 \times 1)(N_1 \times 4 + N_2 \times 2 + N_3 \times 1) \qquad (3-4)$$

输出：

该技术项目的技术核心性指数 I_{jh}；

第 i 种专家群体认为该技术项目的技术核心性指数 I_i；

技术核心性指数最高的前 N 项技术；

技术核心性指数最高的前 N 项技术的领域或子领域分布；

领域或子领域的技术核心性指数平均值。

同理，按照此计算方法，可以计算得出技术通用性指数、技术带动性指数、技术非连续性指数、经济发展重要性指数、社会发展重要性指数、保障国家安全重要性指数。

2. 技术项目的研发水平指数

输入：问卷中问题 9 的专家作答情况。

计算思路与方法：

本书中将技术项目目前的研发水平指数定义为

$$RI = \frac{R_{LX} + 0.5 R_{JJ}}{R_{LX} + R_{JJ} + R_{LH}} \qquad (3-5)$$

式中，RI 为我国目前的技术项目研发水平指数；R_{LX} 为"国际领先"选项专家选择人数；R_{JJ} 为"接近国际水平"选项专家选择人数；R_{LH} 为"落后国际水平"选项专家选择人数。

按照专家的熟悉程度不同，可以分别得到四类专家认为的该技术项目的研发水平指数 RI_1、RI_2、RI_3、RI_4。综合得到该技术项目的研发水平为

$$RI = (RI_1 \times N_1 \times 4 + RI_2 \times N_2 \times 2 + RI_3 \times N_3 \times 1)(N_1 \times 4 + N_2 \times 2 + N_3 \times 1) \quad (3\text{-}6)$$

输出：

该技术项目目前的研发水平指数 RI；

我国目前"领先""接近国际水平""落后国际水平"的前 N 项技术项目及领域或子领域分布；领域或子领域的技术整体发展情况。

3. 技术项目的技术实现时间和社会实现时间

输入：问卷中问题 11、问题 12 和问题 13 的专家作答情况。

计算思路与方法：

收集问卷并统计，得到"很熟悉"的专家分别选择 5 个选项的人数 N_{11}、N_{12}、N_{13}、N_{14}、N_{15}，同理可统计出熟悉程度为"熟悉""较熟悉""不熟悉"的专家分别选择不同选项的人数 N_{ij}，i 表示第 i 种熟悉程度，$N_i = N_{i1} + N_{i2} + N_{i3} + N_{i4} + N_{i5}$，$i=1，2，3，4，5$。把所有专家对某个技术项目选择的结果整理后得到资料如表 3-3 所示。

表 3-3　预计实现时间的模型参数表

	2020 年之前	2021～2030 年	2031～2035 年	2035 年之后	无法预见	总人数
很熟悉（4）	N_{11}	N_{12}	N_{13}	N_{14}	N_{15}	N_1
熟悉（2）	N_{21}	N_{22}	N_{23}	N_{24}	N_{25}	N_2
较熟悉（1）	N_{31}	N_{32}	N_{33}	N_{34}	N_{35}	N_3
不熟悉（0）	N_{41}	N_{42}	N_{43}	N_{44}	N_{45}	N_4

将每个时间段取中位数，其中"2020 年之前"设为 2016～2020 年，"2035 年之后"简化为 2036～2040 年，"无法预见"简化为 2041～2050 年。

计算在不同时间区间作答的标准人数占总标准人数的百分比为：$p_i = (4 \times N_{1i} + 2 \times N_{2i} + N_{3i}) / (4 \times N_1 + 2 \times N_2 + N_3)$，$i=1，2，3，4，5$。进一步得到加权时间为 $D = 2015 + 3 \times p_1 + 10 \times p_2 + 18 \times p_3 + 23 \times p_4 + 30 \times p_5$。

输出结果为

$$T = \begin{cases} D, & D \leqslant 2040 \\ \text{无法预测}, & D > 2040 \end{cases}$$

4.技术领先国家、技术发展的制约因素

输入：问卷中问题10和问题14的专家作答情况。

计算思路与方法：

考虑专家的熟悉程度的加权专家人数，对各项目的技术领先国家和技术发展的制约因素进行统计，每个技术项目可以分析其技术领先国家、技术发展的制约因素。

采用"目前技术领先国家"可计算专家对美国、欧盟、日本、俄罗斯和其他国家和地区领先的技术项目的认同度，确定各国在哪些技术项目和子领域上处于领先地位，各国在哪些领域的发展差距明显，在哪些领域的竞争较为激烈。

采用"该技术发展的制约因素"可衡量技术项目的发展制约因素，对各领域的制约因素进行统计，有助于未来集中解决领域、技术的发展问题。

输出：

领域或子领域各技术项目的技术领先国家；

领域或子领域的首要技术发展制约因素、制约因素排序；

各国研究关注领域中的专家认同度。

（三）综合性分析

1.筛选重要技术项目

输入：技术核心性指数、技术带动性指数、经济发展重要性指数、社会发展重要性指数、保障国家安全重要性指数。

计算思路和方法：

技术项目的重要程度应该从"技术本身重要性"和"技术应用重要性"两方面综合考虑。

技术本身重要性指数 I_j 采用技术核心性指数 I_{jh} 和技术带动性指数 I_{jd} 进行衡量，表示该技术自身的核心重要程度，即

$$I_j = \sqrt{I_{jh}^2 + I_{jd}^2} \qquad (3-7)$$

将技术本身重要性指数 I_j 进行归一化，得到归一化后的技术本身重要性指数 I_j'，且 $I_j' \in [0, 1]$。

$$I_j' = \frac{I_j - I_{jmin}}{I_{jmax} - I_{jmin}} \quad (3\text{-}8)$$

技术应用重要性指数 I_y 是经济发展重要性指数、社会发展重要性指数、保障国家安全重要性指数的加权结果,计算公式为

$$I_y = \sqrt{I_{yj}^2 + I_{ys}^2 + I_{yb}^2} \quad (3\text{-}9)$$

同样,将技术应用重要性指数 I_y 进行归一化,即 $I_y' \in [0,1]$。

综合技术本身重要性指数以及技术应用重要性指数,得到技术重要性综合指数的计算公式为

$$I_{zhong} = \sqrt{I_j'^2 + I_y'^2} \quad (3\text{-}10)$$

根据计算得到的技术重要性综合指数进行排序,筛选重要技术项目。

输出:

技术本身重要性指数 I_j;

技术应用重要性指数 I_y;

技术本身重要性最高的前 N 项技术项目;

技术应用重要性最高的前 N 项技术项目;

技术重要性最高的前 N 项技术项目;

重要技术项目的领域或子领域分布。

2. 筛选重要共性技术项目

输入:技术通用性指数、技术应用重要性指数。

计算思路和方法:

共性技术不仅要注重技术本身的通用性,主要的技术核心内容被其他技术广泛地加以应用和开发,还要强调该技术在技术应用中的示范作用。因此,本书中的共性技术筛选综合考虑"技术通用性"和"技术应用重要性"的相关指标。我们将技术的共性指数 I_{gong} 定义为技术通用性指数 I_{jt} 和技术应用重要性指数 I_y 的乘积,公式为

$$I_{gong} = I_{jt} \times I_y \quad (3\text{-}11)$$

根据计算得到的共性指数进行排序,筛选共性技术项目。

输出:

技术项目的共性指数 I_{gong}；

共性指数最高的前 N 项技术项目；

共性技术项目的领域或子领域分布。

3. 筛选重要颠覆性技术方向

输入：技术非连续性指数、技术应用重要性指数。

计算思路和方法：

颠覆性技术不仅要强调该技术的独创性，其核心技术理念目前未曾被其他技术涵盖，还要强调其对未来经济社会发展的推动作用。因此，本书中的颠覆性技术筛选综合考虑"技术非连续性"和"技术应用重要性"的相关指标。我们将技术颠覆性指数 I_{dian} 定义为技术非连续性指数 I_{jf} 和技术应用重要性指数 I_y 的乘积，公式为

$$I_{dian}=I_{jf}\times I_y \quad (3\text{-}12)$$

根据计算得到的技术项目的颠覆性指数进行排序，筛选颠覆性技术项目。

输出：

技术项目的颠覆性指数 I_{dian}；

颠覆性技术重要性指数最高的前 N 项技术项目；

重要颠覆性技术项目的领域或子领域分布。

第二节　农业领域技术预见过程

2015 年，开展了第一轮德尔菲法问卷调查，农业领域共涉及 9 个子领域，前 8 个子领域的技术清单均由"中国工程科技 2035 发展战略"农业领域课题组提出，"食品制造与食品安全"子领域的技术清单由中国工程院环境与轻纺工程学部课题组提出。其中，"粮食与经济作物"子领域 6 个技术方向、"园艺"子领域 8 个技术方向、"林业与生态"子领域 5 个技术方向、"农业工程"子领域 5 个技术方向、"畜牧"子领域 8 个技术方向、"渔业"子领域 10 个技术方向、"动

物疫病"子领域 5 个技术方向、"农业资源与环境"子领域 5 个技术方向,"食品制造与食品安全"子领域 6 个技术方向,共 58 个技术方向(表 3-4)。截至 2015 年 10 月 8 日,邀请人数 958 人,填报人数 408 人,专家参与度为 42.6%。共回收问卷 2253 份,平均每项技术约有 39 位专家作答,1/3 的技术项作答人数超过 50 人。

基于第一轮技术预见调查结果,农业领域组织了调查结果分析、专家研讨,对技术清单进行了进一步论证。2016 年 1 月 15 日,课题组各子领域的院士、专家研讨,会后又对各专题进一步研究,于 2016 年 1 月 18 日提交确定农业领域第二轮技术预见调查的技术清单;2016 年 3 月底又将整理后的第二轮技术预见清单发给各专题组进一步修改确认。根据以上三次研讨论证,研究提出了第二轮备选技术清单。

农业领域第二轮技术清单的调整基于几个原则:①各子领域清单数目原则上不超过第一轮;②基于第一轮调查结果剔除部分重要性靠后或实现时间较近的技术;③平衡各子领域颗粒度,对颗粒度较小的题目进行合并;④修改技术名称及清单描述以表达更准确。

表 3-4　农业领域技术预见第一轮清单

子领域	技术方向编号	技术方向名称
粮食与经济作物	901001	农作物种质资源收集、保存与精准鉴定技术
	901002	农作物功能基因挖掘与分子设计育种技术
	901003	农作物高光效育种和生物固氮技术
	901004	农作物杂种优势快速鉴定与利用技术
	901005	农作物有害生物全程精细防控技术
	901006	作物高产高效综合技术体系与智能化管理系统
园艺	902001	基于分子标记及优异基因聚合的园艺作物分子育种技术
	902002	园艺作物优异基因挖掘与自主新品种选育
	902003	园艺作物种苗集约化、标准化生产关键技术
	902004	园艺作物安全标准化生产及产品溯源技术
	902005	园艺作物轻简省力化栽培关键技术
	902006	园田土壤保健及精准化设施栽培技术

续表

子领域	技术方向编号	技术方向名称
园艺	902007	园艺产品采后质量保持及现代流通技术
	902008	功能性园艺产品的研究与利用
林业与生态	903001	人工林定向培育与可持续经营技术
	903002	困难立地造林和植被恢复新技术
	903003	林木未知基因克隆技术
	903004	林木分子育种技术
	903005	先进木基复合材料制造技术
农业工程	904001	基于北斗卫星定位的智能农机装备关键技术
	904002	农业传感器技术
	904003	农业机器人技术
	904004	智能植物工厂技术
	904005	基于区域资源承载能力的机械化农业生产体系与成套装备
畜牧	905001	基于大数据的畜禽设计育种技术
	905002	基于实时监测与动态需要的精准营养技术
	905003	草地精准放牧与饲草高效利用技术
	905004	基于畜禽福利的健康环境精准调控技术
	905005	畜牧业大数据云计算技术
	905006	畜禽配子、胚胎及干细胞体外操控技术
	905007	畜禽繁殖精准调控技术
	905008	基于猪为动物模型的人类营养代谢、繁殖障碍综合征研究与调控技术
渔业	906001	重要水产生物组学及其应用技术
	906002	水产生物生殖与遗传操作技术
	906003	水产养殖生物现代育种技术
	906004	循环水养殖工程装备与关键技术
	906005	滩涂池塘高效综合利用技术
	906006	浅海生态增养殖设施与配套技术
	906007	深水高效养殖设施与关键技术
	906008	近海重要渔业资源养护与生境修复技术

续表

子领域	技术方向编号	技术方向名称
渔业	906009	水产品加工及高值化利用技术
	906010	远洋与深海生物重要资源勘采技术
动物疫病	907001	动物用新型生物制剂创制及关键生产工艺技术
	907002	基因组学等组学技术在重要动物疫病致病机理中的研究
	907003	重要动物疫病和新发病的诊断和监测预警技术
	907004	重要动物疫病的净化、根除技术
	907005	重要动物外来疫病与人畜共患病防控技术
农业资源与环境	908001	循环农业工程理论与技术体系
	908002	作物节水增效技术与产品
	908003	耕地地力提升与清洁化技术
	908004	农业水资源可持续利用技术
	908005	作物养分均衡调控技术与新型肥料
食品制造与食品安全	909001	中国传统酿造发酵食品制造关键技术
	909002	传统中式菜肴工业化关键技术
	909003	中式航天食品工程化关键技术
	909004	现代食品工程化核心装备开发与制造技术
	909005	食品原料危害因子的形成、变化与控制技术
	909006	食品质量安全快速检测技术与装备

第二轮的技术清单见表3-5，其中，"粮食与经济作物"子领域6个技术方向、"园艺"子领域5个技术方向、"林业与生态"子领域3个技术方向、"农业工程"子领域3个技术方向、"畜牧"子领域3个技术方向、"渔业"子领域8个技术方向、"动物疫病"子领域3个技术方向、"农业资源与环境"子领域3个技术方向，加上由中国工程院环境与轻纺工程学部"食品制造与食品安全"子领域提供的7项技术清单，农业领域第二轮最终确定了技术预见备选技术41项。截至2016年7月20日，调查问卷邀请人数796人，填报人数300人，专家参与度为38%。共回收问卷1306份，平均每项技术约有32位专家作答，1/2的技术作答人数超过30人。

表 3-5 农业领域技术预见第二轮清单

子领域	技术方向编号	技术方向名称
粮食与经济作物	901001	农作物种质资源收集、保存与精准鉴定技术
	901002	农作物功能基因挖掘与分子设计育种技术
	901003	农作物高光效育种和生物固氮技术
	901004	农作物有害生物全程精细防控技术
	901005	作物高产高效综合技术体系与智能化管理系统
	901006	应对全球气候变化的作物生产系统适应技术
园艺	902001	园艺作物分子育种技术研发及优异基因挖掘与自主新品种选育
	902002	园艺作物轻简省力化栽培及安全标准化生产与产品溯源技术
	902003	园田土壤保健、种苗集约化及精准化设施栽培技术
	902004	园艺产品采后质量保持及现代流通技术
	902005	功能性园艺产品的研究与利用
林业与生态	903001	人工林定向培育与可持续经营技术
	903002	林木重要性状遗传解析与基因克隆技术
	903003	先进木质材料制造技术
农业工程	904001	智能农业装备关键技术
	904002	农业传感器技术
	904003	基于区域特色的机械化和智能化农业生产体系与成套装备
畜牧	905001	基于常规及基因组大数据的畜禽设计育种技术
	905002	基于实时监测与动态需要的精准营养技术
	905003	基于智能设施的信息化养殖技术
渔业	906001	水产现代种业技术
	906002	循环水养殖工程装备与关键技术
	906003	滩涂与浅海新养殖技术
	906004	深水高效养殖设施与关键技术
	906005	重要渔业资源养护增殖与生境修复技术
	906006	水产品高值化利用技术

续表

子领域	技术方向编号	技术方向名称
渔业	906007	极地海洋与远洋渔业资源勘采技术
	906008	南海岛礁渔港工程建设技术
动物疫病	907001	动物用新型生物制剂创制及关键生产工艺技术
	907002	重要动物疫病和新发病的诊断和监测预警技术
	907003	重要动物外来疫病与人畜共患病防控技术
农业资源与环境	908001	循环农业工程理论与技术体系
	908002	作物节水增效技术与产品
	908003	耕地地力提升与清洁化技术
食品制造与食品安全	909001	中国传统酿造发酵食品现代化制造关键技术
	909002	传统中式菜肴现代化制作关键技术
	909003	中式航天食品工程化关键技术
	909004	现代食品工程化核心装备开发与制造技术
	909005	食品原料危害因子的形成、变化与控制技术
	909006	食品质量安全快速检测技术与装备
	909007	食品原料高值化与营养化加工关键技术

第三节 技术预见结果分析

一、综合重要性最高的技术方向

利用第二轮调查数据，综合"技术本身重要性"和"技术应用重要性"两方面，根据式（3-7）～式（3-10）计算得到技术重要性综合指数，以此为基础，得出农业领域中各子领域综合重要性最高的前10个技术方向（表3-6）。

表 3-6　农业领域综合重要性最高的前 10 个技术方向

子领域	技术方向	技术重要性综合指数	研发水平	目前领先国家（地区）		制约因素	
				第一	第二	第一	第二
园艺	园艺作物分子育种技术研发及优异基因挖掘与自主新品种选育	93.76	40.23	美国	欧盟	人才	投入
动物疫病	重要动物疫病和新发病的诊断和监测预警技术	88.12	28.44	美国	欧盟	人才	投入
动物疫病	重要动物外来疫病与人畜共患病防控技术	88.10	15.66	美国	欧盟	人才	投入
园艺	园艺作物轻简省力化栽培及安全标准化生产与产品溯源技术	87.56	8.45	欧盟	美国	投入	标准
动物疫病	动物用新型生物制剂创制及关键生产工艺技术	87.54	31.44	美国	欧盟	人才	投入
渔业	水产现代种业技术	87.26	59.30	美国	欧盟	投入	人才
粮食与经济作物	农作物功能基因挖掘与分子设计育种技术	87.04	40.74	美国	中国	人才	投入
畜牧	基于常规及基因组大数据的畜禽设计育种技术	86.53	35.90	美国	欧盟	人才	投入
农业工程	智能农业装备关键技术	86.34	6.88	美国	日本	投入	人才
农业资源与环境	循环农业工程理论与技术体系	85.80	22.92	欧盟	日本	投入	人才

由于农业领域各子领域差别较大，把整个领域的所有技术项放在一起排名，容易把其他关键领域的技术项排除。表 3-6 所示排名前 10 位的农业领域的重要技术方向不能全面涵盖农业领域的各子领域，单纯依靠重要程度指数排序容易排除掉一些重要的子领域，结果不太科学。因此，经过专家研讨分析，按照农业领域中各子领域综合重要性最高的技术方向进行排名更为客观，结果如表 3-7 所示。经过与第一轮的对比，各子领域的重要技术方向与第一轮结果多数一致，只有"畜牧""农业资源与环境""食品制造与食品安全"三个子领域的结果与第一轮有差别。

表 3-7　农业各子领域技术重要性综合指数第一的技术方向（第二轮与第一轮对比）

子领域	第二轮		第一轮	
	技术方向	技术重要性综合指数	技术方向	技术重要性综合指数
粮食与经济作物	农作物功能基因挖掘与分子设计育种技术	87.04	农作物功能基因挖掘与分子设计育种技术	82.08
园艺	园艺作物分子育种技术研发及优异基因挖掘与自主新品种选育	93.76	园艺作物优异基因挖掘与自主新品种选育	85.63
林业与生态	人工林定向培育与可持续经营技术	84.92	人工林定向培育与可持续经营技术	77.19
农业工程	智能农业装备关键技术	86.34	基于北斗卫星定位的智能农机装备关键技术	79.09
畜牧	基于常规及基因组大数据的畜禽设计育种技术	86.53	基于实时监测与动态需要的精准营养技术	78.33
渔业	水产现代种业技术	87.26	水产养殖生物现代育种技术	80.73
动物疫病	重要动物疫病和新发病的诊断和监测预警技术	88.12	重要动物疫病和新发病的诊断和监测预警技术	83.56
农业资源与环境	循环农业工程理论与技术体系	85.80	作物节水增效技术与产品	77.00
食品制造与食品安全	现代食品工程化核心装备开发与制造技术	85.36	食品原料危害因子的形成、变化与控制技术	75.68

二、重要共性技术方向

基于第二轮调查数据，综合技术通用性指数、技术应用重要性指数，根据式（3-11）计算得到共性技术重要性指数。以此为基础，得出农业领域各子领域综合重要共性技术得分最高的技术方向（表 3-8）。

表 3-8　农业领域共性技术重要性指数最高的前 10 个技术方向

子领域	技术方向	共性技术重要性指数	研发水平	目前领先国家（地区）		制约因素	
				第一	第二	第一	第二
渔业	水产现代种业技术	75.75	59.30	美国	欧盟	投入	人才
动物疫病	重要动物疫病和新发病的诊断和监测预警技术	75.71	28.44	美国	欧盟	人才	投入

续表

子领域	技术方向	共性技术重要性指数	研发水平	目前领先国家(地区) 第一	目前领先国家(地区) 第二	制约因素 第一	制约因素 第二
园艺	园艺作物轻简省力化栽培及安全标准化生产与产品溯源技术	75.64	8.45	欧盟	美国	投入	标准
林业与生态	先进木质材料制造技术	74.16	36.60	美国	欧盟	投入	人才
林业与生态	人工林定向培育与可持续经营技术	73.33	29.33	欧盟	美国	人才	投入
农业资源与环境	耕地地力提升与清洁化技术	73.22	20.35	欧盟	美国	投入	合作
农业工程	智能农业装备关键技术	72.38	6.88	美国	日本	投入	人才
农业工程	农业传感器技术	71.75	8.10	美国	欧盟	人才	投入
农业资源与环境	循环农业工程理论与技术体系	71.39	22.92	欧盟	日本	投入	人才
园艺	园艺作物分子育种技术研发及优异基因挖掘与自主新品种选育	71.20	40.23	美国	欧盟	人才	投入

以此为基础，经过专家研讨分析，按照本领域中各子领域综合重要性最高的技术方向，进行客观反映，结果见表3-9。经过与第一轮的对比，各子领域中"园艺""林业与生态""畜牧""食品制造与食品安全"四个子领域的结果与第一轮有差别。其他子领域的结果第二轮与第一轮一致。

表 3-9　各子领域共性技术重要性指数第一的技术方向（第二轮与第一轮对比）

子领域	第二轮 技术方向	第二轮 共性技术重要性指数	第一轮 技术方向	第一轮 共性技术重要性指数
粮食与经济作物	农作物功能基因挖掘与分子设计育种技术	68.64	农作物功能基因挖掘与分子设计育种技术	64.24
园艺	园艺作物轻简省力化栽培及安全标准化生产与产品溯源技术	75.64	园艺作物优异基因挖掘与自主新品种选育	68.65
林业与生态	先进木质材料制造技术	74.16	人工林定向培育与可持续经营技术	52.80
农业工程	智能农业装备关键技术	72.38	基于北斗卫星定位的智能农机装备关键技术	56.98

续表

子领域	第二轮		第一轮	
	技术方向	共性技术重要性指数	技术方向	共性技术重要性指数
畜牧	基于常规及基因组大数据的畜禽设计育种技术	65.79	基于实时监测与动态需要的精准营养技术	58.41
渔业	水产现代种业技术	75.75	水产养殖生物现代育种技术	58.27
动物疫病	重要动物疫病和新发病的诊断和监测预警技术	75.71	重要动物疫病和新发病的诊断和监测预警技术	66.91
农业资源与环境	耕地地力提升与清洁化技术	73.22	耕地地力提升与清洁化技术	63.85
食品制造与食品安全	现代食品工程化核心装备开发与制造技术	71.00	食品原料危害因子的形成、变化与控制技术	59.12

三、重要颠覆性技术方向

基于第二轮调查数据，根据式（3-12）计算得到技术项目的颠覆性指数。从农业领域整体来看（表3-10），技术非连续性指数排名前10位的技术方向的分值都相对较低，基本都在60以下，说明在农业领域，目前整体上多数技术具有连续性，出现替代现有主流技术、具有市场颠覆性的技术情况较少。

表 3-10 农业领域技术非连续性指数排名前 10 位的技术方向

子领域	技术方向	技术非连续性指数
食品制造与食品安全	现代食品工程化核心装备开发与制造技术	65.68
渔业	水产现代种业技术	62.21
园艺	园艺作物轻简省力化栽培及安全标准化生产与产品溯源技术	60.56
食品制造与食品安全	食品原料危害因子的形成、变化与控制技术	58.47
园艺	园艺产品采后质量保持及现代流通技术	57.61
农业工程	农业传感器技术	57.57
林业与生态	先进木质材料制造技术	57.47
农业工程	基于区域特色的机械化和智能化农业生产体系与成套装备	56.44
粮食与经济作物	作物高产高效综合技术体系与智能化管理系统	55.00
园艺	功能性园艺产品的研究与利用	54.76

第四节　技术实现可能性、预期实现时间

一、预期实现时间分布

根据第二轮调查数据的统计分析结果，农业领域技术的世界预期实现时间集中在 2021~2024 年，约占全部技术的 87.80%（图 3-2）。

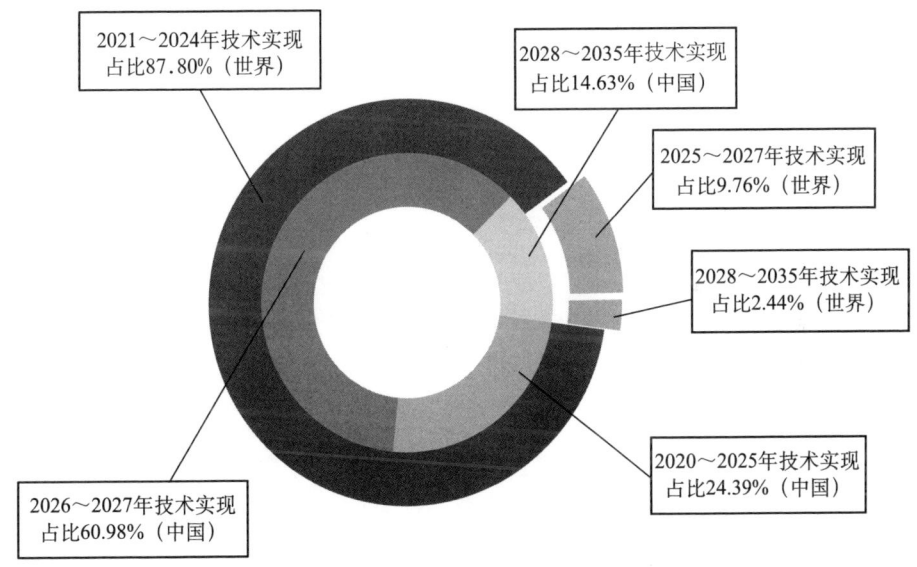

图 3-2　预期实现时间段

从中国与世界对比来看（图 3-3），世界技术实现时间主要在 2023 年前后，中国技术实现时间在 2026 年前后，平均比世界晚 3~4 年；此外，从中国的技术实现时间和社会实现时间来看，从技术实现到社会实现，需要 3~5 年。

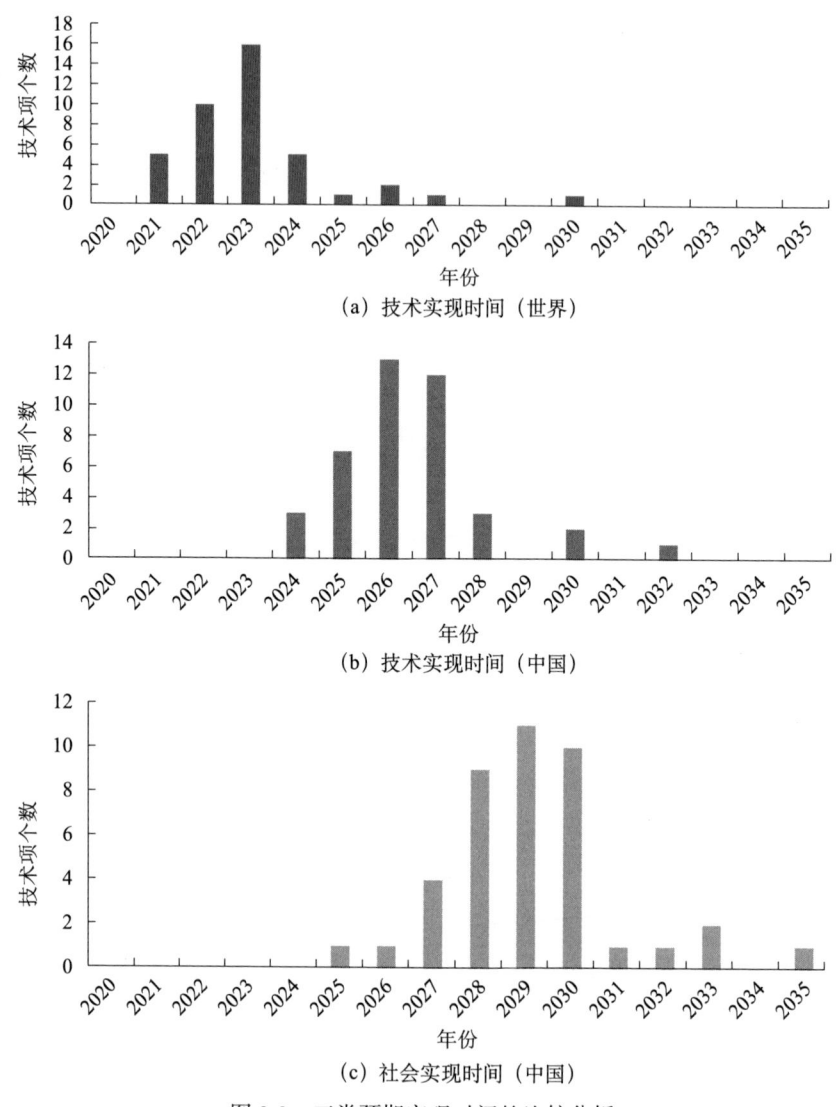

图 3-3 三类预期实现时间的比较分析

二、技术实现时间与社会实现时间跨度分析

对综合重要性最高的前 25 项技术（图 3-4），比较分析从技术实现到社会实现的时间跨度，可以发现平均为 3 年左右，最长为 4 年。特别是"农作物功能基因挖掘与分子设计育种技术"与"农作物种质资源收集、保存与精

准鉴定技术"技术实现与社会实现只相差 1 年。"重要动物外来疫病与人畜共患病防控技术""智能农业装备关键技术""人工林定向培育与可持续经营技术""林木重要性状遗传解析与基因克隆技术"技术实现到社会实现时间为 4 年。"林木重要性状遗传解析与基因克隆技术"社会实现时间为 2032 年左右。"先进木质材料制造技术"将率先在 2024 年左右实现技术应用，2028 年实现社会应用。

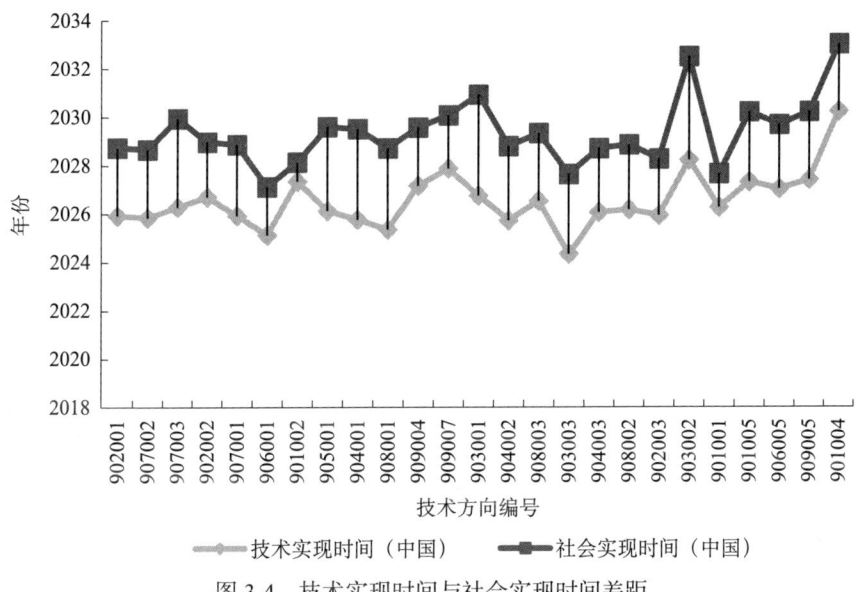

图 3-4 技术实现时间与社会实现时间差距

注：图中横坐标编号为技术方向编号，详细技术名称参见表 3-5

三、中国与世界技术实现时间差距比较分析

对综合重要性最高的前 10 项技术，比较分析我国与世界的技术实现时间差距（图 3-5）。我国技术实现时间平均晚于世界技术实现时间 3~4 年。其中"园艺作物轻简省力化栽培及安全标准化生产与产品溯源技术"与世界水平差距最大，相差 5 年；"水产现代种业技术"与世界的技术实现时间差距最小，为 2 年。

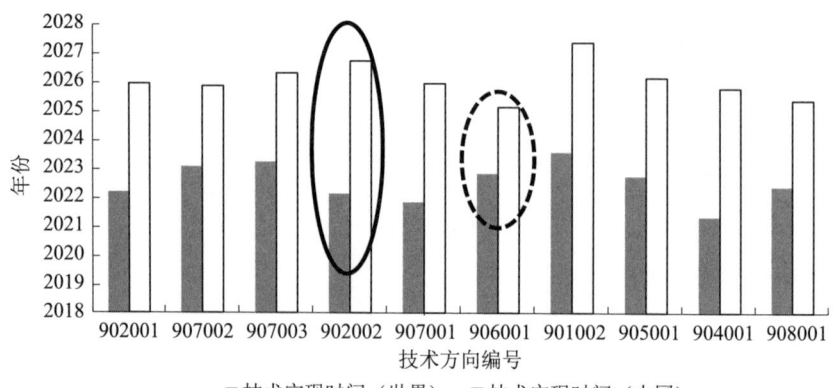

图 3-5　我国技术实现时间与世界技术实现时间差距

注：图中横坐标编号为技术方向编号，详细技术名称参见表 3-5

四、技术预计实现时间与重要程度综合分析

将综合重要程度指数排序前 1/3 区域定义为"高重要程度区域"，后 1/3 区域定义为"低重要程度区域"。同时对技术方向预计实现时间进行分类，将 2015~2020 年定义为近期，2020~2025 年定义为近中期，2025~2030 年定义为中长期，2030~2035 年定义为远期。根据德尔菲法调查结果，技术方向按照"预计实现时间"和"综合重要程度指数"两个指标进行分类。在所预见的全部技术方向中（图 3-6），近期没有技术能够实现，预计近中期能够实现的技术方向有 3 个，预期远期能够实现的技术方向有 3 个，约 85% 的技术方向将在中长期实现。

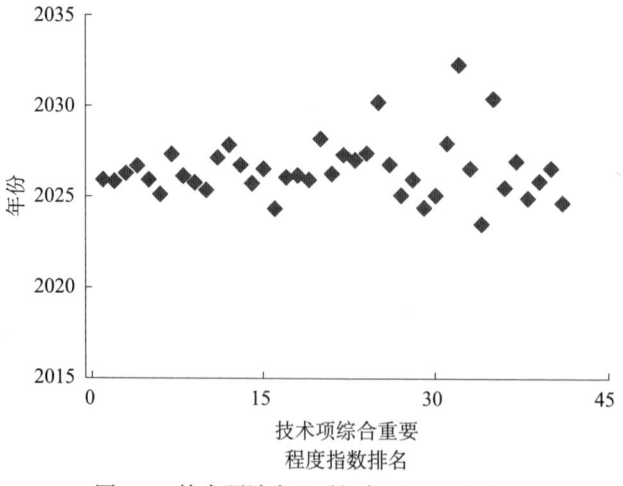

图 3-6　技术预计实现时间与重要程度分析

五、技术实现的约束条件

根据对技术的研发水平、技术领先国家、约束条件等方面的统计结果，可以选择各领域研发水平最高、受各类因素制约度最大的技术方向，并可以对本领域技术项、子领域、领域整体的技术发展水平与约束条件进行分析。

（一）技术领先国家（地区）

技术领先国家（地区）在调查过程中有5个选项，"美国""欧盟""日本""俄罗斯""其他"选择其一。农业领域领先国家（地区）的判断如下（图3-7）：除"园艺""渔业""农业资源与环境"子领域外，美国在农业领域拥有绝对技术优势，其次为欧盟、日本和俄罗斯。

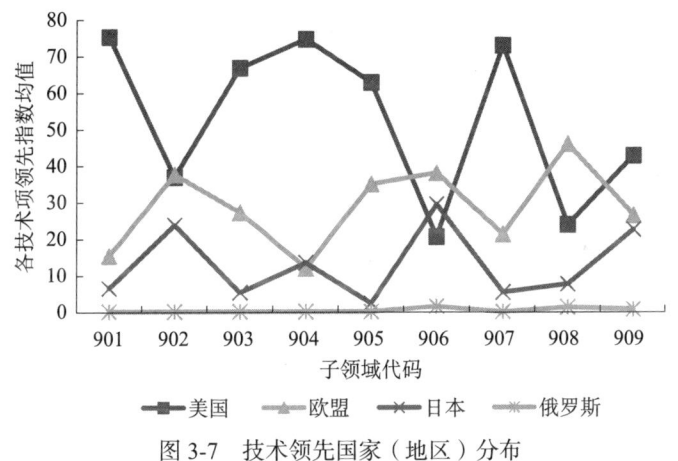

图 3-7 技术领先国家（地区）分布

注：901为粮食与经济作物、902为园艺、903为林业与生态、904为农业工程、905为畜牧、906为渔业、907为动物疫病、908为农业资源与环境、909为食品制造与食品安全

（二）研发水平指数

技术研发水平指数是判断该项技术在我国当前的研发水平。3个选项"国际领先""接近国际水平""落后国际水平"选择其一。41个技术方向的研发水平指数分布如图3-8所示，研发水平高于60的技术方向只有1个，40～60的有7个，20～40的有18个，低于20的有15个。其中，第23个技术方向"滩涂与浅海新养殖技术"的研发水平指数最高，同时也是所有领域得分最高的技术方向。第11个技术方向"功能性园艺产品的研究与利用"的研发水平指数最低。

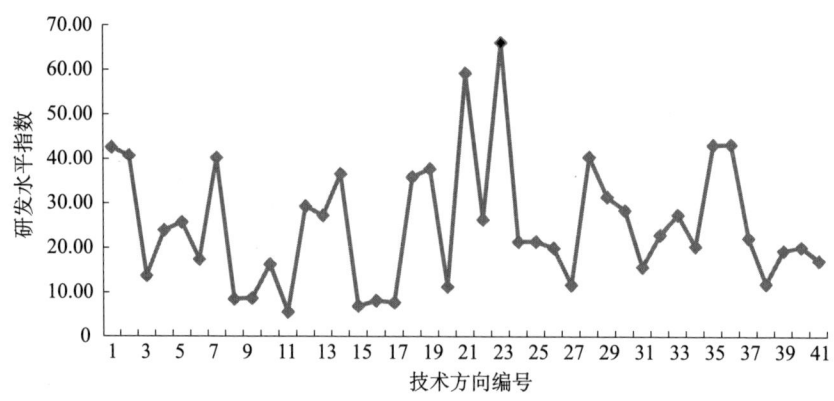

图 3-8　研发水平指数

注：图中技术方向排列顺序与表 3-5 一致

第五节　农业领域工程科技发展的制约因素

农业领域工程科技发展的主要制约因素在调查过程中有 6 个选项，即"人才队伍及科技资源""法律法规政策""标准规范""研发投入""工业基础能力""协调与合作"任选，其分析结果如图 3-9 所示。整体来看，人才队伍及科技资源、

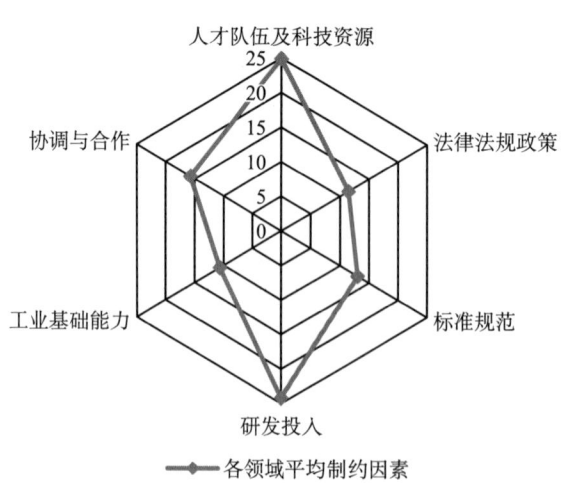

图 3-9　农业领域工程科技发展制约因素情况

研发投入是农业领域工程科技发展的主要制约因素。具体到各子领域（图3-10），"渔业""动物疫病""农业资源与环境"受法律法规政策的约束比较大；标准规范对"园艺""农业资源与环境""食品制造与食品安全"的约束性相对显著；工业基础能力对"农业工程""食品制造与食品安全"的制约性较强；协调与合作对"粮食与经济作物""畜牧""渔业""动物疫病""农业资源与环境"具有一定制约性。

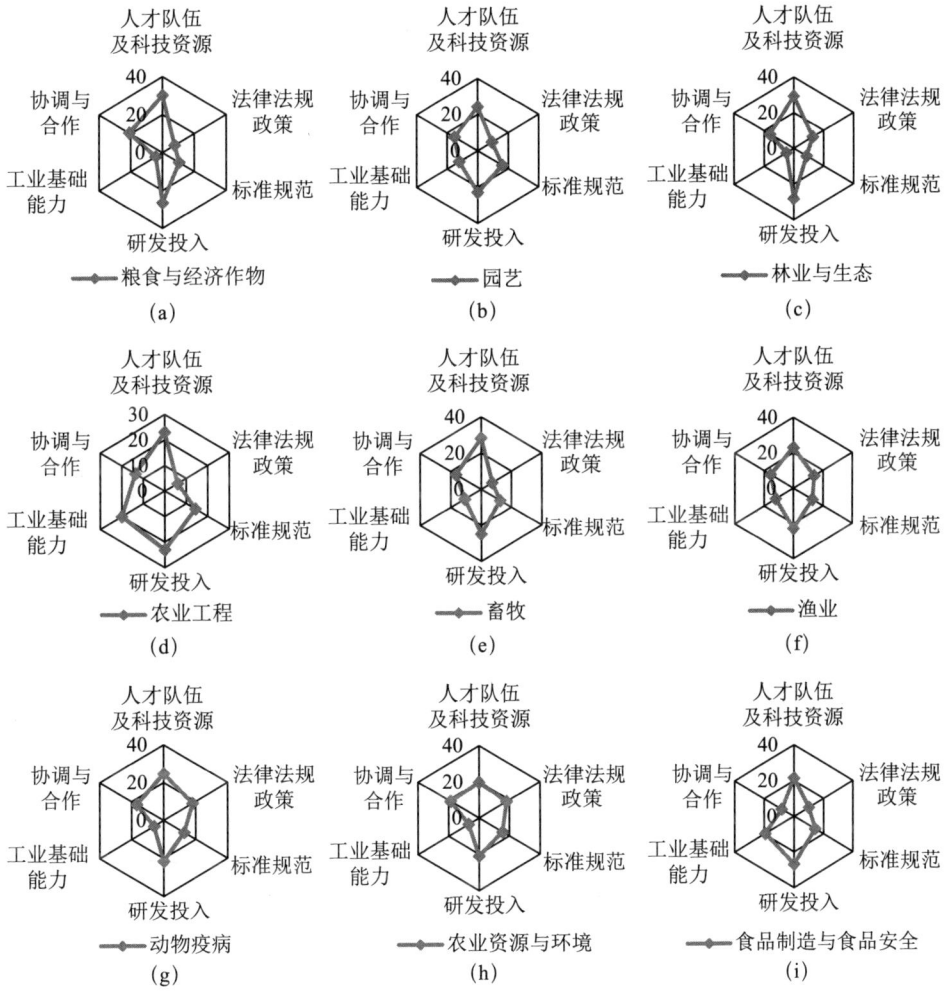

图 3-10 农业各子领域工程科技发展制约因素情况

从人才队伍及科技资源制约性指数排名看（表3-11），"粮食与经济作物"子领域受其影响最大。"粮食与经济作物"子领域受其影响在排名前 10 的技术方向中占到 5 项,"林业与生态""园艺"子领域各占到 2 项,"畜牧"子领域占 1 项。

表 3-11 受人才队伍及科技资源制约性最大的前 10 个技术方向

子领域	技术方向	人才队伍及科技资源制约性指数	技术重要性综合指数	研发水平
畜牧	基于常规及基因组大数据的畜禽设计育种技术	37.65	86.53	35.90
粮食与经济作物	农作物高光效育种和生物固氮技术	35.04	72.72	13.73
林业与生态	林木重要性状遗传解析与基因克隆技术	34.44	82.64	27.27
粮食与经济作物	农作物功能基因挖掘与分子设计育种技术	33.49	87.04	40.74
园艺	功能性园艺产品的研究与利用	31.66	73.36	5.56
园艺	园艺作物分子育种技术研发及优异基因挖掘与自主新品种选育	31.14	93.76	40.23
粮食与经济作物	农作物有害生物全程精细防控技术	30.71	78.77	23.96
粮食与经济作物	农作物种质资源收集、保存与精准鉴定技术	30.32	81.47	42.61
林业与生态	人工林定向培育与可持续经营技术	28.14	84.92	29.33
粮食与经济作物	作物高产高效综合技术体系与智能化管理系统	25.83	80.82	25.71

从法律法规政策与标准规范制约性指数排名看(表 3-12 和表 3-13),"渔业"子领域占主导,在两个制约因素下有 5 个技术方向,"农业资源与环境"次之,占到 4 项。"粮食与经济作物"受协调与合作的制约最强(表 3-14),占到 5 项。

表 3-12 受法律法规政策制约性最大的前 10 个技术方向

子领域	技术方向	法律法规政策制约性指数	技术重要性综合指数	研发水平
食品制造与食品安全	食品原料危害因子的形成、变化与控制技术	20.97	79.51	19.35
渔业	水产现代种业技术	20.86	87.26	59.30
动物疫病	重要动物外来疫病与人畜共患病防控技术	19.89	88.10	15.66
渔业	重要渔业资源养护增殖与生境修复技术	19.07	80.44	21.43
农业资源与环境	作物节水增效技术与产品	18.90	84.04	27.45
农业资源与环境	耕地地力提升与清洁化技术	18.49	84.53	20.35

续表

子领域	技术方向	法律法规政策制约性指数	技术重要性综合指数	研发水平
动物疫病	重要动物疫病和新发病的诊断和监测预警技术	18.45	88.12	28.44
农业资源与环境	循环农业工程理论与技术体系	16.87	85.80	22.92
渔业	南海岛礁渔港工程建设技术	16.48	71.50	40.38
林业与生态	人工林定向培育与可持续经营技术	16.02	84.92	29.33

表3-13 受标准规范制约性最大的前10个技术方向

子领域	技术方向	标准规范制约性指数	技术重要性综合指数	研发水平
园艺	园田土壤保健、种苗集约化及精准化设施栽培技术	22.08	83.65	8.62
园艺	园艺作物轻简省力化栽培及安全标准化生产与产品溯源技术	19.93	87.56	8.45
园艺	园艺产品采后质量保持及现代流通技术	18.86	75.99	16.30
畜牧	基于智能设施的信息化养殖技术	18.85	75.12	11.25
畜牧	基于实时监测与动态需要的精准营养技术	17.36	77.39	37.76
食品制造与食品安全	传统中式菜肴现代化制作关键技术	17.35	77.14	43.22
农业资源与环境	循环农业工程理论与技术体系	17.28	85.80	22.92
渔业	循环水养殖工程装备与关键技术	17.16	66.77	26.39
渔业	重要渔业资源养护增殖与生境修复技术	16.74	80.44	21.43
食品制造与食品安全	食品原料危害因子的形成、变化与控制技术	16.13	79.51	19.35

表3-14 受协调与合作制约性最大的前10个技术方向

子领域	技术方向	协调与合作制约性指数	技术重要性综合指数	研发水平
粮食与经济作物	农作物种质资源收集、保存与精准鉴定技术	23.53	81.47	42.61
粮食与经济作物	农作物功能基因挖掘与分子设计育种技术	22.02	87.04	40.74
渔业	南海岛礁渔港工程建设技术	21.98	71.50	40.38
粮食与经济作物	应对全球气候变化的作物生产系统适应技术	21.57	70.63	17.44

续表

子领域	技术方向	协调与合作制约性指数	技术重要性综合指数	研发水平
园艺	园艺作物分子育种技术研发及优异基因挖掘与自主新品种选育	21.23	93.76	40.23
畜牧	基于常规及基因组大数据的畜禽设计育种技术	21.17	86.53	35.90
粮食与经济作物	作物高产高效综合技术体系与智能化管理系统	20.84	80.82	25.71
畜牧	基于实时监测与动态需要的精准营养技术	20.83	77.39	37.76
农业资源与环境	耕地地力提升与清洁化技术	19.35	84.53	20.35
粮食与经济作物	农作物有害生物全程精细防控技术	19.29	78.77	23.96

"粮食与经济作物"子领域中"农作物高光效育种和生物固氮技术",林业与生态子领域中"林木重要性状遗传解析与基因克隆技术"受研发投入影响较大。受研发投入影响前10位中"粮食与经济作物""食品制造与食品安全"子领域分别有3项,说明这两个子领域受研发投入的制约性最大(表3-15)。

表3-15 受研发投入制约性最大的前10个技术方向

子领域	技术方向	研发投入制约性指数	技术重要性综合指数	研发水平
粮食与经济作物	农作物高光效育种和生物固氮技术	35.04	72.72	13.73
林业与生态	林木重要性状遗传解析与基因克隆技术	33.89	82.64	27.27
食品制造与食品安全	中式航天食品工程化关键技术	30.28	77.91	22.22
园艺	功能性园艺产品的研究与利用	30.15	73.36	5.56
畜牧	基于实时监测与动态需要的精准营养技术	29.86	77.39	37.76
粮食与经济作物	农作物有害生物全程精细防控技术	29.29	78.77	23.96
食品制造与食品安全	食品质量安全快速检测技术与装备	29.24	72.04	20.14
园艺	园艺作物分子育种技术研发及优异基因挖掘与自主新品种选育	28.21	93.76	40.23
食品制造与食品安全	食品原料高值化与营养化加工关键技术	28.07	85.16	17.07
粮食与经济作物	农作物功能基因挖掘与分子设计育种技术	27.06	87.04	40.74

从工业基础能力制约性指数排名看(表3-16),"食品制造与食品安全""农业工程"子领域占比较大。相比于另外五方面的制约因素,研发水平均值最低。

表 3-16 受工业基础能力制约性最大的前 10 个技术方向

子领域	技术方向	工业基础能力制约性指数	技术重要性综合指数	研发水平
食品制造与食品安全	现代食品工程化核心装备开发与制造技术	23.79	85.36	11.86
畜牧	基于智能设施的信息化养殖技术	23.77	75.12	11.25
食品制造与食品安全	中国传统酿造发酵食品现代化制造关键技术	22.78	70.25	43.08
农业工程	智能农业装备关键技术	21.95	86.34	6.88
食品制造与食品安全	食品原料高值化与营养化加工关键技术	21.75	85.16	17.07
食品制造与食品安全	传统中式菜肴现代化制作关键技术	20.55	77.14	43.22
农业工程	农业传感器技术	20.08	84.71	8.10
渔业	深水高效养殖设施与关键技术	18.32	62.51	21.43
农业工程	基于区域特色的机械化和智能化农业生产体系与成套装备	17.85	84.25	7.67
园艺	园艺产品采后质量保持及现代流通技术	17.71	75.99	16.30

第六节 技术预见总体结论与关键技术方向发展策略

一、农业领域工程技术发展的总体特征判断

根据上述统计结果，总体上可以看出农业领域工程技术发展的总体特征如下。

（1）技术核心性。农业领域的技术核心性在于基于现代生物技术的育种与高效种养、基于现代工程技术的种养业生产与食品加工的相关设施与装备，以及与动物健康的新药创制和农业资源与环境相关的循环农业技术。

（2）技术带动性。目前农业领域整体上多数技术具有连续性，出现替代现有主流技术、具有市场颠覆性的技术情况较少。

（3）经济发展重要性。农业领域中"渔业""动物疫病""园艺"子领域对经济发展的贡献相对较大。

（4）社会发展重要性。农业领域中"园艺""农业工程""林业与生态""食品制造与食品安全""农业资源与环境""动物疫病""畜牧"子领域对环境保护、提高资源利用率、提高生活品质等方面的贡献更大。

（5）技术实现时间。农业领域的世界预期实现年份集中在2021~2024年，约占全部技术的87.80%，近期没有技术能够实现，预计近中期能够实现的技术方向有3个，预期远期能够实现的技术方向有3个。约85%的技术方向将在中长期实现；中国技术实现时间平均比世界晚3~4年，从技术实现到社会实现还需要3~5年的时间。

（6）研发水平。目前我国农业领域的总体研发水平与发达国家相比还有一定差距，各技术方向差异较大。除"园艺""渔业""农业资源与环境"子领域外，美国在农业领域拥有绝对技术优势，其次为欧盟、日本和俄罗斯。

（7）制约因素。整体来看，人才队伍及科技资源、研发投入是农业领域工程科技发展的主要制约因素。具体到各子领域，"渔业""动物疫病""农业资源与环境"受法律法规政策的约束比较大。标准规范对"园艺""农业资源与环境""食品制造与食品安全"的约束性相对显著。工业基础能力对"农业工程""食品制造与食品安全"的制约性较强。协调与合作对"粮食与经济作物""畜牧""渔业""动物疫病""农业资源与环境"具有一定制约性。

二、关键技术方向发展策略

（一）关键技术方向

由于农业领域各子领域的方向差别较大，若把整个领域放在一起分析，容易把一些子领域的重要技术"遗漏"。因此，为了客观合理地反映真实情况，基于前面整个领域前10个技术方向的统计分析，结合各子领域的实际情况，综合考虑"技术重要性综合指数"和"共性技术重要性指数"两方面，以此为基础，经过专家研讨分析，提出本领域中各子领域的关键技术方向，共12项（表3-17）。

表 3-17　农业领域关键技术方向

子领域	关键技术方向
粮食与经济作物	1. 农作物功能基因挖掘与分子设计育种技术
园艺	2. 园艺作物分子育种技术研发及优异基因挖掘与自主新品种选育 3. 园艺作物轻简省力化栽培及安全标准化生产与产品溯源技术
林业与生态	4. 人工林定向培育与可持续经营技术 5. 先进木质材料制造技术
农业工程	6. 智能农业装备关键技术
畜牧	7. 基于常规及基因组大数据的畜禽设计育种技术
渔业	8. 水产现代种业技术
动物疫病	9. 重要动物疫病和新发病的诊断和监测预警技术
农业资源与环境	10. 循环农业工程理论与技术体系 11. 耕地地力提升与清洁化技术
食品制造与食品安全	12. 现代食品工程化核心装备开发与制造技术

（二）关键技术方向发展策略

总体上看，目前人才与研发投入是农业领域工程科技发展的主要制约因素。因此，需要进一步加大相关技术方向研究与开发的投入支持力度，同时抓好人才队伍建设，保障相关重要技术方向的人力与财力的稳定支持，促进相关技术可持续发展。

此外，园艺、农业资源与环境以及食品制造与食品安全受标准规范的制约性较强，渔业、动物疫病、农业资源与环境受法律法规的制约性相对较强，因此在加大技术研发力度的同时，需要同步加强相关标准规范和法律法规的制定；针对工业基础能力对农业工程、食品制造与食品安全的制约性较强，需要加强国家相关工业基础能力的建设；针对协调与合作对粮食与经济作物、畜牧、渔业、动物疫病、农业资源与环境具有一定的制约性，需要进一步推进相关领域的协同创新与合作机制，加强与国际研究机构的合作交流。

第四章
农业领域工程科技发展思路与战略目标

第一节 发展思路

一、战略定位

把握世界新科技革命和产业革命的历史机遇，认清我国与世界农业领域工程科技的差距，深入实施创新驱动和绿色发展战略，坚持走中国特色自主创新道路，面向世界农业领域工程科技前沿、面向经济主战场、面向国家重大需求，加快农业领域工程科技创新，掌握全球农业领域工程科技竞争先机。坚持创新、协调、绿色、开放、共享的发展理念，以加快转变农业发展方式，优化农业空间布局，节约利用资源，保护产地环境，提升生态服务功能，全力构建人与自然和谐共生的农业发展新格局，推动形成绿色生产方式和生活方式，大幅提高土地产出率、资源利用率、劳动生产率，提升农业产业竞争力，实现农业强、农民富、农村美，为建设美丽中国、增进民生福祉、实现经济社会可持续发展提供坚实科技支撑为目标。瞄准农业产业升级与结构转型中的技术短板，以加快农业现代化和绿色发展为主线，重点突破食物安全、农业装备、智能农业、生态环保、资源环境和动植物疫病防控等重大关键技术，建立品种优良化、全程机械化、生产智能化、管理信息化、可持续发展的现代农业技术体系，大力发展农业新兴战略性产业，加速农业科技成果产业化，推动农业发展方式向第一、第二、第三产业融合和全链条增值转变，走产出高效、产品安全、资源节约、环境友好的现代农业绿色发展之路，提升农业领域工程科技创新能力和农业产业竞争力。

二、总体思路

未来20年，我国农业领域工程科技创新将由追求高产、再高产向注重农产品品质转变；由高水、高肥、高产向控水、减肥、减药、优产、优质、高效转变，更加重视降本提质增效、绿色发展；由单一粮食安全向综合食物安全和营养健康转变；由单一农产品生产功能向关注农业的生态、休闲、养老等多功能转变；由传统耕地农业向非传统耕地利用转变；由重点关注农业生产过程的科技创新向关注提升农业产业竞争力和促进乡村振兴的科技创新转变。面向2035年，农业领域工程科技发展的总体思路是：夯实基础研究、突破技术瓶颈、加强条件建设、促进产业提升、实现资源替代、拓展农业领域、增强国际竞争能力。

（一）夯实基础科学研究，提升原始自主创新能力

加强动植物种质资源、高产高效、灾害发生防控机理、农业资源与环境等方面的基础性研究，夯实原始创新，取得一批原创性重大成果，为粮食安全、农产品有效供给和农业可持续发展提供科学依据和持续发展的动力。

重点开展动植物产量、品质、抗病虫、抗逆、水分养分高效利用等重要性状形成的分子基础，以及主要动物生殖发育、胚胎发育、干细胞克隆的遗传学基础与调控机制研究，挖掘动植物高产、优质、抗病虫、抗逆、水分养分高效利用等重要性状基因。开展主要农作物产量形成的规律和调控机制、作物高产优质的生理生态机制、作物高产高效与土肥水资源耦合机制、有害生物控制与粮食质量安全等基础研究。开展动物产品品质形成与调控、饲用抗生素的关键作用靶点及其替代机理、重大动物疫病和传染病产生与防控、草原生物多样性保护与利用等基础研究。开展农业土壤-作物养分运转、动植物生长发育过程的

信息感知机理、农业地物遥感及解析机理等基础研究。开展旱区作物用水过程与调控机理研究，探索灌区水转化与节水减污调控机理。开展耕层土壤快速熟化与耕地生产力提升、土壤障碍因子形成与快速修复机理等基础研究。开展土壤-动植物-设施环境-机器系统应用基础研究，揭示设施环境和机器作业对土壤及动植物生长的影响规律。开展农林物质循环高效利用、森林湿地等陆地生态系统过程与服务功能等基础研究。开展主要农作物和森林重大病虫害暴发成灾规律与防控机制以及气候变化、极端天气气候事件和气象灾害对我国农林业生产的影响机理等基础研究。

（二）突破重大关键技术瓶颈，实现产业技术升级

加快实现从以跟踪模仿为主向自主创新为主的转变，将生物技术、新材料技术、生物制造技术、空间技术和信息技术等应用到农业领域，注重单项技术突破向系统集成创新转变；不断取得基础性、战略性、原创性的重大关键技术成果，满足现代农业升级发展重大需求，解决学科和产业发展关键问题，从根本上扭转关键核心技术对外依存度高的局面，实现农业产业技术升级，提升竞争力，把握发展主动权。

重点研究动植物分子标记、转基因、细胞工程、植物空间诱变、杂种优势利用等关键技术，创制一批动植物新品种、生物反应器等重大产品。以信息技术为主导、生物技术为引领，开展土壤-动植物-环境、信息与机器系统应用基础理论及技术研究，突破信息感知、大数据与云计算、农业物联网、农机装备智能设计、试验检测与智能调控等技术，开发面向大田、设施、果园、畜禽水产等领域的新型农业传感器及农业智能决策系统，建设以农业物联网和精准装备为重点的农业全程信息化与机械化融合的技术体系。针对现代农业可持续发展面临的资源短缺、质量安全隐患、环境污染等重大问题，突破农用微生物工程菌的高密度发酵、牧草和传统饲料资源开发和精深增值加工、生物药物靶向输送和精准控释、高效堆肥和生物有机肥二次固体发酵和重大动物疫病新型诊断检测等关键技术，创制生物饲料添加剂、牧草添加剂、稳定性肥料、缓控释肥料、全元生物有机肥、新资源饲料、生物农药和生物调节剂等一批拥有自主知识产权的新产品。针对农业用水效率低下、土壤盐碱化和重金属污染等突出问题，突破农业高效用水、灌区次生盐渍化防控与生态修复技术、作物水土生

境优化与旱涝灾害防控技术与产品、农田生物降解地膜及地膜污染控制技术与装备、低产田障碍因子消除与土壤改良产品，以及农田土壤重金属污染的植物修复技术及收获物安全处理技术等技术瓶颈，创制一批有重大应用前景的农业节水和生态修复关键技术与产品。

（三）实现常规工程技术升级，加快农业现代化进程

针对制约农业产业升级发展的瓶颈和薄弱环节，加强战略谋划和前瞻部署，对农业各相关产业进行技术改造，促使产业技术升级，占据未来农业科技竞争制高点，稳步提升自主创新能力和产业引领支撑能力，切实提高产业的核心竞争力和可持续发展能力。积极扶持和培育一批农业领域工程科技相关的高科技企业，提升我国农业领域工程产业国际化水平。

重点围绕发展现代农业和保证食物安全与其他农产品的有效供给，加快提高农业综合机械化水平和设施装备水平，促进农业增长方式转变。大力振兴农业装备制造业，为用现代物质条件和先进适用产品装备农业提供坚实保障。大力发展农业和农村信息化技术，为实现农业的跨越式发展提供科技保障。大力落实农业高效用水和提高耕地等级的科技振兴战略，为保证粮食的稳产和高产提供基础保证。多方位落实农业生物质资源化利用的发展战略，为发展绿色农业、低碳农业提供技术保障。

（四）发展资源替代技术，促进农业可持续发展

自然资源过度开发与耗费、污染物大量排放，导致全球性资源短缺、环境污染和生态破坏，"先污染后治理"的农业发展模式已走到尽头，必须寻求农业生产新的发展模式，实现重要农业投入品如农药、化肥等的替代品，实现藏粮于地和资源高效利用，实现农业收获物的全利用和循环发展，农林废弃物资源化、能源化利用，构建循环农业发展的理论和技术模式，促进农业可持续发展。

重点围绕化肥减量和新型肥料使用，开展关键功能微生物筛选、分子调控及微生物肥料开发研究，有机废弃物堆肥发酵及有机肥生产技术与装备研究，抗病、耐盐碱、污染修复等不同功能生物有机肥研制，有机-无机复混肥及复合肥生产技术与装备研究，用于沙化、盐碱等退化土壤改良的土壤调理剂研究与开发，用于无土栽培的各种有机基质研究与开发，各种液体肥料包括水溶肥、

有机液肥、微生物液肥等的开发与研究。根据植物微生态学理论，挖掘利用作物植株体表体内的有益微生物，以重要作物病害为靶标，筛选有防病及促生功能的高效菌株，构建植物体微生态系防病虫及抗逆有益微生物资源库；利用获得的高效菌株开发生物农药新产品，建立环保型制剂加工技术体系。围绕农业生物质资源化、能源化开发和实现链化生产，开展非粮生物质原料育种和高产、高效生产，主要农作物秸秆、畜禽粪便收储运，秸秆炭化、固化、资源化开发，生物天然气、燃料乙醇、燃料丁醇、生物柴油等重大产品高效生产，生物基塑料、生物树脂材料等生物基新产品研发，提升生物经济发展能力。构建农田复合生物循环、农牧循环、农菌循环及农牧沼循环等循环农业模式，实现经济效益最大化、物质投入高效率、废弃物全部循环利用、污染物和温室气体排放最低。

（五）拓展传统农业技术领域，保障国家食物安全

拓展传统农业发展领域，树立大农业、大食物观，推动粮经饲统筹，农林牧渔结合，种养加一体，第一、第二、第三产业融合发展，拓展草原、淡水湖、海洋、森林、沙漠等成为生产食物的理想场所，发展林下种养殖，开发盐碱地、荒漠化土地等，科学解决我国食物生产中的数量安全与质量安全的矛盾问题，保障国家食物安全。

重点发展人工草地种植，进行草田轮作，实施天然草原改良工程，积极发展高效草地畜牧业，生产更多优质畜产品。积极实施蓝色粮仓工程，拓展海洋空间，开发海洋生物资源，生产优质水产品。大力开发盐碱地和荒漠化土地，实施土壤改良工程，种植耐盐、耐旱等优质农作物和经济作物，生产粮食等农产品。

（六）加强平台和人才队伍建设，提升科技创新能力

继续强化农业科技平台建设，加大对农业领域工程科技平台投入，优选和建设一批农业领域工程科技创新国家实验室、国家重点实验室、工程中心、产业创新中心、台（站）等，强化我国农业领域工程科技创新能力建设。

重点培养和造就一批勇于创新、拼搏实干的高水平研究群体和队伍，加大国家重大人才工程对农业领域的倾斜支持力度。实施创新人才推进计划，加快培养农业科技领军人才、杰出人才和创新团队，着力培养中青年科研骨干。完

善农业科技人才激励机制和评价体系。

（七）注重全球视野，增强国际竞争能力

在全球化、信息化和网络化深入发展的背景下，科技加速在全球普及与扩散，用科技促进经济社会发展成为国际共识。同时，实施创新驱动发展战略，推动经济社会转型升级成为我国发展的必然选择。近年来，围绕农业生物技术、物联网技术、低碳农业技术等重点领域，发达国家已开始了新一轮的战略部署，国际农业科技竞争日益激烈。推动"一带一路"科技创新合作是我国应对世情和国情变化、扩大开放、实施创新驱动发展战略的重大需求。与沿线国家应该广泛开展动植物种质创新、新品种选育、农业有害生物的监测预警和绿色防控、重要农产品风险监测与评估、高效节水与节能农业、海洋农业、设施园艺、有机废弃物综合利用、环境友好型和气候智慧型农业发展模式、生态修复、高效农产品深加工等技术合作与推广等技术体系研发，联合研发平台建设及人才培养等。"一带一路"倡议的深入实施，需要拓展农业国际合作领域、创新合作方式，充分利用国际国内两个市场、两种资源，以全球视野谋划和推动农业科技创新，加快农业科技"走出去"，主动布局和积极融入全球创新网络，优化农业科技国际合作新格局，加快提升我国农业科技的国际竞争力，抢占世界农业科技制高点，实现由农业科技大国向农业科技强国转变。

第二节 战 略 目 标

面向 2035 年，提出了如下我国农业领域工程科技的发展总体目标及具体目标。

一、总体目标

加强农业科技基础研究、战略性研究和关键共性技术研发，增强我国农业

科技持续创新能力，最终建立与我国农业大国地位相适应的、具有世界先进水平的食物安全、生态安全、资源安全科技创新体系；在战略性、前沿性、基础性领域特别是关键技术上取得重大突破，不断形成新理论、新技术、新方法与新产品，并在生产中得到广泛应用；持续实施一批重大工程和重大科技专项，构建重大源头技术创新基础设施与关键技术平台，支撑我国现代农业快速发展；建立、健全开放、流动、竞争、协作的新体制及运行机制，打造一批国际一流的现代科研院所、学科与创新团队，主要领域拥有可持续的科技突破能力、全球创新引领能力和明显竞争优势；科技创新驱动产业结构升级取得显著成效，农业质量、效益和竞争力显著增强，到2035年使我国农业领域工程科技进入创新型国家行列。

二、具体目标

根据国家食物安全、人民健康、生态安全、乡村振兴、绿色发展、消灭贫困及国民经济发展的重大需求，攻克一批未来农业生产发展急需的关键技术难题，选择生物种业工程、智慧农业工程等一批对我国农业发展和农业高技术产业开发带动性强、覆盖面广、关联度高的核心技术、共性技术及配套技术进行重点攻关，形成我国农业生产技术的创新体系，大幅度提升我国农业领域工程科技的创新水平；建立完备的国家农业领域工程科技创新体系、工程技术体系和产业体系。在此基础上，建成一批关键的技术平台，研发一批农业高科技产品，培养一批精干的农业高技术研发队伍。

（一）2025年目标

（1）在粮食与经济作物科技方面，科技贡献率达到63%以上，良种覆盖率稳定保持在98%以上，粮食单产年增长率达到0.8%以上；初步建立良田建设工程科技支撑体系，粮食综合生产能力提高10%，提高资源利用率，形成节水、节肥、节药、节地的现代绿色生态农业高新技术体系。

（2）在园艺科技方面，建立园艺作物优异基因挖掘与自主新品种选育技术平台，构建园艺作物种苗集约化、标准化关键技术体系，实现覆盖全国的园艺作物安全标准化生产及产品溯源，使园艺产业的科技贡献率提高到70%，园艺产业产值对种植业产值的贡献率提高到55%，初步迈入园艺强国的行列。

（3）在林业与生态科技方面，科技进步对林业发展的贡献率提高到65%以上，科技成果转换效率达到60%以上；主要用材树种（示范区）材积生长量提高15%以上；重大生态保护和修复工程建设成效突显；建成布局合理、类型齐全的陆地生态系统和主要森林培育类型野外科学观测与研究台站网络，建成林业科学数据与科技信息共享网络。

（4）在畜牧科技方面，基本实现畜产品无公害生产。主要农业动物品种的核心种源国产化率提高到75%，存量饲料资源利用效率提高10%以上。

（5）在渔业科技方面，建立20～30种重要水产养殖生物基因组选择、基因组编辑和分子设计等现代育种技术体系，实现重要性状遗传分析，进入世界水产育种强国之列；养殖经济效益提高20%以上，节水减排50%以上，养殖水产品加工（初级加工和精深加工）率达到50%以上。

（6）在动物疫病防控科技方面，动物疫病预警技术体系趋于完善，重大动物疫病得到有效控制，动物发病率、死亡率和公共卫生风险降低。重点防范的外来动物疫病传入和扩散风险有效降低，外来动物疫病防范和处置能力明显提高。

（7）在农业工程科技方面，农业传感器、基于北斗卫星定位的智能农机装备、植物工厂等取得实质性应用，大宗粮经作物农机品种齐全，支撑国产农机产品市场占有率大于90%，支撑主要作物耕种收综合机械化水平达到70%以上，农业装备制造水平接近世界先进行列。

（8）在农业资源与环境科技方面，农田灌溉水有效利用系数提高到0.65，畜禽粪便、生活垃圾和污水、农作物秸秆资源化利用率达到60%以上。

（二）2035年目标

（1）在粮食与经济作物科技方面，原始创新、技术创新与集成创新能力跻身世界一流行列，农业科技成果有效供给水平和科技进步贡献率大幅度提升，良种对增产贡献率达到63%。打造完善的粮食作物与经济作物工程科技创新体系，显著提升农业科技自主创新水平和粮食安全保障能力。

（2）在园艺科技方面，通过重大工程和创新平台建设，实现园艺作物细胞工程育种及分子设计育种中重大关键技术突破，显著提高我国园艺作物的良种覆盖率，并实现主导品种规模化良种培育；构建完备的智慧园艺工程和技术体系，显著提高园艺作物生产的资源利用效率和效益，使园艺产业的科技贡献率达到75%，全面实现我国从园艺大国到园艺强国的跨越。

（3）在林业与生态科技方面，科技进步对林业发展的贡献率提高到65%以上，科技成果转换效率达到60%以上；主要用材树种（示范区）材积生长量提高15%以上；建成布局合理、类型齐全的陆地生态系统和主要森林培育类型野外科学观测与研究台站网络，建成林业科学数据与科技信息共享网络。

（4）在畜牧科技方面，动植物分子育种技术和基础研究取得重大突破，建立完善的动植物分子育种体系，定向、智能分子设计育种技术将成为育种的核心技术体系，动植物育种效率和良种覆盖率大大提高，培育一批高效、抗逆性强的新品种（系）；清洁、健康的畜禽产品生产技术体系基本形成，实现畜禽产品无公害生产，构建全国范围内畜禽产品安全可追溯系统。

（5）在渔业科技方面，水产良种覆盖率均达到95%以上，水产遗传改良率达到55%以上，水生动物产地检疫率达到97%，重大疫病发生率控制在7%以内，工厂化网箱养殖产量占总产量的比例提高到25%，大宗养殖鱼类产品加工率达到65%，水产品质量安全产地抽检合格率达99%以上。进入水产养殖世界科技强国行列，实现科技贡献率达75%，实现科技成果转化率达65%以上。

（6）在动物疫病防控科技方面，动物疫病的防控总体技术水平达到中等发达国家水平，在疫苗与诊断试剂领域的研究达到国际领先水平。口蹄疫、猪瘟、高致病性禽流感、新城疫、伪狂犬病等重大疫病和结核病、布鲁氏菌病、狂犬病等人畜共患病将达到基本消灭状态，动物的发病率、死亡率和公共卫生风险显著降低。牛海绵状脑病、非洲猪瘟等外来动物疫病传入的风险减弱，外来动物疫病防范和处置能力进一步增强，养殖效益显著提升。

（7）在农业工程科技方面，农业生产由机械化向智能化转变。大田农作物生产基本实现农业机械化；农业装备制造业达到国际先进水平；在农业专用传感器、农业智能仪器与装置、智能农机具、农业机器人、动植物工厂化养殖或种植技术系统等方面实现系统化、配套化和工程化研究开发，在大田作物整地、播种、施肥、喷药、除草、灌溉、导航等关键生产环节研发形成完备的软硬件系统和智能作业机具，在畜禽水产养殖主要环节实现机器人作业，实现农业生产管理过程的高效精准作业。

（8）在农业资源与环境科技方面，农业生物质资源化技术取得重大进展，畜禽粪便、生活垃圾和污水、农作物秸秆资源化利用率达到90%以上。

第三节　农业领域工程科技发展的总体构架

围绕食物安全、人民健康、生态安全、乡村振兴、绿色发展、消灭贫困、产业发展等国家战略需求，把握基础研究、高新技术、战略产业、新的绿色革命、气候变化等国际趋势，筛选出关键技术、共性技术和跨领域技术，以及未来可能出现的突破性和颠覆性技术，提出农业领域工程科技重点任务与发展路径、需要优先开展的基础研究方向以及重大工程和重大工程科技专项。

针对粮食与经济作物、园艺、林业与生态畜牧、渔业、动物疫病防控、农业工程、农业资源与环境等重点领域，着力攻克农作物功能基因挖掘与分子设计育种技术、园艺作物优异基因挖掘与自主新品种选育、基于实时监测与动态需要的精准营养技术、水产养殖生物现代育种、重要动物疫病和新发病的诊断和监测预警等一批农业关键技术，保障粮食及农产品有效供给；针对农业工程、生物种业、智慧农业等重点领域，突破基于北斗卫星定位的智能农机装备、农业传感器、先进木质材料制造等一批前沿和产业核心技术，引领现代农业产业发展；针对农业资源环境、绿色资源高效利用等重点领域，研发人工林定向培育与可持续经营、作物节水增效、耕地地力提升与清洁化、水资源高效利用、土地整治与耕地质量培育、农业重大生物灾害与自然灾害防控、林业生态建设等一批资源节约和环境友好型技术，发展低碳农业；针对食品制造与食品安全领域，发展食品原料危害因子的形成、变化与控制，食品生物工程及农产品与食品质量安全控制等一批实用技术，提升人类营养健康水平。农业领域工程科技发展的总体构架如图4-1所示。

第五章
农业领域工程科技重点任务与发展路径

第一节 粮食与经济作物

一、目标

至 2035 年,在粮食与经济作物领域,主要突破农作物种质资源收集、保存与精准鉴定技术,建立种质资源表型组学鉴定和全基因组基因型评价关键技术及优异种质资源筛选技术;构建重要作物功能基因组学研究平台;突破粮食与经济作物分子育种技术,定向、智能分子设计育种技术将成为育种的核心技术体系与新品种创制能力的关键,工程化育种在主要作物新品种选育中广泛应用;实现主要粮食与经济作物全程机械化、智能化、绿色化生产,大幅提升粮食与经济作物的综合生产能力。

二、重点任务

围绕保障国家食物安全、提高国际竞争力的需求,针对作物绿色高效生产关键限制问题,顶层设计,创新产学研结合的协同创新机制,持续强化科技创新和新技术应用，使粮食产量保持稳定增长、自给能力逐步增强，经济作物比较优势逐渐凸显、开拓国际市场；农业产业科技水平整体大幅提升，优势领域国际竞争力持续增强，产业核心技术自给率大幅提升；综合形成保障我国食物安全、生态安全、资源安全和新型城镇化的农业科技体系，科技创新驱动产业结构升级取得显著成效，成为建设世界粮食科技强国的重要支撑。

（一）加强作物种质资源收集与利用

建立完善的农作物种质资源收集、安全保存、精准鉴定技术体系，重点研究重要性状的表型鉴定、全基因组基因型评价和优异种质资源筛选技术；突破表型与基因型高通量精准鉴定技术，以及基于SNP基因芯片的关键基因高通量发掘技术、分子染色体工程与高效种质创新技术、骨干亲本创制的理论与育种技术。

（二）突破作物遗传改良与良种繁育技术

全面突破作物生物育种新方法、新技术，重点研究全基因组选择技术、基因组定点修饰技术，以及染色体高频重组与快速纯合技术；开展分子育种、强杂交优势利用研究及新品种创制，重点研究高通量基因挖掘技术、高效分子标记选择和聚合育种技术、杂种优势利用新技术、强优势杂交种快速培育技术、优良新品种创制及良种繁育技术；突破转基因育种技术及转基因生物安全性评价技术。

（三）形成作物生物灾害监测预警与控制体系

开展农作物有害生物的危害机理、发生规律及其全过程精细化管理与防控，合理利用监测预警、基因调控、生物生态调控、生物防治、物理控制等无害化技术；开展基于物联网、遥感和大数据的主要农作物监测预警技术研究，监测预警平台；突破并建立预测预警技术体系和灾害防控管理技术体系。

（四）构建作物绿色高效生产技术体系

研究构建资源高效利用的种植制度与精确栽培技术体系；开展土壤健康调控、

主要土传病虫害调控以及耕作等农艺措施调控机理研究，构建土壤保健技术体系；突破作物标准化生产和轻简机械化栽培技术，环境因子监控和生产管理的智能化、精准化控制等核心关键技术；突破智能化施肥装备与高效施肥技术，研发智能化精准施肥、水肥一体化、肥料深施技术及装备。通过技术集成，构建作物生产机械化、规模化、信息化、标准化的现代综合技术体系与环境友好、低碳节能、安全标准的绿色增产增效生产模式。

三、关键技术（技术群）

（一）作物种质资源保藏与精准鉴定技术

重点开展四个方面的关键技术及产品研发：①农作物种质资源系统调查与抢救性收集。通过对主要粮食作物和经济作物种质资源系统调查和抢救性收集，基本查清我国农业生物种质资源详情，丰富物种多样性和遗传多样性。明确不同种质资源的多样性和演化特征，评估并预测今后种质资源的变化趋势，提出保护与持续利用策略。②农作物种质资源的安全保存。建立主要粮食作物、蔬菜花卉、北方特色浆果与药用植物、麻类、牧草、烟草等作物超低温、组织培养、试管苗及 DNA 复份安全长期保存技术，进一步提升作物种质资源信息库信息共享服务水平。③农作物种质资源精准鉴定与深度发掘。构建多学科联合的作物种质资源鉴定与发掘创新体系，建立重要作物种质资源精准鉴定技术规范，开展代表性基础种质规模化精准表型和基因型鉴定，发掘具有利用价值的新材料和基因资源。④农作物种质资源创新与利用。建立创新种质中优异基因快速检测、转移、聚合和追踪的技术体系，创制满足未来育种需求、目标性状突出的小麦、玉米、水稻、大豆、杂粮、棉花、麻类、蔬菜、花卉、苹果、梨、茶树、北方特色浆果与药用植物、牧草和烟草等作物优异新种质，并提供利用，突破育种遗传基础狭窄的难题。

（二）作物新品种创制与良种繁育技术

把作物资源高效利用和抗逆以及提升品质作为主要目标，重点开展表型与全基因组选择技术、基因改良与快速纯合技术及其在新品种创制中的应用；重点开展高效分子标记选择和聚合育种技术、强优势杂交种快速培育技术以及优良新品种创制；重点开展作物良种繁育技术研究。全面突破作物生物育种新方法新技术，重点研究全基因组选择技术、基因组定点修饰技术，以及染色体高频重组与快速纯合技术；重点开展分子育种与新品种创制，研究高通量基因挖掘技术，高效分子标记选择和聚合育种技术，以及优良新品种创制及应用技术；开展农作物强杂交优势利用与新品种创制，重点研究农作物杂种优势利用新技术、强优势杂交种快速培育技术、强优势杂交种安全高效规模化新型种子生产技术，探究农作物杂种优势机理，并构建杂交种核心杂种优势群；开展转基因农作物新品种培育，重点突破转基因育种技术及转基因生物安全性评价技术。

（三）作物绿色高效生产技术

重点开展作物生产系统实时定量监测与决策系统、物联网技术、水肥一体化技术、高效化控技术、秸秆焚烧和地膜污染防治技术、深松改土与耕层优化技术、非生物逆境灾害绿色防控技术、粮食安全储运减损技术、作物品质调优与健康保障技术等关键技术研究。开展作物高效利用水肥的生物学基础及生理与分子机制研究，运用信息技术、工程技术与农艺技术协同攻关，构建以水肥高效利用为核心的精确栽培技术体系；开展土壤健康标准与保持、主要土传病虫害的发生规律及调控机制、农艺措施修复与缓解土壤连作障碍的调控机理、定位施肥土壤养分等研究，构建土壤保健及精准化设施栽培技术体系；突破作物标准化生产和轻简省力化栽培技术，环境因子监控的智能化、精准化控制等核心关键技术。

（四）中低产田和受损耕地改良技术

重点开展以下四个方面的关键技术及产品研发：一是耕地地力提升机理与技术产品研发、耕地地力提升与保育配套技术、粮食主产区耕地资源保护培育与集成示范；二是养分资源高效利用与新型肥料，主要技术为化肥氮磷减施增效机理与调控途径、新型肥料与化肥替代技术及产品研发、高效施肥技术与智能化装备研发；三是农田土壤污染与修复，主要包括金属污染农田修复技术、有机污染物污染农田修复技术；四是农业水资源高效安全利用，主要包括灌区水循环演变机理与多水源高效生态安全调控、非常规水农业安全利用关键理论技术与装备研究、作物需水过程调控与技术产品。

（五）作物病虫草害防控技术

重点开展农作物有害生物检测、监测和预警预报技术，农作物有害生物防控技术，有害生物高效安全标准化绿色防控技术，新型植保技术与产品创制等核心技术研究与产品研发。围绕单项技术、高效利用、生态保育、综合配套各环节，开展 RNA 干扰精准控害、植物免疫、信息素防控、理化诱杀、生物防治及生态调控的新技术研究，深入开展天敌定殖、生物农药精准使用、化学农药减量技术，开展单项技术组装配套，建立技术体系。围绕资源利用、生产技术、制剂技术各环节，优化参数，革新方法。筛选高效微生物菌株及工程菌株，提升生防制剂效价，丰富天敌种类，研究发育营养，建立分子设计和高通量筛选平台，替代改造高毒农药，优化生产工艺，革新助剂结构，延长生防产品货架期，创制新型植保产品。

（六）农艺农机融合与智能装备技术

重点开展以下四个方面的关键技术及产品研发。一是薄弱环节机械化技术，在不同地区与作物机械化技术路线和作业模式，适宜机械化的作物生产技术体系，土壤障碍因子消除及优质耕层构建，丘陵山区灌溉，农作物高效低损收获与安全贮藏，土壤机械化耕作，水肥一体化灌溉，粮食作物机械化生产，优质高效干燥，棉油糖机械化生产，果蔬茶机械化生产，设施园艺机械化生产，饲草料机械化生产，化肥农药减施，农作物秸秆、畜禽粪便和残膜资源化与无害化利用等方面开展技术与装备研发。二是智能农机装备技术，在智能农机装备数字化设计与智能制造、农情信息的快速获取与解析应用、基于北斗卫星导航系统的农机自动导航及监控、农业机器人、农用航空智能作业、植物工厂技术、智能灌区建设等方面开展研究。三是重点研究土壤-机器-植物互作、种植模式与机械相互适应性及其融合过程关键障碍因素等。四是重点突破图像识别处理技术、定位技术、生物传感器技术、智能控制技术等，研发施肥机器人，除草机器人，采摘机器人，分拣果实机器人，果蔬嫁接、施药、收获和动物自动饲喂、除便、挤奶机器人等，在农业生产过程中实现机器人农业与智能农业机械有机衔接，提高我国农业自动化水平。

四、发展路径

围绕国家未来粮食安全保障的重大战略需求，重点是加强种质资源收集与利用、突破作物遗传改良与良种繁育技术、形成灾害监测预警与控制体系、构建绿色高效生产技术体系四大任务；作物种质资源保藏与精准鉴定、作物新品种创制与良种繁育、作物绿色高效生产、中低产田和受损耕地改良、作物病虫草害防控以及农艺农机融合与智能装备等关键技术群的研发，使我国的粮食安全工程科技水平整体大幅度提升，生物种业国际竞争力持续增强，粮食产业链核心技术自给率大幅度提升。具体技术路线见图5-1。

第二节 园　艺

一、目标

建立规模化分子标记开发和基因型分析体系，构建全基因组选择等分子设计育种理论、模型和工具，开展多基因聚合分子设计育种实践，同时完善染色体工程、体细胞及倍性育种理论与技术，将细胞工程手段、常规育种优势和分子设计育种有效结合，注重丰产、优质、抗病虫、抗逆、特殊功能成分育种，满足专用化、多样化、功能化、标准化、机械化、规模化和轻简化生产需求，提升园艺作物种质创新水平，使果树、蔬菜和花卉的良种覆盖率分别提高至90%、95%和80%。在园艺作物种苗繁育与质量控制技术，园艺作物高产、优质、高效生产综合技术，设施园艺作物栽培水肥精准管理关键技术及智能控制技术和装备开发，园艺产品质量安全溯源检测与源头控制技术，安全环保、低能耗采后预冷和贮运技术以及相关设施设备、园艺作物及产品功能拓展等方面取得关键性突破，建立优质高效的园艺产业可持续发展体系，使园艺产业的科技贡献率达到75%，在世界范围内，全面实现我国从园艺大国到园艺强国的跨越。

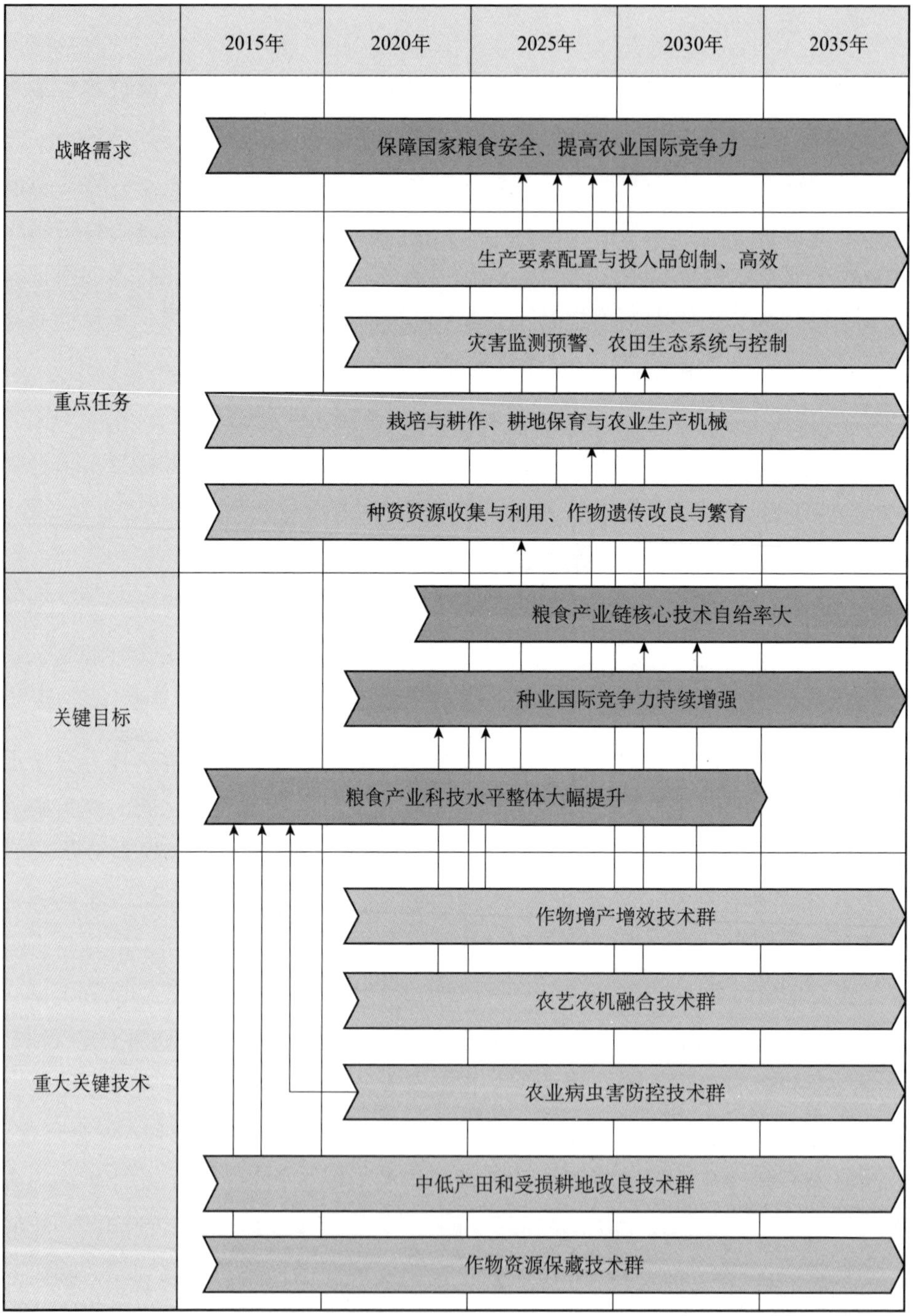

图 5-1 粮食与经济作物子领域工程技术路线图

二、重点任务

（一）园艺作物优异基因挖掘与自主新品种选育

采用基因组测序和生物信息学手段，建立园艺作物种质资源和基因资源的评价和持续利用的方法；完善专用品种选育的育种技术平台，建立专用品种选育中重要性状的鉴定技术和标准，针对重要性状构建遗传研究群体和精细连锁图谱，进行特异分子标记筛选技术研究；结合"组学"和系统生物学研究方法，建立园艺作物基因高通量挖掘、品种分子设计、改良及筛选平台；在阐明调控园艺作物主要性状关键基因及其调控网络的基础上，将常规育种与细胞工程、分子育种技术相结合建立综合系统育种技术并创制优异种质，育成批量的高水平专用新品种，实现新品种定向培育和周期选择。

（二）园艺作物种苗标准化和集约化生产

加强园艺作物高质量种子、种球、种苗形成的生理学和砧穗互作调控机制的研究，重点突破种苗质量标准化生产体系中的关键技术，提出适应现代园艺产业发展的育苗基质标准、优质种苗质量标准及标准化快速育苗技术体系；建立种苗快速生产与供应技术措施和保障体系；加快不同区域集约化育苗设施与配套设备研制，研究利用农林牧废弃物生产环保可再生基质的理论与技术，建立基于当地资源的可再生育苗基质标准及专业化生产技术，实现规模化优质种苗生产。

（三）园艺作物轻简省力化栽培及安全标准化生产

重点开展园艺作物资源高效利用的生物学基础以及生理与分子机制研究，协同园艺作物新品种选育，利用农业数字化和智能化生产技术，全面实现匹配园艺作物生长过程的精准水肥以及种植管理技术，构建园艺作物轻简省力化栽培和精准机械化生产关键技术体系；加强园艺产品安全生产、重大病虫害防控、环境清洁控制等基础理论研究、关键技术突破和综合技术集成创新，构建园艺产品质量安全溯源检测与源头控制技术体系。

（四）园艺产品采后质量保持及现代流通

重点开展园艺产品发育和衰老过程中内在调控机制和外界环境因子的作用

机制研究，解析不同园艺作物成熟和衰老机理、品质及营养物质形成机制；针对园艺产品贮藏需求和产品采后损耗的问题，研发环保、低耗的园艺产品采后储运技术及配套装备，构建精准智能化园艺产品采后商品化处理技术体系及物流配送体系。

（五）园艺作物及产品功能拓展

伴随着人民生活水平日益提高，城乡居民消费层次、消费结构及审美需求不断升级，对园艺产业的需求日趋多样化，除了营养、安全的园艺产品外，园艺作物在城乡生态环境建设、健康养生、休闲体验以及园艺产品功能成分在强身健体等方面的作用越来越突出。未来应加强食用、药用和工业用园艺产品的精深加工技术研究，开发出新型、高附加值的园艺新产品；将园艺植物—环境—人体科学相结合，系统开展园艺或园林植物在除霾降噪增氧、改善生态环境、保护生态环境中质量与效益量化研究，提出景观生态规划与植被修复的理论体系与技术体系，为营造良好的生态环境提供理论、材料与技术支持。

三、关键技术（技术群）

（一）园艺作物优异基因挖掘与专用品种高效选育技术

完善抗病、抗逆、加工等专用园艺品种选育的育种技术平台；研究专用品种选育中重要性状的鉴定技术和标准；规模化挖掘具有重要经济价值的优异基因资源，构建高效安全的遗传转化体系创建技术，建立园艺作物多基因聚合分子设计育种的理论和方法体系；开展重要园艺作物的细胞工程育种，建立规模化培育方法，以获得抗逆、品质优良、特色功能成分等综合性状突出的园艺植物新品种；研究雄性不育、自交不亲和系、雌性系等杂交种子生产技术，开展相关功能基因的克隆和功能分析；利用现代分子技术建立完善的种子真实性和质量的早期高效控制技术。

（二）园艺作物种苗标准化和集约化生产关键技术

构建适应现代农业产业技术的种苗质量标准及种苗质量保持技术，重点研究园艺作物苗期环境控制技术，苗期低温、弱光逆境应急处理技术，无性繁殖园艺作物核心原种长、中、短期保存技术，园艺作物病毒类病毒高效脱毒技术，园艺作物种子、种苗质量无损检验技术及快速分子检测技术，种苗短期运输、贮藏环境控制标准及种苗质量评价体系；完善不同区域集约化育苗基质、设施与配套装备技术，重点研究基于当地资源的可再生育苗基质标准化生产技术，研制园艺作物轻简省力化育苗设备。

（三）园艺作物资源高效利用及精准化栽培技术

重点研究非耕地的高效利用技术，水资源高效利用及其水肥一体化关键技术体系，产地环境智能控制技术，环境友好型生产资料（生长调节剂、生物肥料和生物农药等）的创制与利用技术，基于设施结构与材料优化的光温资源高效利用技术，设施农业土壤资源可持续高效利用技术，适于非耕地园艺作物生产的高效低成本新型无土栽培基质的开发，设施精确施肥、水资源和营养液的循环利用技术，设施园艺作物的标准化生产和轻简省力化栽培技术，适合我国园艺设施特点的智能化、多功能和精准化作业装备的开发，田园土壤健康保持与连作障碍控制关键技术，园艺产品安全生产及溯源检测和源头控制技术。

（四）园艺产品采后质量保持及现代流通技术

园艺产品采后质量保持关键技术研发包括：园艺产品采后保鲜处理、精选分级工艺技术，包装材料及技术；园艺产品劣变机制与品质保持技术；环保安全型保鲜剂、熏蒸技术与设备研发；节本增效型加工装备研发；构建园艺产品现代流通技术体系，重点研发园艺产品采后低能耗预冷、低温贮藏和气调贮藏技术；构建完备的鲜活园艺产品保鲜与物流配送及高效的冷链运输系统；建立覆盖全国乃至主要国际市场的园艺产品贸易与流通的智能化信息共享平台。

（五）园艺作物及产品功能拓展技术

加强以园艺产品为原料的食品、化妆、医疗、保健品等精深加工工艺研究，重点突破酶工程、生物工程、现代发酵工程以及新型高效分离、分级、杀菌、防腐、保鲜、干燥等精细加工技术和新型加工设备的研究，开发出新型、高附加值园艺工业产品和医药中间体、功能型健康食品和配料等新产品。在园艺植物—环境—人体科学的结合方面，系统探究园艺作物在除霾、降噪、增氧等方面的效应，根据对园艺或园林植物景观地域性特色的研究，创新景观生态规划与应用设计的理念和方法；加强园艺或园林植物及其群落的生态效益基础研究，建立系统的景观生态规划与植被修复的理论体系与关键技术体系，构建植物种类繁多、结构稳定、功能强大的良好生态系统。同时，拓展园艺作物微型化功能，研究居家、屋（楼）顶、办公场所、房（楼）前房（楼）后和街旁路边等场所园艺作物的常态化生长技术，美化生态环境，愉悦大众心境，促进人民健康。

四、发展路径

伴随着基础设施和重大科研平台建设，通过基于分子标记及优异基因聚合的园艺作物育种技术、种苗集约化和标准化生产关键技术、园艺作物资源高效利用及安全标准化生产技术、园艺产品采后质量保持及现代流通技术、园艺作物及产品功能拓展技术等重大关键技术的突破，我国园艺产业良种覆盖率将显著提高并实现主导品种的规模化良种培育，构建形成覆盖全产业链的安全生产标准化体系和智慧园艺技术体系。至2035年，园艺产业科技贡献率将达到75%，使园艺作物产量、抗逆性等经济指标提高10%～20%，优质种苗供应能力提高30%，资源利用效率和效益提高30%，全面实现我国由园艺大国向园艺强国的跨越。具体技术路线见图5-2。

第三节 林业与生态

一、目标

为实施木材战略储备建设工程及建设国家储备林基地提供科技支撑；创新先进木质材料供给满足我国长期的"保护天然林资源，增加绿色建材供给"绿色发展需求，推动先进木质材料制造技术与信息化的深度融合，制造效率

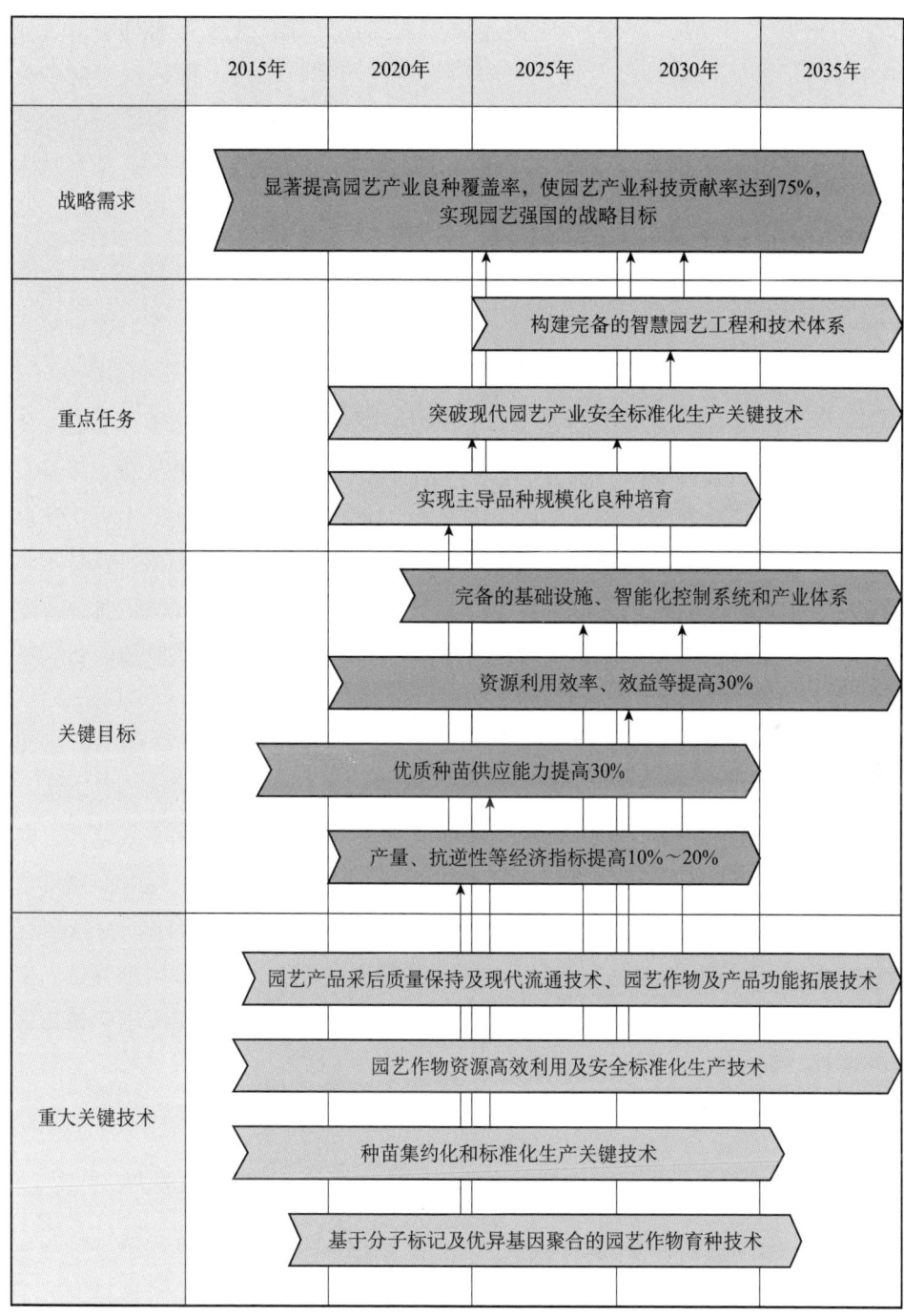

图 5-2 园艺子领域工程技术路线图

和整体竞争力明显提高，抢占世界木材工业前沿领域；通过集成林木分子育种、定向培育、可持续经营及先进木质材料制造等技术链，构建现代林业创新技术体系；推进重大生态保护和修复工程，扩大退耕还林还草还湿，加强荒漠化、石漠化综合治理，保障森林生态安全。到 2035 年，我国人工林林木良种覆盖率提高 10%，单位面积生产力提高 15% 以上；林业科技贡献率达到 65% 以上。

二、重点任务

围绕 2035 年建设现代林业创新体系目标，林业领域工程科技重点突破先进生物技术在林木育种中的高效应用，实现林木重要性状基因的定位和克隆及分子设计育种，建立林木遗传研究的模式体系，加速林木育种进程；构建人工林定向优化栽培、低质低效林改造模式，以及森林生态系统可持续经营技术体系，着力提升森林立地生产力及其生态服务功能；深入实施三北防护林体系建设、新一轮退耕还林及京津风沙源治理等工程；创新先进林产品制造技术，构建现代林业创新技术体系。

（一）突破控制林木重要性状主效基因的克隆技术

针对林木一些重要经济性状和抗逆性状，识别并克隆相应的主效基因，研究林木基因克隆和分子育种技术，建立林木分子育种技术体系；结合高密度遗传图谱定位控制生长、抗逆、抗病虫等性状的主效数量性状基因座（QTL）区间；根据基因组序列完成对应区间的序列功能分析，完成候选基因的筛选，采用转基因技术进行候选基因的功能验证，并采用基因工程技术完成木本植物速生、优质、高抗的分子育种；开发分子标记，建立林木抗逆能力早期预测与筛选技术。

（二）推进重要用材树种的分子标记辅助聚合育种与细胞工程育种

针对主要用材树种杂交群体进行比较基因组作图，开发和利用第三代分子标记方法，构建高密度的遗传连锁图谱，筛选重要性状相关并紧密连锁的分子标记；研发并借助多优良性状同步改良的聚合育种技术体系，对杂交后代进行早期鉴定和预选，同步改良品质、产量和抗性，培育新品种。采用基因组学、转录组学、生物信息学理论和技术，构建用材树种细胞工程、染色体工程、基因工程等技术平台，创新提高育种效率的关键技术，培育高品质、抗病虫、抗逆性强等综合性状优良的新品种。

（三）创建系统高效的人工林定向培育技术体系

开展良种壮苗培育、适地适品种、密度和林分结构优化、生物多样性维护、轮伐期控制等定向培育关键技术研究，提出定向、优化的栽培模式和可持续经营技术体系，显著提高人工林单位面积产量和经济效益。围绕速生材（杨树、桉树、松树、杉木、竹子、泡桐等工业用材树种），珍贵阔叶用材（红木类、柚木、水曲柳等），木本粮油（油茶、油橄榄、核桃等）及林业特色资源（杜仲、银杏、红豆杉、青钱柳等），开展良种壮苗培育、适地适品种、密度和林分结构优化、土壤肥力和长期生产力保持、生物多样性维护、轮伐期控制等定向培育关键技术研究，提出定向、优化的栽培模式和可持续经营技术体系，提高速生材、经济木本植物资源、珍贵用材的单位面积产量和经济效益，同时为国家珍贵木材战略储备基地建设提供科技支撑。

（四）强化森林生态系统的质量提升与特殊困难立地植被恢复

针对防沙治沙、石漠化综合治理、困难立地植被恢复与生态重建、退化森林生态系统功能提升等重大技术需求，通过植物种质资源筛选，优化植被模式构建，造林新技术、新方法的研发与集成，重点突破特殊困难立地的植被恢复与生态重建核心技术；通过森林生态系统的物质循环、能量流动等生态过程研究，阐明退化森林生态系统的形成过程与演变机理，突破退化森林生态系统质量不高、生态服务功能低下等核心技术，构建森林生态系统可持续经营技术体系，有效提升森林生态系统的水土资源保持、生物多样性保育、固碳等生态服务功能，为我国森林资源的可持续经营和生态服务功能高效发挥提供科技支撑。

（五）优化农林复合经营及多功能森林培育

优化农林复合经营系统的结构与功能，开展复合系统的规划设计、结构配置、经营管理与综合效益等一体化研究；研究人工林生产力与生物多样性的关系；研究退化土地造林再造林固碳、高碳储量人工林结构优化及碳汇人工林定向培育和土壤碳管理技术；系统研究人工林的环境功能，加强人工林培育的区域化研究或景观水平上的研究。重点研究：气候变化对我国重要造林树种、珍稀濒危物种以及森林植被类型地理分布和森林生产力的影响；人工林生产力与生物多样性的关系；不同人工林碳汇或源的时空格局、退化土地造林再造林固碳、高碳储量人工林结构优化、碳汇人工林定向培育和土壤碳管理技术；人工林的环境功能（防风固沙、保持水土、降低噪音、植物修复、废水再利用及景观美化等），并加强人工林培育的区域化研究或景观水平上的研究，使长久的森林健康和生产力以及森林的多功能成为可能。

（六）开展先进木质材料研究及产业链增值增效技术集成与示范

突破材性改良和复合基础理论，开发木质纳米材料制备和应用技术、木基复合材料轻量化技术、木质材料功能化技术、木基复合材料绿色生产技术、高耐久性木基复合材料制造技术、阻燃木基复合材料制造技术、结构用胶黏剂制备和应用技术、高性能结构材料制造技术、高性能结构材料性能质量控制技术、高性能结构材料木构件加工组装技术等 10 项关键技术，突破重大技术难题，推进"绿色清洁生产、传统制造业绿色改造及绿色低碳循环发展产业体系"的绿色发展理念。按照产业链设计和组织开展木质纳米材料制备和应用技术、木基复合材料轻量化技术、木质材料功能化技术、木基复合材料绿色生产技术、木结构制造技术等 5 项技术集成应用，形成创新产业链。

三、关键技术（技术群）

（一）林木重要性状遗传解析与基因克隆技术

研究主要林木良种选育关键技术、重大和原创性基础研究及技术集成示范、重要性状定位区间的 DNA 序列分析与克隆技术、基因过表达功能验证技术及转基因育种技术体系。重点通过分子数量遗传学、群体遗传学与现代生物学手段相结合，加快实现控制林木重要经济性状、抗逆、抗病性状主效基因的精细定位与克隆，并在天然群体中开发高效等位基因，为林木分子育种的开展创造条件；建立控制木本植物重要性状基因的克隆体系，针对生长、材性、抗病虫、抗干旱及耐盐碱等性状开展遗传解析和基因克隆研究，并通过分子标记辅助育种、转基因育种、分子聚合育种、分子设计育种等措施，以期尽快培育速生、优质和抗逆性强的林木新品种。

（二）人工林定向培育与可持续经营技术

加强研究困难立地造林、植被恢复等生态系统改善与治理技术，植物种类筛选及植被恢复重建与评价监测技术、树种品种选育新技术、特殊困难立地造林的新技术和新方法、优良造林绿化树种育苗造林技术；开展良种壮苗培育、适地适品种、密度和林分结构优化、土壤肥力和长期生产力保持、生物多样性维护、轮伐期控制、天然林后备优质材培育技术等集约定向培育技术研究，提出精准、定向、优化、多功能的栽培模式和可持续经营技术体系，使速生材、经济木本植物资源以及珍贵用材单位面积产量和经济效益显著提高。

（三）退化森林生态系统质量与功能提升技术

研究退化森林生态系统的物质循环、能量流动等生态过程，分析其光、热、水、土等主要生命元素等的综合利用效率，阐明退化森林生态系统的形成与演变机理，科学评判森林生态系统的水土资源保护等生态功能，重点突破低质低效人工林生态系统的质量与功能提升等核心技术，充分发挥森林生态系统的水土资源保持、生物多样性保育、固碳释氧等生态服务能力，为生态文明建设和生态富民提供技术保障。

（四）先进木质材料制造技术

系统研究木质纳米材料制备和应用技术、木基复合材料轻量化技术、木质材料功能化技术、木基复合材料绿色生产技术、高耐久性和阻燃木基复合材料制造技术、结构用胶黏剂制备和应用技术、高性能结构材料制造及其性能质量控制技术、高性能结构材料木构件加工组装技术，并开展全产业链增值增效技术集成与示范。重点开发木质材料表面绿色装饰、环保胶黏剂、木材绿色防护与改性等绿色生产关键技术，推进木制品柔性制造、木结构材料工业化生产，强化研究木材仿生、木质重组、轻量化与功能化等木基材料增值加工关键技术，木材工业节材降耗、安全生产、污染检控等生产管控关键技术，以及木质家居材料健康安全性能检测与评价等产品质量监督技术。

四、发展路径

瞄准 2035 年建立现代林业创新体系的战略需求，加强研究林木分子高效育种，提升森林可持续培育与多功能经营技术及创新先进林产品满足绿色发展需求，重点开展林木重要性状遗传解析与基因克隆技术、人工林定向培育与可持续经营技术、退化森林生态系统质量与功能提升技术、先进木质材料制造技术及集成示范等重大关键技术研究；实现人工林林木良种覆盖率提高 10%，单位面积生产力提高 15% 以上，森林蓄积量增加 45 亿 m^3，森林水土资源保持与碳汇等服务功能提高 20% 以上，林业科技贡献率达到 65% 以上，形成先进林产品制造技术体系。同时，瞄准森林生态系统管理与森林可持续经营、森林遗传规律与生物技术、森林资源管理与信息技术及林产品先进制造技术等学科前沿，推动基础学科发展和高新技术在林业工程科技中的应用及产业转化，以此带动遗传育种、森林培育、森林生态、水土保持与荒漠化防治、森林保护、木材物理与林产化学等学科领域跻身世界先进行列。具体技术路线见图 5-3。

第四节 畜 牧

一、目标

畜牧工程科技未来 20 年的发展目标是在新品种培育、高效繁殖、饲料和畜禽营养、生态草原畜牧业、畜禽健康养殖、畜禽生产环境控制、畜产品加工、动物源性食品质量安全等方面取得关键性突破，并整合成完整的畜牧业集成技术体系，最终以科技引导和推动我国畜牧业向"科技、绿色、健康、高效"的可持续发展模式转型。

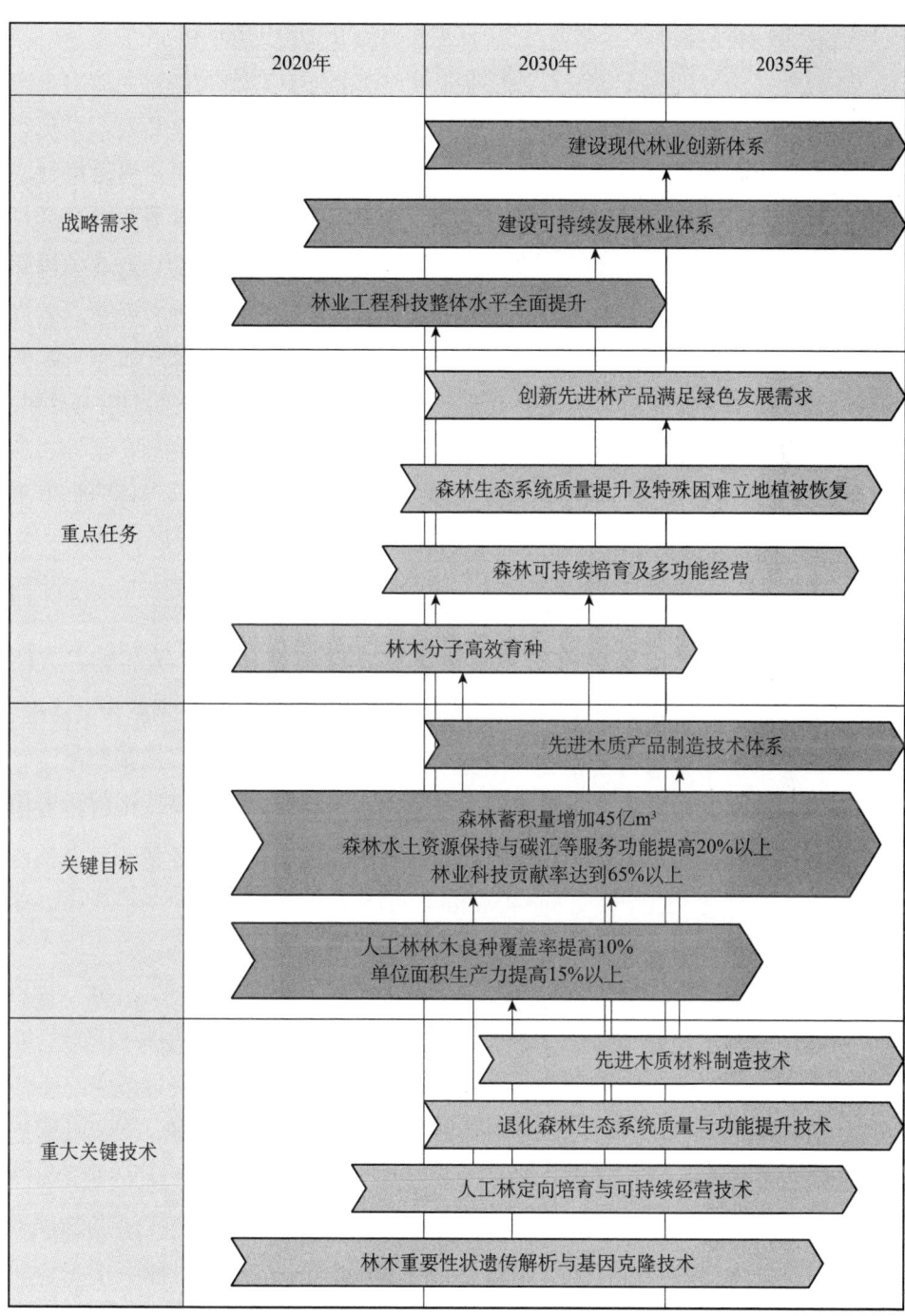

图 5-3 林业与生态子领域工程技术路线图

二、重点任务

（一）选育动物新品种和建立高效繁育技术体系

使畜禽工程科技自主创新能力显著增强，完全改变育种和繁育等关键技术和共性技术依赖于国外的局面，建立优质、高效、特色动物新品种（系）选育和规模化良繁技术体系；通过推进主要畜禽品种的遗传改良计划，实现全国联合育种，选育出一批具有自主知识产权的优质、高产、抗逆畜禽新品种，积极打造一批具有国际竞争力的育种公司。建立相应的繁育和产业化示范基地，促进我国特色畜禽、水产产业和种业的发展（Meuwissen et al., 2013；Ruan et al., 2017）。选育优质特色禽类新品种（系）；选育优质、风味肉猪新品种（系），优质奶牛和肉牛专用新品种（系），超细型细毛羊新品种（系）；选育优质特色鱼类新品种（系）。

（二）研究畜禽高效繁殖与胚胎工程技术

重点研究种公畜精液优质高产技术、精液长效保存技术和快速低损伤分离技术；开展简便低剂量输精技术和相关器材研究，建立新的人工授精技术标准；研究幼龄母畜的生殖潜力及相关利用技术，开发牛羊高频次重复超排技术以及胚胎移植的简便器材；研究稳定高纯度激素药物的纯化制备技术；重点研究适合我国生产水平的猪、牛、羊，建立高效的家畜胚胎生产技术体系，实现种畜体细胞克隆产业化（Kirkwood and Kauffold, 2015）。

（三）开发利用饲料资源及新型饲料添加剂

积极开发利用我国能量饲料资源和非常规蛋白质饲料原料；积极开发高效、安全的新型饲料添加剂。基于京津冀畜牧科技资源丰富、科研院所众多的优势，牵头开展技术联合，着力解决制约我国畜牧业发展的饲料资源不清的难题。针对我国动物饲养标准和饲料营养成分表基础数据缺乏系统性、长期性和适用性的问题，协作开展我国常用饲料原料的主营养成分及其生物学效价评定，获得饲料营养价值动态变化及动物营养代谢与转化规律；修订不同饲养模式和饲养条件下规模饲养农业动物的饲料转化效率、有效能值、常规养分、氨基酸及可消化氨基酸等需要量，建立中国饲料营养价值与畜禽营养需求大数据共享平台（Stanton, 2013）。

(四)加强草地可持续发展技术研究

退化草地治理与天然草地的可持续利用技术、草地资源监测与信息化建设关键技术、草原生物灾害发生扩展规律及可持续治理技术、灾情监测预警技术、天敌保护与培育技术、生物农药防治等无公害防治技术、损失评估等研究极为薄弱。牧草栽培、加工、检测及高效利用是牧草产业化的关键环节,应该优先进行深入研究。需着重加强牧草种质资源保存、创新与利用及良种繁育技术等方面的科学研究。研究和实现牧区、半牧区、南方草原区、农区等不同区域的草地畜牧业高效可持续发展(Wu et al., 2014)。

(五)突破畜禽健康养殖与畜产品质量控制技术

突破不同养殖规模、生产方式、生态区域和组织形式畜禽生产工艺技术,畜禽舍环境小气候优化控制技术,畜禽舍环境微生物生态控制技术,畜禽应激缓解与免疫抗病力增强技术,畜禽产品安全检测方法,废弃物资源化利用技术,生产安全高效的畜产品。研制通风、温湿度和有害气体控制关键设备和典型畜禽舍设计规范与技术标准,畜禽健康养殖技术标准,畜产品质量全程跟踪和可追溯技术平台,促进养殖业安全、优质、高效生产(Broom et al., 2013)。

(六)开发利用畜禽养殖废物生物质能源

充分利用养殖业厩粪和高浓度有机废水等高含水量及液态农业废弃物生产生物质能源产品,在减少污染的同时产出可再生能源;建立高浓度有机废水快速产沼气工程技术体系;创制新型高效厩粪沼气厌氧反应器。大力开发遵循无害化、减量化、资源化、生态化的畜禽养殖业废弃物综合治理技术,实施畜禽养殖废弃物达标排放和资源化利用(Jayathilakan et al., 2012)。

三、关键技术(技术群)

(一)高效良种选育与胚胎工程技术

加强生物育种技术与常规育种技术结合,实现动物生物育种技术的突破,培育优质、高产畜禽新品种;建立优良种畜高效繁育技术,重点研究高效率、低成本的种畜体细胞克隆技术、种公畜精液高效生产技术、高效体外胚胎生产及保存技术、牛羊高频次重复超排技术。

（二）饲料加工工艺和新型饲料添加剂技术

加强饲料加工工艺的研发，以提高各种饲料原料的生物利用率；大力开发替代玉米等优质能量饲料原料的配合技术；大力提高我国现有蛋白饲料资源的利用效率，尤其是通过制油工艺技术改造提高棉、菜籽粕饲用效价。加强饲料检测与质量控制技术；加快大型、成套设备的研发；加快新型微粉碎设备、高效调质制粒设备、后熟化及喷涂设备和膨化设备的研制与技术升级；大力开发新型饲料原料加工与烘干设备；改进饲料加工工艺技术，提高饲料产品质量和养分利用率，减少养殖业的排泄物污染。

（三）畜禽生态养殖及废弃物利用技术

重点研究畜禽生产中高产、节能、节料、增效、低污染和保障畜禽健康、畜产品营养与安全质量的养殖工艺、关键技术、关键设备和全过程质量控制技术与方法，利用生物发酵合理处理与利用畜禽场废弃物、实行畜禽标准化生产等措施，探寻立体养殖、综合利用、生态良性循环的技术路线，保障畜禽产品安全。

四、发展路径

通过研究高效的良种选育技术和繁殖与胚胎工程技术，选育出优质高效、抗逆性强的畜禽新品种，实现动物遗传育种工程科技整体水平的全面提升。同时，为了充分发挥畜禽新品种（系）的生产潜力，提高畜牧业的整体生产水平，通过加强饲料资源的开发技术和加工工艺，加快建立饲料原料的评价体系，并针对不同品种（系）的畜禽制定营养需要标准，建立中国饲料营养价值与畜禽营养需要量的大数据平台，实现建设可持续发展的饲料营养工程体系。畜产品的质量安全与环境的质量控制是新时期对畜牧业工程提出的新挑战，通过畜禽养殖技术的优化与控制，以及无害化废弃物综合治理技术的开发，能有效控制畜产品的质量安全，充分利用畜禽养殖废弃物，最终实现建设可持续发展的畜禽生态养殖。具体技术路线见图 5-4。

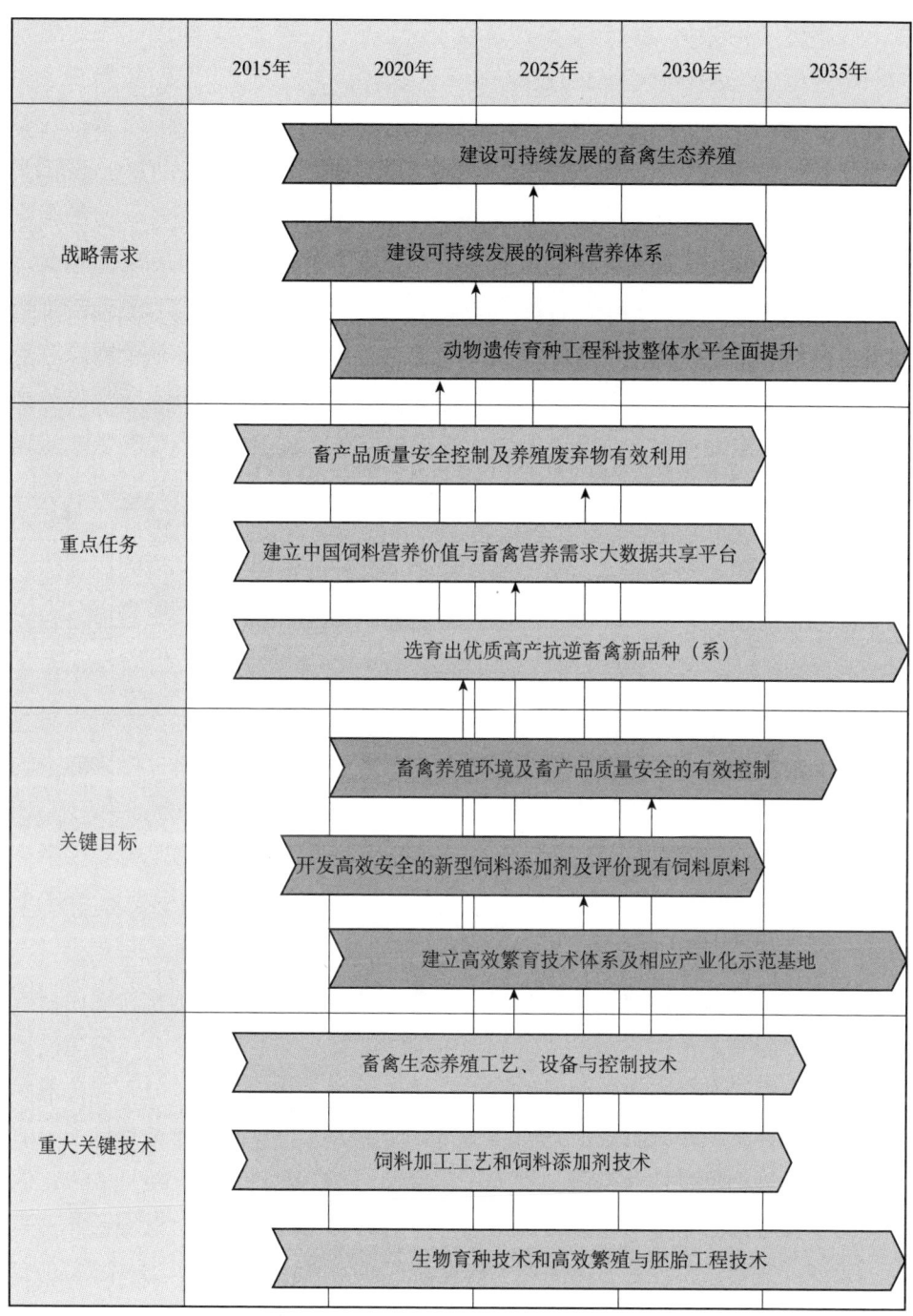

图 5-4 畜牧子领域工程技术路线图

第五节 渔 业

一、目标

到 2035 年，建成现代化渔业强国。实现渔业"高效、优质、生态、健康、安全"绿色、可持续发展，确保水产品持续稳定供给，渔民持续增收，促进渔区社会和谐发展，积极应对全球气候变化，保障国家食物安全（唐启升等，2014）。在未来的 20 年，从数量、质量和科技贡献等方面，努力实现如下目标。

到 2035 年，数量上，水产养殖产量达到 6100 万 t。质量上，水产原良种覆盖率均达到 85% 以上，水产遗传改良率达到 55% 以上，水生动物产地检疫率达到 97%，重大疫病发生率控制在 7% 以内，工厂化、网箱养殖产量占总产量的比例提高到 25%，大宗养殖鱼类产品加工率达到 65%，水产品质量安全产地抽检合格率达 99% 以上，减排大气二氧化碳，每年从水域移出的碳达 425 万 t。科技贡献上，进入水产养殖世界科技强国行列，实现科技贡献率达 75%，科技成果转化率达 65% 以上。

二、重点任务

围绕"高效、优质、生态、健康、安全"建设现代渔业，着力构建现代水产种业、现代水产养殖生产模式、现代水产养殖装备与设施、现代水产疫病防控和质量安全监控、现代水产饲料与加工流通、现代水产养殖科技与支撑、现代水产养殖产业等七大创新发展体系，为实现渔业强国的战略目标奠定坚实基础（中国养殖业可持续发展战略研究项目组，2013；唐启升等，2014；唐启升，2017）。

（一）加快研发优良品种的培育与繁育技术体系

围绕主要养殖种类，集成、创制高效安全的杂种优势利用技术，完善群体改良、家系选育等技术；聚合优质、高产、抗逆等性状基因，创造目标性状突出、综合性状优良的育种新材料,培育优质高产新品种以及名贵特优新品种;研究苗种签证和检疫等技术,制定新品种繁育与推广的技术规范,培育并提供优良品种及抗病抗逆品种(系),健全良种培育和苗种繁育产业体系;加大名优新品种的引进、试验、示范和推广力度,建立以国家级和省部级水产引育种中心、扩繁中心等为龙头,国家级和省部级水产原良种场为骨干,原、良、苗配套的良种繁育技术体系,建设有中国特色的水产养殖生物优良品种培育和健康苗种繁育产业(桂建芳,2015;桂建芳等,2016;陈松林等,2016)。

(二)构建高效、集约、健康的水产养殖技术体系

按照绿色、可持续发展目标的要求,构建和发展现代水产养殖生产新模式;加强生态工程型模式发展;发展池塘循环水养殖模式,提高产品质量和环境的修复能力;提倡不同营养层次多种类混养。推广高效工厂化养殖模式,构建高效的工厂化封闭式循环水养殖系统,优化养殖水体净化工艺,建立养殖水体循环利用的健康养殖技术体系;开发大型围网养殖品种与养殖技术,探索深远海巨型现代化养殖网箱、养殖工船和养殖平台等新养殖方式。基于环境容量,严格控制淡水投饵网箱养殖的规模和近岸养殖区域布局,发展环境友好型和生态功能型的绿色网箱养殖生产模式(方建光等,2016;叶乃好等,2016;徐皓,2016)。

(三)加快水产养殖智能装备与设施研发

大力推进传统养殖方式(如内陆池塘养殖、浅海筏式养殖等)的标准化、规模化发展,提升水产养殖现代机械化、自动化、信息化技术水平和防灾减灾能力;发展适用于综合养殖、生态养殖和健康养殖的养殖装备与设施;大力推进工厂化养殖发展规模,突破工厂化封闭式循环水养殖系统技术;研究发展大围网现代化养殖、深远海现代化养殖网箱、养殖工船和养殖平台等新养殖方式、新材料和工程化技术。加快节能环保新材料、新装备的研发。研制应用节能降耗的环保型新材料、新装备(徐皓,2016);加快主要水产养殖病害现场快速检测技术,加快疫病防控体系建设;重点开展主要水产养殖动物重要病害基础调查与研究,构建数据库和资源数据库,加快完善水产养殖动物防疫体系(黄健等,2016),建立健全水产养殖动物疫病防控预警体系和渔用药物安全使用技

体系以及质量监督体系；加强水产养殖产品的过程管理，全面推广和实施水产品质量追溯制度与体系（薛长湖等，2016）。

（四）加快技术升级，建立现代饲料工业体系

围绕提高质量、降低成本、减少病害、提高饲料效率和降低环境污染等目标，深入研究水生动物的营养生理、代谢机制，特别是微量营养素的功能，为评定营养需要量和配制低成本、低污染、高效实用的饲料以及抗病添加剂和免疫增强剂提供理论依据。抓好加工流通业，提高市场信息化水平。大力发展水产品加工业，开发出适合工薪阶层和新生代消费的不同系列产品，推动消费转型，确保水产品拥有合理、稳定的消费群体以及消费量稳定增加。高度重视水产品市场开拓与流通工作，创新营销理念，加快发展现代物流业，扩大产品销售。加快水产品销地批发交易市场和产地专业市场建设，完善市场检验检测和信息网络、电子结算网络等系统。加快建设水产品网上展示购销平台，完善水产品从产地到销区的营销网络（解绶启等，2016）。

（五）稳步发展主体水产品养殖生产体系

继续以主体养殖种类为重点发展生产，稳定并适当扩大其他常规品种的发展规模，增加市场供应；采取措施提高养殖装备和技术水平，增加渔（农）民收入；加快发展名特优水产品养殖生产体系；继续拓展出口创汇水产品养殖生产体系。发展出口创汇水产品养殖品种的集约化生产，加强标准化养殖和加工生产，加强销售服务体系建设，扩大国际国内市场；着力发展休闲、观赏水产品养殖生产体系，加强景观生态学、水族工程学、观赏水族繁殖生态研究，加快发展都市渔业，建立各种类型的观赏水族标准化养殖技术。重点发展生态环境优美、交通便利、服务设施配套齐全、安全与卫生等管理规范的休闲渔业基地、度假渔村和渔家乐等。

三、关键技术（技术群）

（一）分子育种与基因工程技术

建立高效的水产生物基因组信息获取技术，实现重要经济性状的精细定位；

建立完善的全基因组选育、全基因组聚合育种、基因网络模块育种和分子育种等前沿育种技术，构建高产优质抗逆品种的分子育种技术平台；建立水产生物遗传和生态安全评估与控制技术，构建高效安全的转基因技术体系；建立适用于水产动物的基因定向转移和基因组精细编辑技术体系；确立适用于水产动物基因组编辑技术育种途径；开展重要水产养殖生物全基因组解析和功能基因组研究。

（二）细胞工程育种技术

集成创制高效安全的杂种优势利用技术、群体改良家系选育等技术，前沿布局细胞工程育种、转基因育种等技术，以及苗种签证和检疫等技术等。建立完善的干细胞体外培养技术、生殖干细胞移植技术、染色体操作技术，构建高效的雌核发育、雄核发育和性别控制等细胞工程育种技术平台，建立分子技术结合细胞工程技术的颠覆性育种技术；开展性别控制育种与倍性育种技术研究。

（三）良种繁育技术

以水产养殖鱼、虾、蟹、贝和藻类等为对象，在解析重要水产养殖生物全基因组解析和功能基因组研究的基础上，重点突破基因挖掘、经济性状遗传解析、全基因组选择、分子设计和基因组编辑等核心技术，培育满足不同养殖环境要求的高产、抗病、抗逆、优质的海水和淡水鱼、虾、贝、藻等突破性重大新品种。建立水产生物亲本生殖调控技术、幼体和苗种生长发育的调控和培育技术，建立标准化的性状评价、繁育技术工艺，集成构建工程化的繁育设施设备，实现精准调控人工繁育生态环境、集约化高效生产优质种苗；开展水产种质资源保存、利用与良种产业化技术开发。

四、发展路径

围绕水产养殖业"高效、优质、生态、健康、安全"的可持续发展国家战略目标需求，重点突破水产分子育种与基因工程技术、细胞工程育种技术、苗种生长发育的调控和培育技术等一大批水产关键技术和前沿技术，研发一批精准、高效、绿色的水产养殖智能装备及产品，并进行大规模产业化示范，构建现代水产种业体系，培育一批现代渔业生产领军企业，建设一批科研、教育、企业协同创新的水产科技平台和现代渔业产业化示范基地，建成国家现代渔业生产体系、产业体系和经营体系，至2035年建成现代化水产养殖强国。具体技术路线见图5-5。

第六节 动物疫病防控

一、目标

动物疫病的防控总体技术接近发达国家水平，在疫苗与诊断试剂领域的研究达到国际领先水平。建成高效的疫病预警体系，研制出一批安全高效的疫病防治技术产品，进一步完善动物重大疫病综合防控体系，推进重点病种从免疫临床无病向不免疫无病过渡，逐步清除动物机体和环境中存在的病原，有计划地控制、净化、消灭对畜牧业和公共卫生安全危害大的重点病种，力争根除严重危害畜牧业发展的重大动物疫病2~3种（中国工程院，2013）。

二、重点任务

在全面掌握疫病流行态势、分布规律的基础上，强化综合防治技术的集成与示范，有效控制重大动物疫病和主要人畜共患病（农业部，2012），口蹄疫、猪瘟、高致病性禽流感、新城疫、伪狂犬病等重大疫病和结核病、布鲁氏菌病、狂犬病等人畜共患病将达到基本消灭状态，动物的发病率、死亡率和公共卫生风险显著降低。有效防范重点外来动物疫病，增强外来动物疫病防范和处置能力，严防牛海绵状脑病、非洲猪瘟等外来动物疫病的传入。动物养殖效益显著提升。

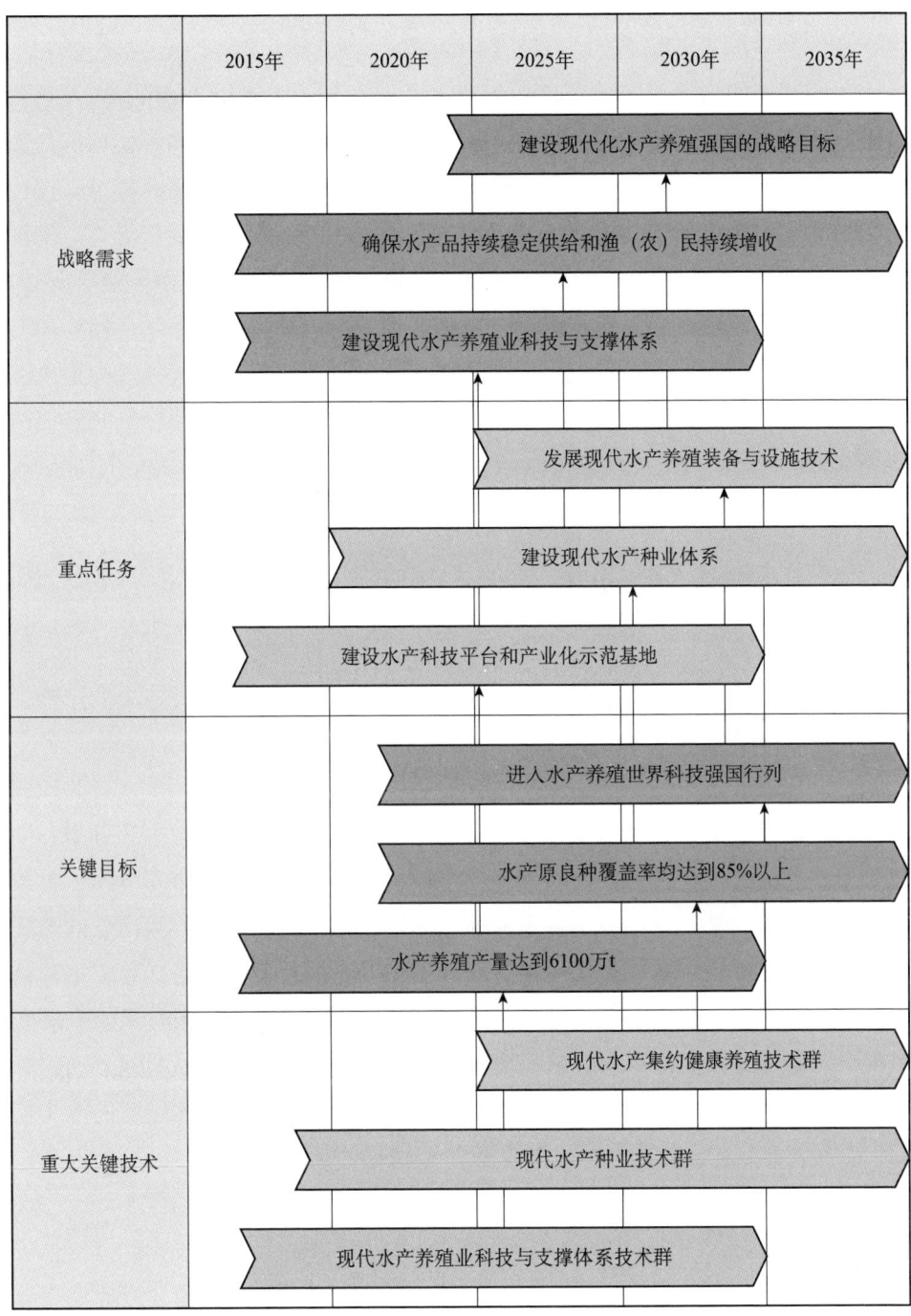

图 5-5 渔业子领域工程技术路线图

（一）控制重大动物疫病

开展严密的病原学监测与跟踪调查，实时掌握重大动物疫病的流行态势、发生与流行规律，为疫情预警、防疫决策及疫苗研制与应用提供科学依据。加强疫病预警体系建设，建立完备的流行病学数据库和流行趋势预测模型，进行疾病发生发展趋势预测，提升动物疫病预警能力和疫病的应急处置能力。积极注重疫病防控技术新产品的研发，研制出一批高效的疫病诊断试剂和疫苗制品，提高疫病的防控效果。强化生物安全技术体系建设，净化养殖环境，提高动物饲养、屠宰等场所防疫能力。强化疫病防控基础设施建设，建成一流的重大动物疫病防治技术平台，推进现代农业产业技术体系建设，集成动物疫病防控的新技术和新产品，建立疫病的综合防治技术体系，有效控制疫病的发生和流行，有效降低动物的发病和死亡率，显著增加动物养殖效益。

（二）控制主要人畜共患病

在奶牛结核病和布鲁氏菌病等主要人畜共患病的流行病学研究基础上，科学制定疫病的免疫、监测措施。建立与国际接轨的动物源性人畜共患病原微生物检测、监测技术与标准体系，针对动物养殖、食品生产、加工、运输等各个环节建立相应的人畜共患病原微生物快速检测技术。完善动物源性人畜共患病原微生物追溯技术及其网络体系，建立动物源性人畜共患病原微生物分型、溯源等技术开发与预警体系。同时加强与不同国家、国际组织的协同合作，参与并制定全球性的动物源性人畜共患病原微生物监测策略，实现监测网络的国际化，实现动物源性人畜共患病原微生物和疾病的全球性监控。建立与完善动物源性人畜共患病原微生物风险评估与预警网络体系，以增强我国食品安全研究和科学监管能力，提高我国食品安全水平，保护公众健康。建立与完善动物源性人畜共患病原微生物风险控制技术体系，实现动物源性人畜共患病的源头控制，提高人畜共患病防控水平，降低疫情发生风险。

（三）防范外来动物疫病传入

加强国际交流与合作，积极开展与其他国家兽医组织、机构及世界动物卫生组织（OIE）等国际组织的多方合作，深入开展国际动物健康信息收集、分析工作，实时掌握外来动物疫病的流行趋势和流行范围，建成全球范围内的预测预警体系。强化跨部门协作机制，健全外来动物疫病监视制度、进境动物和动物产品风险分析制度，强化入境检疫和边境监管措施，提高外来动物疫病风险防范能力（夏咸柱等，2014）。健全外来动物疫病防治技术和产品的储备，建立外来动物疫病的快速检测方法，研制出一批用于外来动物疫病紧急预防的疫苗和药物，进一步提高外来动物疫病的应急处置能力。

（四）重点动物疫病的净化与根除

注重生物安全、诊断、监测预警、免疫等技术的集成应用，提高疫病的综合防治效果。研制出可区分免疫动物与感染动物的疫苗及诊断技术，进一步加强病原和抗体水平的监测，逐步清除动物机体和环境中存在的病原，稳步推进重点病种从免疫临床无病向不免疫无病过渡。筛选优化出一套适合我国国情的动物疫病净化和根除技术，制订出详细的疫病净化技术标准和疫病根除计划，显著降低疫病发生的风险，力争根除重点动物疫病2～3种。

三、关键技术（技术群）

（一）动物病原学研究关键技术

对动物疫病尤其是重大动物疫病的病原生态学和流行病学、动物重大传染病的病原分子进化和遗传演变规律研究进行及时和长期的研究，建立病原生态学和流行病学数据库，跟踪病原体的遗传变异规律；解析病原体与动物宿主之间相互作用的分子细节，阐明病原体与动物宿主之间相互作用的分子机制；研究病原共感染的生物学机制，揭示动物个体和群体的抗病性和免疫反应性。

（二）动物疫病防控关键技术

重点发展基因缺失标志疫苗、活载体疫苗、核酸疫苗、转基因植物可饲疫苗、免疫佐剂技术及疫苗投递系统等；重点发展适应生产实际的快速、高通量检测方法，实现各类动物疫病检测试剂的产业化，建立、健全生产和销售供应体系；加强与疫苗配套的鉴别诊断试剂盒的研发，区分疫苗免疫动物和野毒感染动物；开展大规模高通量自动化诊断技术的研究，用于疫病的监测、消灭和根除计划；强化动物生物制品产业化关键技术研究。

（三）动物疫病监测与预警关键技术

重点开展重大动物疫病疫情基础数据库和疫情评估标准建设，外来疫病及突发疫情快速报告系统建设，疫情传播危险因素相关信息采集技术研究，我国动物疫病传播环境危险因素信息搜集及相关数据库建设，重大动物疫病风险快速评估系统建设，重大动物疫情预测和预警模型研究，重大动物疫情信息分析和处理平台建设，我国动物疫情快速反应计算机辅助决策系统建设。

四、发展路径

至 2025 年，随着动物疫病防控基础设施和重大平台的建设与完善，一批重大动物疫病的流行规律、发病与免疫机理将得到充分阐明，疫病防控理论及应用科技水平明显提高，一批高效的疫病防控技术产品将得到推广应用，我国重大动物疫病将得到有效控制；至 2035 年，随着动物疫病预警体系平台的建立，结合生物安全、诊断、疫苗等防控技术的集成使用，我国动物疫病综合防控技术体系将趋于完善，动物疫病综合防控能力大幅提升，重大动物疫病和人畜共患病防控将处于基本消灭状态，外来疫病传入风险进一步减弱。具体技术路线见图 5-6。

第七节 农业工程

一、目标

2035 年，农业生产实现机械化向智能化转变，大田农作物生产实现农业机械化和自动化，农业装备制造业达到国际先进水平。农业生产普遍采用节水农业关键技术和新型节水设备，灌溉水利用率、作物水分生产率、水资源的再生利用率和单方水的农业生产效益居世界前列。建立良田建设工程、土

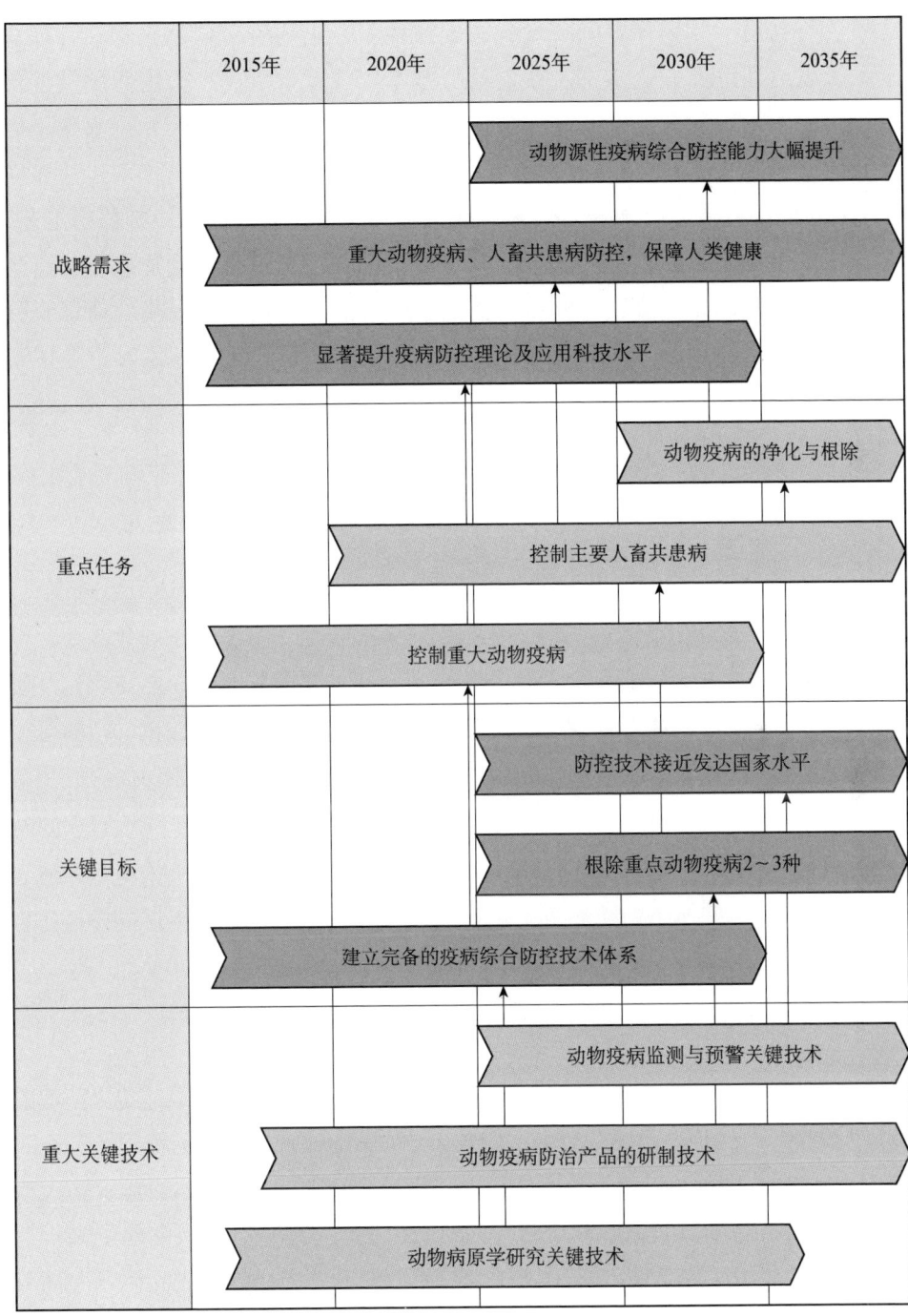

图 5-6 动物疫病防控子领域工程技术路线图

地整治与利用、监测预警的现代技术支撑体系，土地资源信息采集、管理与服务能力达到世界先进水平。作物秸秆基本实现有效利用，生物能源及替代燃料的使用得到发展。农产品深加工智能化装备水平达到国际先进水平。突破农业物联网、大数据、移动互联、智能装备等一批重大关键技术，并在农业生产、经营、管理、服务等领域大规模应用，农业生物技术、种养殖工艺、信息技术与农业装备技术深度融合，农村信息基础设施和农业智能装备达到国际先进水平，综合信息服务体系基本形成，信息化贯穿于现代农业、农村公共服务和社会管理的各个层面，智慧农业生产体系、经营体系和产业体系基本形成。

二、重点任务

（一）加快推进智能化农业装备研究与应用

发展适应我国农业结构调整、农业生产方式转变、安全提质增效需要，保障农业可持续发展的智能化农业装备和技术。基于我国农业新业态与农村经济发展新特点，适应农业规模化、设施化、装备化、绿色化、生态化、精准化生产需要，开展农业装备基础理论与适用技术研究，开发高效节能环保农业装备与设施；发展农业装备数字化、信息化、网络化、智能化技术，实现农业装备作业全程自主化管理；依据农业生产新模式，优化农业装备产品结构，发展适应于智慧农业生产需求的新装备、新设施，实现主要作物生产全程机械化、信息化。

（二）积极推进农业水土资源高效利用

适应我国现代农业可持续发展要求，突破多尺度农业水循环对变化环境的响应与调控、土壤养分循环与调控机理、气候变化对农业的影响机理及其应对等应用基础与关键技术；农田基础地力提升，重点建设灌溉排水设施、防灾减灾条件、科技基础及其他配套设施等；建立包括区域粮食作物周年集约高产高效耕地栽培技术，粮食主产区土壤质量与肥力提升技术，新型肥料研制与高效施肥技术，区域大面积增产集成技术，现代节水农业关键技术和新型节水设备的粮食高产与水、肥、耕地资源高效利用协调发展的技术体系。

（三）加快发展农业信息化与智能化

适应智慧农业生产需求，发展支撑精准农业信息获取、诊断决策和变量实施体系的基础理论；发展农业物联网重大技术产品，构建农业物联网应用公共支撑平台，建立面向农业资源与生态环境监测、农牧业精细生产管理、农产品与食品质量安全控制等方面的智慧农业技术体系；开展农业大数据技术研究，建立农业大数据，实现分散、异构、多态、非结构化农业数据的整理和有效管理，构建农业智能决策模型；发展主要农林动植物育种数字化管理技术，构建农林动植物生产智能化监控与管理系统。构建农业信息精准获取、可靠传输、智能处理、系统集成的智慧农业技术体系、产业支撑体系和研发体系，促进现代农业发展。

（四）加快突破设施农业转型升级工程技术

突破设施生物-健康环境-设施装备互作规律的基础理论难题，重点推进设施畜禽、设施园艺、设施水产等健康生产与环境友好型新模式、新型加工工艺与智能化成套装备，大力研发设施农业机器人，开发设施农业高效精准环境调控，空气、水体、营养质量调控，污染物减排，环境净化，工程防疫，生理参数与环境信息智能采集，产品质量安全与追溯，病死畜禽水产无害化处理，粪污减量化等关键技术、工程装备及其智能化、智慧化产品，建立畜禽养殖废弃物高效养分综合管理技术体系，建立基于设施农业大数据的云存储平台，为设施农业生产提供工程技术装备与信息化保障。

（五）着力发展农业生物质资源化利用技术

全面突破作物秸秆综合利用关键科学技术与装备、畜禽粪便资源化利用关键科学技术与装备、能源作物生产和加工关键科学技术与装备等，发展和建立一批农业生物质产业化示范工程；发展有助于"退耕还林"并减少植被破坏、有益于保护粗饲料和有机肥资源的农村生物能源，发展和建立一批农村生物能源产业化示范工程。

三、关键技术（技术群）

（一）智能农机装备技术

开展农机作业对土壤质构及作物生长影响机理研究，研发高效精准田间管理装备技术，研究耕地质量提升智能装备技术；突破高效节能环保农机动力装备技术，开发新型节能环保农用发动机；构建农用航空作业装备技术体系，实现农用无人机精准作业；进一步突破精准农业与自动导航技术，建立基于北斗卫星导航系统的精准农业与自动导航软硬件产品体系；研发主要作物高效智能收获机器人装备技术，建立针对设施农业的整套智能装备技术体系；建立完善的农机装备设计基础理论及技术体系，提高整机设计制造可靠性和作业效率，研发具有自主知识产权的农机装备智能制造技术，打破国外对核心农机部件和高端农机产品的垄断。

（二）农业传感技术

研究农业水、土、肥、气等关键因子的先进传感机理与方法，突破对重要农业环境因子的在线实时监测技术；揭示土壤-作物养分运转过程、作物生长发育过程的信息探测与定量解析机理；揭示土壤环境、农作物生理信息与种、肥、水、药精细调控机理与模式。研究畜禽动物生理生态监测、数字化表征和分类辨析、生长调控等基本原理与方法，揭示畜禽动物不同生长阶段和生理状态下生长与健康、营养、环境的影响规律；研究动植物表型信息快速获取建模技术；建立精准农业信息获取、诊断决策和变量实施体系的基础理论体系，构建动植物生长数字化模型；开发、设计、制造自主知识产权的系列农业智能传感器产品。

（三）基于区域特色的机械化和智能化农业生产体系与成套装备

研究规模化农场农业生产关键装备技术，建立面向规模化农场农业生产的智能装备制造方法与技术体系；研究丘陵山地农业机械化作业关键装备技术，突破机械行走机构、动力传递与高效驱动、姿态自动调整、机具悬挂装置坡地自适应、多点动力输出等多项核心技术；建立南方水田多熟制作物作业装备数字化模型，突破水田机械行走驱动机构、作业机械匹配、智能控制等关键技术；建立设施园艺专用智能化机械装备技术体系，突破模块化多功能动力输出、快捷悬挂等关键技术；建立智能化稻麦联合收获、玉米联合收获、特色杂粮收获等智能化装备技术体系；建立资源节约环境友好的智能化农业生产体系。

（四）农业生物质资源化利用技术

研究农业生物质快速分解、液化技术，实现高能效低能耗转化；研究秸秆等有机废弃物快速分解液化技术，突破秸秆固化模具磨损快、气化焦油含量高等问题；研究高纤维素含量、高光合、抗逆性强的能源植物育种与栽培技术；建立秸秆发酵生产饲料技术体系；研究有机废弃物快速工厂化堆肥及无害化技术；突破生物质能源固化成型、燃烧、沼气、燃料乙醇、生物质材料等方面的关键技术；构建完整的秸秆和畜禽粪便等主要农业生物质基础特性和数据共享平台；研发生物质产业装备技术，实现农业生物质工程产业化。

四、发展路径

立足国家现代农业发展战略需求，以种植、养殖、加工、流通领域需求最迫切、对外依存度最高的重大农机装备设施为核心，紧密围绕"智能、高端、高效"以及"四节一降"（节水、节肥、节药、节能和降耗）的应用切入点，确定优先主题，进行分类施策。至2025年，揭示土壤-机器-作物系统以及环境-装备设施-动物系统个体或群体关键因子互作影响规律以及系统节本增效、降耗环保优化匹配机制，信息传感与识别技术和农业生产精准调控方法，显著提升智能农机装备原始创新能力。至2035年，形成智能农机装备服务于现代农业生产的技术体系平台和智能制造生产线、农业信息化与生物质资源化利用（资源安全）技术体系，构建满足智慧农业生产需求的精准作业平台和智能化作业管理系统，实现满足现代农业发展需求的机械化、智能化和信息化的深度融合。具体技术路线如图5-7所示。

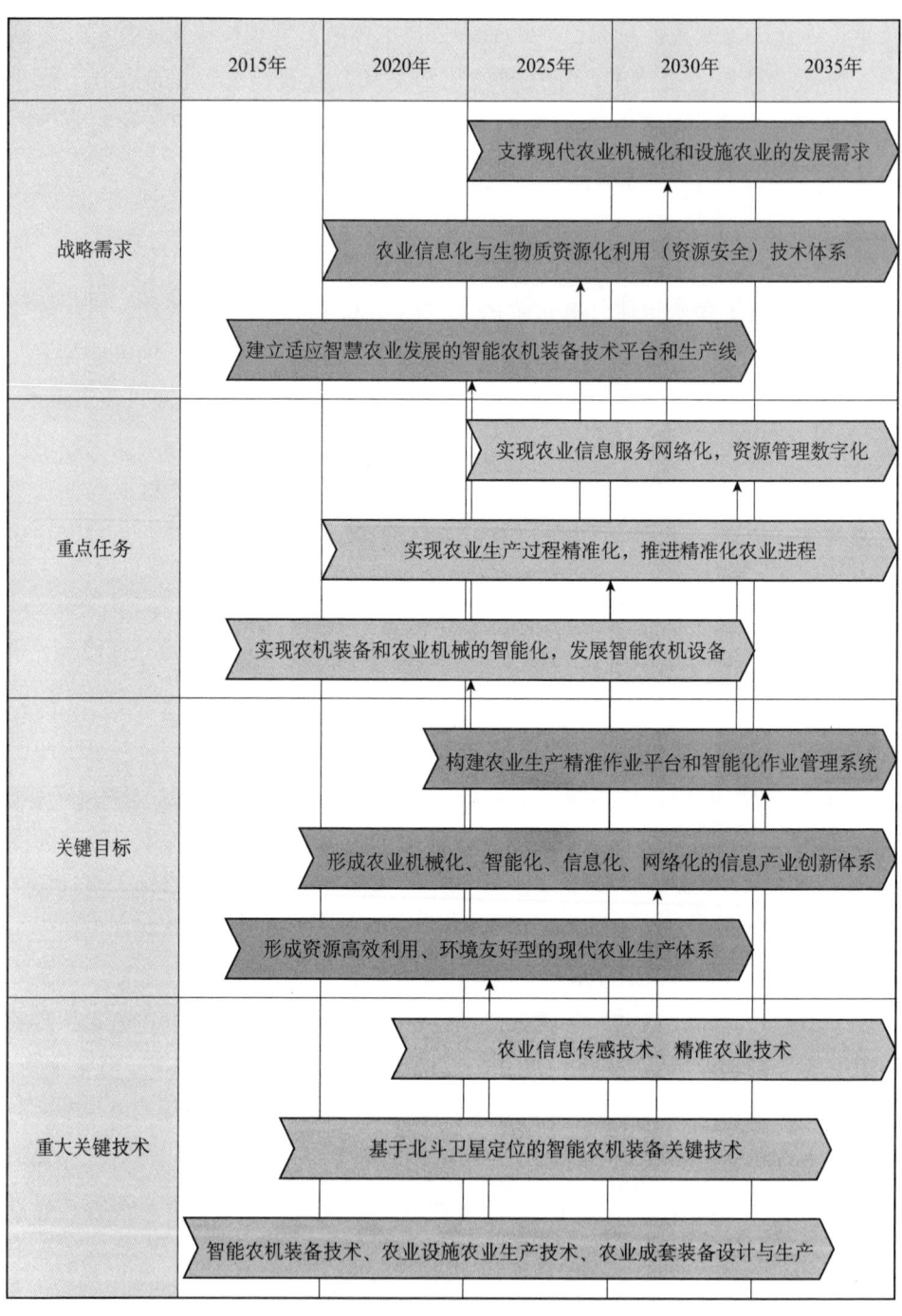

图 5-7　农业工程子领域技术路线图

第八节　农业资源与环境

一、目标

至 2035 年，我国农业应依据"整体、协调、循环、再生"的原理，从生态经济系统结构优化入手，建立将农业生产、经济发展、环境保护和资源高效利用融为一体的综合农业生产体系。建立与合理利用光、温、水、热资源相匹配的种植制度，提高养分资源和水资源的利用效率，优化农业产业发展布局，保持粮食播种面积的动态平衡，保障粮食自给；构建农业可持续发展制度体系，加强养殖废弃物、秸秆废弃物和农产品加工废弃物等的再利用，大力发展循环农业、生态农业，最大限度地利用生产物质和能量，建立规模化、机械化、技术化的标准种植模式；同时加大力度防治农产品产地土壤污染，推进农业面源污染综合防控常态化，形成供给保障有力、资源利用高效、产地环境良好、生态系统稳定的资源节约型、环境友好型、生态保育型农业可持续发展新格局。

二、重点任务

（一）以水土保育为核心提升农业资源环境承载力

稳定耕地面积，实行最严格的耕地保护制度，调整农业生产布局，严控新增建设占用耕地，节约利用土地，确保耕地保有量在 1.2 亿 hm^2 以上，确保基本农田不低于 1.04 亿 hm^2（农业部，2015）。采取保护性耕作、秸秆还田、增施有机肥、种植绿肥等土壤改良方式，增加土壤有机质，提升土壤肥力。恢复和培育土壤微生物群落，构建养分健康循环通道，促进农业废弃物和环境有机物分解。开展土地整治、中低产田改造、农田水利设施建设，加大高标准农田建设力度，建立农产品产地土壤分级管理利用制度。实施水资源红线管理，到 2020 年和 2030 年全国农业灌溉用水量分别保持在 3720 亿 m^3 和 3730 亿 m^3。确立用水效率控制红线,到 2020 年和 2030 年农田灌溉水有效利用系数分别达到 0.55 和 0.6 以上(农业部,2015)。按照"谷物基本自给、口粮绝对安全"的要求,合理布局土地用途,发展土地轮作和土地休耕技术与模式,逐步建立起农业生产力与资源环境承载力相匹配的农业生产新格局。

(二)以种养结合为重点发展现代生态循环农业

优化调整种养业结构,促进农牧结合,实现种养循环。支持粮食主产区发展畜牧业,建立种植-养殖-沼气(有机肥)高效结合的循环农业体系,全面推动资源利用节约化、生产过程清洁化、产业链接循环化、废弃物处理资源化,增强农业可持续发展能力。加强绿色农业和有机农业新技术研发和新模式开发,扩大绿色农业和有机农业生产规模,建设绿色农业和有机农业标准化生产体系。建立规模化、机械化、技术化的标准种植模式,推广实施一批资源保护及高效利用的新技术、新产品、新项目,以水肥药综合管理为核心,建立标准化种植模式,促进农田水肥药合理投入,提高水肥利用率,保证农业的高产高效。

(三)以农业生态安全为目标防控农业面源污染

全面加强农业面源污染防控,修复农业生态功能,开展外部污染源阻控技术研究,研发新型肥料、新型农药、可降解农膜、测土配方施肥技术、农田重金属污染防控技术、污水灌溉风险防控技术以及大气沉降污染物风险防控技术等。开展内部污染物消减技术研究,研发作物秸秆还田及循环利用技术、畜禽粪便资源化利用技术以及利用生物多样性综合防治病虫害生物技术等。研发规模化畜禽养殖场(小区),开展标准化改造技术,提高畜禽粪污收集和处理机械化水平,实施雨污分流、粪污资源化利用,控制畜禽养殖污染排放。加强区域生态敏感性分析与监测,维护区域生态安全。保护和修复农业自然景观,推进休闲农业持续健康发展。

三、关键技术(技术群)

(一)水肥高效利用技术

研发作物生命需水过程控制技术、节水绿色环保制剂技术、保水保肥生态型农艺技术、规模化精准灌溉及自动控制技术。在此基础上，形成主要粮食作物节水增产标准化技术、主要蔬菜作物节水增效标准化技术、特色经济作物节水提质标准化技术；研制具有改土培肥、抗病抑菌以及养分活化或固持等综合性功能的生物有机肥或土壤调理剂类产品；发展具有杀虫、杀菌、调节植物生长、诱导免疫、肥效等多种活性植物源药肥，建立基于田块精准配方和大数据平台的新型智能配肥站系统，开发具有信息反馈、质量监控等功能的智能配肥站网络远程控制系统和大数据平台。

（二）有机废弃物资源化利用及农膜回收利用技术

集成农业废弃物微生物发酵技术、重金属钝化与分离技术、抗生素与病原体去除技术、高效生物除臭技术，优化农业废弃物快速生物发酵工艺技术参数，配套智能化控制设备，形成农业废弃物高效生物发酵技术体系；创建秸秆综合利用技术；研发农田尾菜资源化全量利用技术；研发加厚地膜和可降解农膜技术，形成农田残膜捡拾、回收相关技术。

（三）面源污染及重金属防控技术

集成作物时空合理配置高效利用、水肥一体化技术、生物激发阻控技术、氮磷淋溶阻断型栽培工程技术等管理与农艺技术，建立农田氮磷淋失防控综合技术；采用降低农田重金属有效性的钝化技术及新型钝化剂，通过养分水分调控、间套作、深翻和填闲作物栽培等手段，集成与研发可降低土壤重金属有效性的农艺阻隔技术，构建农业重金属污染阻隔和钝化技术。

四、发展路径

至 2035 年，我国农业资源与环境发展路径应遵循"三步走"原则，逐步突破推进"水肥高效利用技术""有机废弃物资源化利用及农膜回收利用技术""面源污染及重金属防控技术"。到 2025 年，初步建立科学施肥管理和技术体系，基本控制盲目施肥和过量施肥现象，水肥一体化技术大面积推广，力争主要农作物化肥使用量实现零增长，稳步提高肥料利用率。以农田面源污染物和重金属溯源、迁移和转化机制、污染负荷等理论创新为驱动力，突破氮磷、重金属、农业有机废弃物等农田污染物全方位防治与修复关键技术瓶颈，到 2030 年，实现氮磷和污染农田重金属有效性降低 60% 以上，实现水土环境健康。全面推进农业废弃物高效生物发酵技术体系、创建秸秆综合利用技术、研发农田尾菜资源化全量利用技术、研发加厚地膜和可降解农膜技术，至 2035 年，有机废弃物基本实现资源化利用，实现生态消纳或达标排放，无害化消纳利用率达到 95% 以上。抓住重点任务，优化发展布局，稳定提升农业产能；推进生态循环农业发展，坚持统筹兼顾，优化产业结构；治理环境污染，修复农业生态。坚守农业资源红线，保障粮食产量，构建生态循环农业体系，全面实现农业可持续发展，至 2035 年形成供给保障有力、资源利用高效、产地环境良好、生态系统稳定的资源节约型、环境友好型、生态保育型农业可持续发展新格局。具体技术路线见图 5-8。

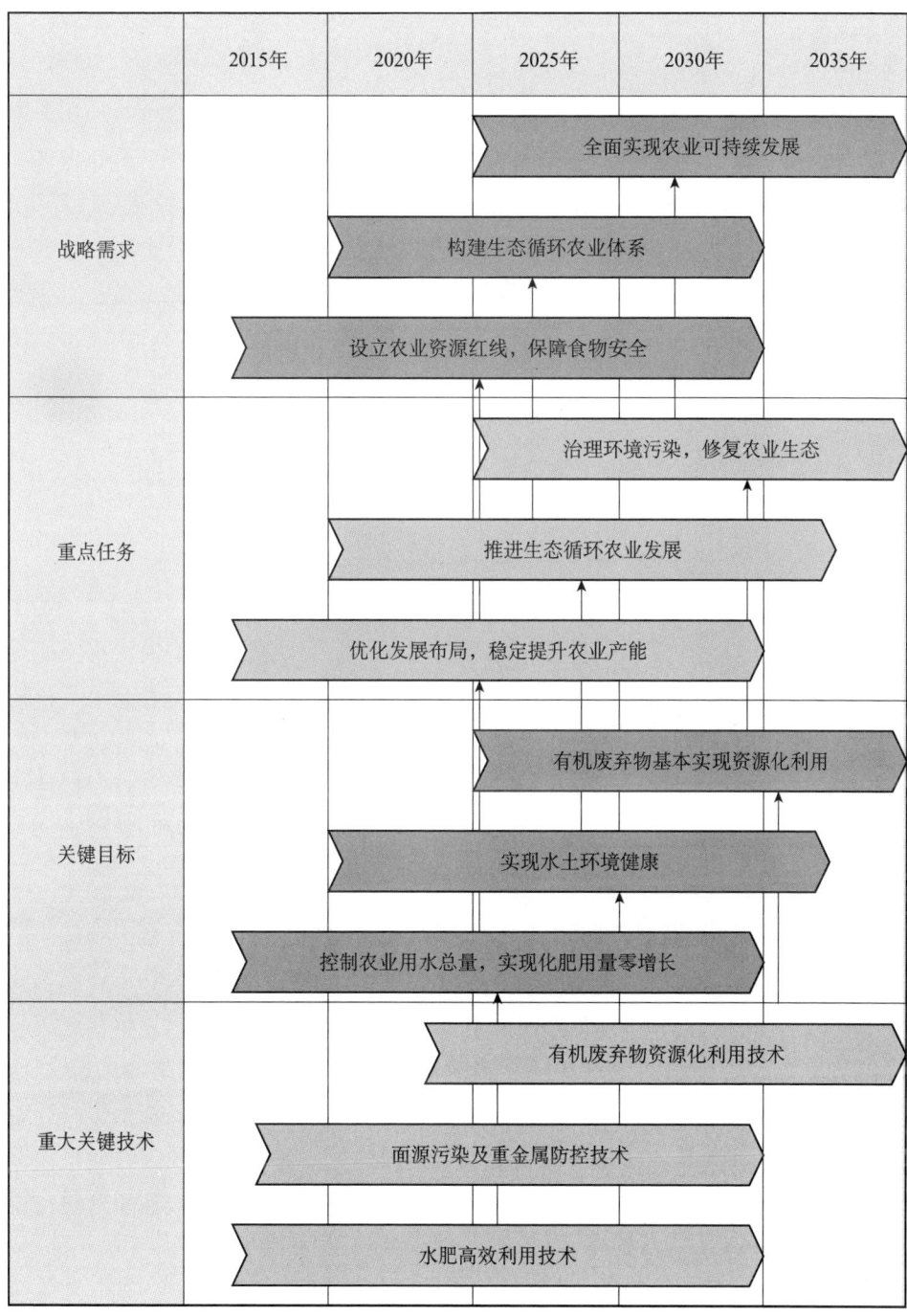

图 5-8 农业资源与环境子领域工程技术路线图

第六章
农业领域重大工程

重大工程是为探索未知世界、发现自然规律、实现技术变革提供重要研究手段的大型复杂科学研究系统，是突破农业科学基础前沿、解决农业重大科技问题的物质基础和重要保障。面对全球新一轮科技革命与产业变革蓄势待发的新形势，面对经济发展新常态下转变农业发展方式的新需求，提高农业科技创新能力是根本出路，加强重大工程建设是关键举措，更是提升农业科技创新支撑能力的必然选择。

未来农业会更加坚持创新、协调、绿色、开放、共享的新发展理念，坚持人与自然和谐共生，绿色发展是未来农业发展的主旋律。我国正处于建设创新型国家的关键时期，我国低成本资源和要素投入形成的驱动力明显减弱，需要依靠更多更好的科技创新为经济发展注入新动力。大力实施创新驱动发展战略，面向世界农业科技前沿，面向国家农业重大需求，把握新一轮科技革命和产业变革趋势，前瞻谋划和系统部署农业重大工程建设，对于增强我国农业科技原始创新能力、保障农业科技长远发展、实现率先跃居世界先进水平的发展目标具有重要意义。

第一节　绿色生物种业

一、需求与必要性

随着我国人口增加、耕地减少和资源紧缺，保障国家粮食安全和主要农产品有效供给已经并将长期成为我国重要的国情。种业特别是生物育种产业是农业的基础，是关系国计民生的战略产业，涉及粮食、蔬菜、花卉、林木等主要农作物以及重要畜禽水产。中华人民共和国成立以来，特别是改革开放以来，我国主要农作物种业取得了较快发展，在提高粮食单产、保障国家粮食安全方面取得了显著成就，在促进种子出口、提升我国农作物种业的国际竞争力方面也取得了一定成绩。但是，几十年来以产量增长为主要（甚至唯一）目标的农作物育种模式面临着水肥资源利用效率低下、病虫危害加重和受气候变化影响较大等的严峻挑战。与此同时，大量使用化肥和农药等使粮食生产成本过高、农产品安全问题凸显和农业生态环境恶化，严重制约了我国农业的可持续发展。

绿色生物种业是指未来农业生物品种的育种方向绿色化、育种技术生物化。通过生物技术加快提升育种效率和速度，实现优良作物品种在保持产量增长的同时，更加聚焦于综合绿色性状的提升，具有抵御非生物逆境（干旱、盐碱、重金属污染、异常气候等）和生物侵害（病虫害）的优良性状，同时具有水分养分高效利用和品质优良的性状，从而大幅度节约水肥资源，减少化肥、农药的施用，实现资源节约型、环境友好型农业的可持续发展。

目前，我国生物育种产业发展仍处于初级阶段，自主创新能力不强、产业安全保障能力较弱、国际竞争力较弱、市场监管手段落后等问题仍然突出。我国是世界粮食生产大国，农作物优良品种是农业增产的核心要素，是种子产业发展的命脉。中华人民共和国成立 60 余年，我国培育主要农作物新品种 1 万余个，实现了 5~6 次大规模的品种更新换代，农作物良种覆盖率从 1949 年的 0.06% 提高到目前的 95% 以上；大力发展现代农作物种业，对驱动我国农业生产方式转型发展、提升种业国际竞争力、保障粮食安全和农产品有效供给具有重大战略意义。我国也是畜牧水产大国，但是目前规模化养殖场的动物品种仍然依靠进口为主，养殖业还处于比较粗放的发展阶段，养殖产品产量提高主要依赖养殖数量增加，最为突出的原因就是我国动物品种生产性能低于发展国家。我国也是"世界园林之母"，由于缺乏对种质资源的系统研究和创新，许多起源于中国的重要园艺作物依赖国外品种。我国在果树、蔬菜、花卉的植物资源收集、评价和利用方面已有一定积累，但由于较缺乏对重要经济性状的高通量评价，导致丰富的园艺资源后续利用效率较低及国际型品种缺乏。以基因组研究为代表的林木分子生物学研究发展突飞猛进（施季森等，2012），国际农作物育种已进入分子育种时代。林木未知基因克隆技术研究进程加快，世界各国已对林木许多重要性状展开了遗传定位研究，为在林木中克隆控制重要性状的未知基因创造了条件（尹佟明，2010）。我国现有宜林地质量好的仅占13%，干旱、半干旱和盐碱地等质量差的占52%（国家林业局，2014），要实现森林面积的大幅度增加，任务十分艰巨，面临更为严峻的挑战，必须培育生长快、抗逆性强的林木新品种。

现代科学技术持续创新，引领现代生物育种发生深刻变革。表型组学技术使种质资源鉴定评价不断深化，高通量测序和基因组学技术为基因发掘与应用带来了革命性的突破，引领农作物育种全面进入分子育种新阶段。国际畜牧水产种业科技的发展趋势是大规模生物种质资源发掘和在动物水产上的利用技术将快速发展；传统育种和基因工程相结合培育新的动物水产品系是重要发展方向；动物水产克隆技术和转基因技术将进一步取得突破；优质经济动物的良种化和健康养殖科技发展将出现新的突破。我国亟须开发拥有自主知识产权的园艺作物分子标记，构建高密度遗传连锁图谱，实现新品种定向培育和早期选育，从而为显著提升我国园艺品种水平和国际竞争力提供技术支撑。因此，强化良种科技创新、加快现代生物种业工程建设是保障我国食物安全与提高农业竞争力的迫切要求。

随着经济全球化进程的不断加快，国际种业竞争日趋激烈，中国种子市场已成为国外跨国公司关注的焦点。世界排名前10位的跨国种业集团，利用种业科技尖端技术，快速抢占我国种业市场，致使我国高端蔬菜、花卉、畜禽种业面临全面失守的境地，近几年又迅速渗透我国种业市场，已经对我国民族种业造成了巨大的冲击。因此，充分发挥我国农业生物资源优势，有效整合资源，加强我国种业科技创新，提高我国生物种业的国际竞争能力，抢占种业制高点，打造强势民族种业企业，推动我国生物种业经济发展已经迫在眉睫。

二、工程目标

围绕国际种业科技发展前沿和我国种业科技发展需求，以粮棉油、畜禽水产、蔬菜、林果花草等为对象，以选育水稻、小麦、玉米、马铃薯、油菜、大豆、棉花、牧草等主要农作物突破性新品种，猪、牛、羊、鸡等主要畜禽和鱼、虾、蟹、贝和藻类等主要水产品种以及生产中急需的、有重大增产增收意义的专用园艺植物（包括砧木）新品种、有重要经济和生态价值的重要用材树种为核心，按照绿色化育种方向，从资源保护、种质创新、基因挖掘、育种技术、新品种选育、良种繁育等科技创新链条，从基础研究、前沿技术、共性关键技术、品种创制与示范应用，实施全产业链育种科技攻关，重点突破基因挖掘、品种设计和良种繁育核心技术，创制有重大应用前景的新种质，培育和推广一批具有市场竞争力的突破性重大新品种，建立以企业为主体的技术创新体系，构建规模化、集约化的产业上、中、下游联动的全产业链式的创新模式，提高种业科技创新能力，加快推进绿色生物种业科技创新体系建设，显著提升我国生物育种国际竞争力。

三、工程任务

1. 基础性工作

收集、整理、评价和发掘优良种质资源和优异基因；开展主要农业动植物种质资源重要性状评价、鉴定、保存和创新利用；构建重要优异种质资源基因库；建立重要性状的基因组及蛋白质组等数据库，构建品种分子设计信息系统；加强与国际组织、有关国家和地区合作，开展动植物种质资源引进与利用；建立种质资源共享体系，资源统一集中分类管理，在全国范围实行分区域展示和发放机制；建立生物信息的交流和共享平台，整合主要农业生物遗传材料资源的信息数据（材料性状、基因定位、标记和克隆等），为绿色生物种业研发服务。

2. 基础科学研究

继续加强动植物育种理论研究；阐明种质资源的结构多样性；剖析遗传与环境互作效应在性状形成过程中的作用机制；杂种优势形成的遗传机理及分子调控技术；发掘高产、优质、抗病虫、抗逆、水分养分高效利用等重要农艺性状的新基因，创制优异种质材料，为我国绿色种业育种提供优异的基因资源；阐明动物性别形成机理及调控的分子机理；揭示配子发生与妊娠调控机理；深入开展分子标记辅助选择聚合育种、高效细胞育种、计算机模拟育种、作物分子设计育种理论和方法及其在新的优良品种培育上的应用研究。

3. 关键技术研发

以培育具有重大应用价值和自主知识产权的新品种为重点，培育一批绿色性状突出的功能型和生态型品种并大面积推广；建立主要农业动植物种质资源重要性状精准鉴定与基因型鉴定技术体系；创新现代农作物育种技术体系和动物繁殖技术体系；培育高产、高效、优质、抗病、抗逆的突破性农业生物新品种；加速适宜机械化生产的主要农作物新品种选育，开展杂种优势利用作物不育化、标准化、机械化、高效低成本制种技术研究；重视种子精加工技术、分子检测技术、无损生活力测定技术、贮藏和包衣新技术研究，开发种子生产田间控制与采收技术，种子加工、检测与安全储藏、物流与质量控制技术，提高种子质量。

4. 重大新品种选育与试验示范

依据不同作物生态区域特点及育种目标，建立新品种标准化和规模化测试体系；强化多性状的协调改良，科学制定不同农作物不同生态区的育种目标，选育主要农作物强优势杂交品种和常规新品种；加强生物育种与常规育种技术的结合，培育重要畜禽水产新品种，并进行试验示范。

5. 种业科技平台基地建设

统筹构建高水平规模化的公益性作物育种基础研究平台，包括基因资源信息库、规模化表型与基因型鉴定平台、规模化育种材料创制平台等，快速提升重要种质资源基因挖掘、分子育种等新兴技术的开发应用能力。面向主产区完善品种测试网络，完善综合性试验基地。

6. 种业龙头企业培育

支持有实力的种子企业通过整合区域种业要素与资源，形成较为完善的品种研发、繁育与示范、生产与加工、销售与服务体系，建立商业化育种模式与机制，培育具有较强自主创新能力和核心竞争力的现代种业企业。

四、需要解决的关键科学技术问题

（一）农作物种业

1. 主要农作物种质资源挖掘与创新

建立与完善主要农作物特异种质资源安全保存、基因源分析与种质创新技术体系；发掘具有遗传效应大、利用价值高的种质资源，创造和利用具有自主知识产权的新种质，促进我国种质资源丰富的优势转变为基因资源优势和产业竞争优势。

2. 主要农作物重要性状遗传基础与组学解析

研究主要农作物优异种质资源形成与演化规律，解析骨干亲本形成的遗传基础；克隆重要性状的关键基因，解析基因功能，阐明重要性状形成的分子机制；利用组学技术阐明重要性状的DNA-代谢产物网络、蛋白互作网络、转录调控网络和基因调控网络。

3. 主要农作物分子设计育种

定位重要性状基因并获得可供育种利用的分子标记；建立数据库并构建品种分子设计信息系统；研究复杂性状主效基因选择、全基因组选择、多基因分子聚合技术、基因组编辑技术等，与传统育种技术相结合，建立基于品种分子设计的高效育种技术体系，培育突破性优良新品种。

4. 主要农作物染色体细胞工程与诱变育种

研发染色体和染色体片段准确识别与跟踪技术，建立分子染色体工程育种技术体系与材料平台；研究体细胞和配子体细胞培养高频率再生技术，建立和完善分子细胞工程育种技术体系；研究建立突变基因高通量发掘与高效诱变育种技术体系，创制产量、品质、抗性等育种新材料和新品种。

5. 主要农作物强优势杂交种创制

开展主要农作物杂种优势形成机理研究；研究新型不育系和强优势杂交种亲本选育技术；种、亚种、生态型和杂种优势组群研究、改良与利用；杂种优势分子标记预测与利用技术；创建优异基因轮回选择库。建立作物杂种优势分子育种技术体系，聚合优良基因。

6. 主要农作物良种培育科技

以水稻、玉米、小麦、大豆、棉花、油菜、蔬菜等主要农作物为对象，研究种质资源管理、育种技术、品种测试网络、种子生产、信息化管理等技术，构建集约化、流水线式的商业化育种体系；面向主产区，以提高产量、改善品质、增强抗性为重点，培育优质、高产、多抗、广适、适合机械化的重大新品种。

7. 主要农作物制繁种科技

强化主要农作物种子安全高效生产、加工与质量控制技术研究，提高种子质量和种子生产效率；研究种子规模化加工中的烘干、仓储、包衣等关键技术、工艺流程及装备；完善主要农作物的高通量品种纯度快速检测技术和指纹图谱检测技术。

（二）重要畜禽水产种业

1. 基于大数据的畜禽设计育种技术

利用全基因组关联分析（GWAS）技术、3D 基因组技术、功能基因的生物育种芯片及检测技术，在动物个体的基因组水平开展分子标记或基因选择，并利用基因组编辑技术在分子水平对动物的基因进行操作，从而提高育种的精确性和效率。

2. 畜禽繁殖精准调控与配子胚胎体外发育技术

深刻揭示畜禽卵子发生、发育、成熟与排卵的生理学、行为学调控规律；构建精准、高效的发情、排卵等调控技术及自动化鉴定与预测技术，基本遏制繁殖障碍，突破繁殖效率瓶颈；构建精子、卵子体外发生、发育技术，以及高效体外受精与胚胎体外发育技术，实现配子体外发育和胚胎体外发育的规模化、工厂化生产。

3. 畜禽生物育种和高效繁殖

加快转基因技术、分子育种技术的创新与突破，加强生物育种与常规育种技术的结合，优先培育瘦肉型猪和高产优质牛、羊、家禽等新品种，建立猪、牛、羊、鸡等主要畜禽的国家级育种技术体系，完善全国范围的系谱记录，加快后裔测定场和育种示范基地的建设，进一步发展畜禽高效繁殖与胚胎工程技术。

4. 重要水产生物的组学与遗传学基础

发掘与经济性状相关的基因组和蛋白质组信息，解析目标性状的分子基础，阐明代谢网络调控机制，研发基因编辑操作技术和性状主效基因的高通量筛选技术等。

5. 水产生物生殖与遗传操作技术

研发重要水产生物生殖繁育的人工调控技术，实现全人工生殖操控。建立新型高效的基因组编辑、基因导入、倍性操作和相关应用技术。

6. 水产生物育种技术与新品种创制

研发多性状复合育种、细胞工程育种、分子标记辅助育种、全基因组选择育种和分子设计育种等技术，创制高产、优质、抗逆和生态安全的水产养殖新品种，建立现代水产种业技术体系。

（三）园艺作物种业

1. 园艺作物优异基因规模化高效挖掘

完善园艺作物种质资源和基因资源的保护、鉴定评价和利用体系；建立优异基因规模化高效挖掘技术体系，发掘我国园艺作物的优异种质资源，开发园艺作物重要经济性状的高通量评价技术，建立优异种质资源的评价体系和重要种质资源库的 DNA 指纹图谱（包括砧木）。

2. 重要园艺作物基因组、转录组测序

利用新一代测序技术，开展重要园艺作物转录组、全基因组测序，扩大全基因组测序的园艺作物种类，积极参与重要物种的国际基因组测序计划；从组学层面研究重要经济性状形成的调控机制，绘制调控网络图。

3. 园艺作物杂种优势分子机理与高效育种技术研究

园艺作物雄性不育分子机理与高效育种研究；园艺作物杂种优势分子机理与杂种优势利用研究；基因工程与杂种优势利用研究。

4. 多目标性状、多基因分子聚合育种

加强与高产、优质、抗逆等重要经济性状相关的品种分子设计元件的研发；完善用于品种分子设计育种的精准、专业化基础设施建设；系统研究多基因聚合育种技术及聚合基因的互作效应；集成高效育种、规模化转基因、分子标记辅助选择育种、品种分子设计及常规育种等技术，建立高效的多目标性状或多基因聚合的园艺作物分子育种技术体系，培育出一批高产、优质、高效的新品种。

5. 园艺作物砧穗互作机制和多抗性砧木选育研究

园艺作物抗逆、抗病、优良性状砧木新品种选育、砧穗亲和性、砧穗互作物质和信息交流网络解析及其影响抗逆性、产量和品质的研究；选育砧木新品种。

（四）重要林木树种

1. 林木分子育种与重要性状基因遗传解析

建立林木分子育种技术体系以突破林木常规育种周期长的瓶颈，根据林木杂交子代表型性状结合高密度遗传图谱定位控制生长、抗逆、抗病虫等性状的主效 QTL 区间，根据基因组序列完成对应区间的序列功能分析，完成候选基因的筛选，采用转基因技术进行候选基因的功能验证，并采用基因工程技术完成木本植物速生、优质、高抗的分子育种；同时开发分子标记，建立林木抗逆能力早期预测与筛选技术。

2. 森林资源培育与经营提升技术

以保障木材安全为目标，研究人工林产量和质量形成机理，攻克主要速生用材林、珍贵用材林、储备林基地建设、森林经营、竹藤等资源培育与经营的关键技术，加强技术集成示范，竹资源培育技术继续保持世界领先水平，珍贵树种培育、森林可持续经营等技术与发达国家差距显著缩小。

五、发展路径

围绕提高我国种业科技创新能力、加快推进现代种业发展、显著提升我国绿色生物种业发展能力的战略需求，按照全产业链一体化发展的思路，根据产业链部署创新重点任务，从基础研究、前沿技术、共性关键技术、品种创制等环节开展一体化的种业科技攻关，重点开展种质资源挖掘与创新、重要性状遗传基础与组学解析、良种培育、制种与繁种、品种检验与质量保障等重大关键技术研发；加大品种选育、示范与平台基地布局与建设，加强种业龙头企业培育。通过工程的实施，在关键技术上突破基因挖掘、品种设计和良种繁育的核心关键技术，创制有重大应用前景的新物质，培育和推广一批具有市场竞争力的突破性重大新品种，建立以企业为主体的技术创制体系和模式。具体发展路线如图 6-1 所示。

第二节　智慧农业

一、需求与必要性

我国正处于由传统农业向现代农业转型的关键时期，农业现代化进程正出现加速发展态势，但仍面临着一系列严峻挑战，保障粮食安全的压力依然存在，农产品质量安全问题备受关注，农业生态安全问题日益突出，确保农民稳定增收的任务越来越重，同时，耕地、水、生态环境的刚性约束日益加强，农业劳动力成本及种、肥、药等农资价格增长明显，农业劳动力老龄化日趋严重，以现代信息技术为代表的智慧农业技术将实现农业产前、产中、产后全产业链上的精准化、生态化、标准化，是提高劳动生产率最直接、最有效的途径，是促进农业转型升级的重要推动力。

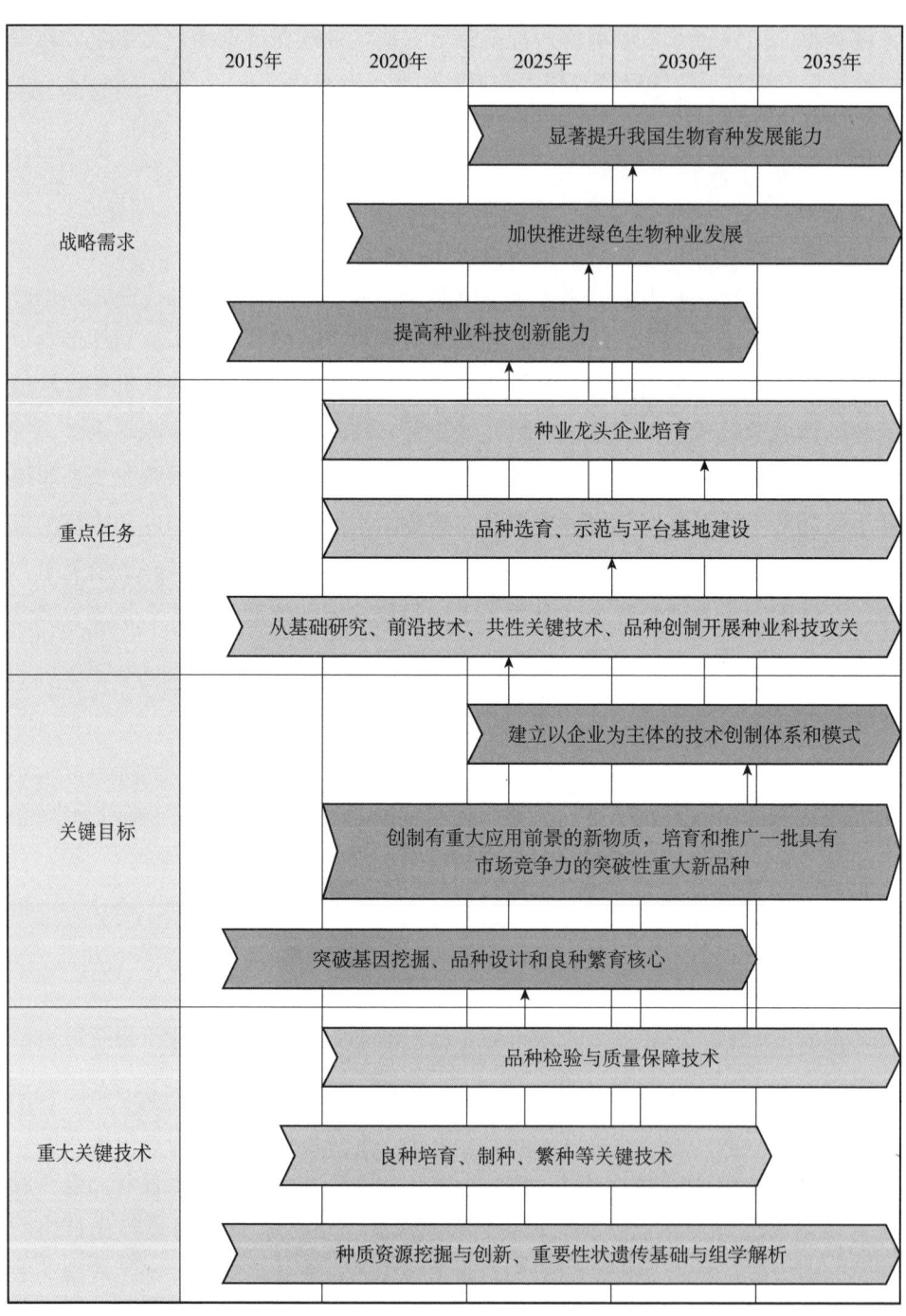

图 6-1 绿色生物种业工程技术路线图

大数据、物联网、云计算、移动互联、机器人等高新技术正深刻地影响和改变着人们的生活，农业生产、经营、管理、服务方式也正在发生深刻的变革。智慧农业是农业发展的高级阶段，是通过物联网、大数据、移动互联、云计算、空间信息和智能装备等新一代信息技术与农业资源要素（土地、水、劳动力、资金、信息等）的重新配置和深度融合，产生一个更高产、高效、优质、生态、安全的更具有竞争能力的新业态（李道亮，2017），包括大田种植业、设施园艺、畜禽养殖和水产养殖，在新的业态下生产、经营、管理和服务联通，实现全链条、全产业、全要素的在线化和数据化。这个跃升，需要六大支撑体系（基础设施支撑体系、产业支撑体系、科技支撑体系、人才支撑体系、环境支撑体系、市场及运营支撑体系）的合力推动，更需要有一个政府、企业、高校科研院所、农户四大主体共建、共享、共赢的商业运行机制，确保智慧农业进入一个稳健运行的新状态。智慧农业是以最高效率地利用各种农业资源，最大限度地减少农业能耗和成本，最大限度地减少农业生态环境破坏以及实现农业系统的整体最优为目标，以农业全链条、全产业、全过程智能化的泛在化为特征，以全面感知、可靠传输和智能处理等物联网技术为支撑手段，以自动化生产、最优化控制、智能化管理、系统化物流和电子化交易为主要生产方式的高产、高效、低耗、优质、生态和安全的一种现代农业发展模式与形态（李道亮，2012）。智慧农业工程实施是全面贯彻创新、协调、绿色、开放、共享发展理念的需要，是提高我国农业生产率和保障食物安全的需要，是提高我国农业和农产品国际竞争力的需要。

二、工程目标

以提升传统农业为目标，重点突破农业传感、大数据、云计算、机器人等一批智慧农业的技术瓶颈，研发一批农业物联网、大数据、人工智能等智慧农业基础性和共性的关键技术，研制智能农机、智能农业环境调控装备、机器人等一批智慧农业所需的软硬件重大产品，集成一批产业应用急需的重大智慧农业系统，形成一批智慧农业研发及应用标准，打造一批智慧农业重点实验室和创新基地，培养一批智慧农业科研人才。实现农业高效、集约、精准、智能、安全，转变农业生产方式、经营方式、管理方式，促进农业产业升级，加快农业现代化进程，实现到 2035 年智慧农业总体科技发展水平与发达国家持平。

三、工程任务

（一）基础理论研究

建立支撑智慧农业工程的基础理论体系，研究农业生产环境与动植物生命信息感知理论和农产品品质及质量安全感知理论；揭示多尺度农业水循环对环境变化的响应与调控、土壤养分循环与调控机理、气候变化对农业的影响机理；揭示土壤环境、作物本体信息与种、肥、水、药精细调控机理与模式；揭示土壤-作物养分运转过程、作物生长发育过程的信息探测与定量解析机理；揭示畜禽动物不同生长阶段和生理状态下生长与健康、营养、环境的影响规律；研究动植物表型基础理论；研究农业云计算与大数据处理基础理论。基础理论研究总体接近国际先进水平。

（二）关键技术研究

研究农业生产环境智能控制等农业物联网关键技术及设备，研究低成本传感网组网、传感网与移动通信网互联、农业物联网信息汇聚、智能化农业信息处理、智能农业机器人、农业云计算与大数据等一批重大共性关键技术，部署智慧农业物联网公共服务平台，部署农业大数据服务平台，建成全球最大的农业大数据服务中心。部分智能农机装备与智慧农业软硬件产品处于国际领先水平。

（三）智慧农业体系建设

建设集基础理论研究、关键技术研发、智慧农业软硬件原型产品设计、产品生产制造、人才培养、基地建设、龙头企业培育、国际合作为一体的智慧农业体系，加快智慧农业软硬件产品由研发到转化的过程。建立并完善智慧农业标准体系、智慧农业物联网服务平台和大数据服务平台，实现对境外服务，部分智能农机装备和智慧农业软硬件产品走出国门，产生国际影响力。

（四）智慧农业产业体系建设

企业层面，多参与，龙头企业、明星企业带动区域乃至行业发展，壮大农业信息化产业。在互联网渗透农业全产业链的过程中，会涌现出各种创新的商业模式和商业机会，传统农业企业需要根据自身的实际情况，找到适合自己的智慧农业发展模式，结合自身优势打赢"卖货""聚粉""建平台"的互联网化三大战役。与此同时，部分企业较早完成了信息化建设，有资源，有用户，理解农业行业本身，理解互联网。这些龙头型企业进入农村市场，能起到排头兵的作用，利用资源和实力，完善整体网络环境、物流环境等基础设施，先行培育农村市场的互联网观念，提高农村对于互联网的接受程度，同时带动相关产业升级，促进并带动区域和行业发展。

四、需要解决的关键科学技术问题

（一）农业精准传感技术

探索农业信息先进感知机理、精准农业信息获取和解析环节的基础理论，着力解决土壤-作物养分运转过程、作物生长发育过程的信息探测、机理解析与定量决策的一系列科学问题，重点研究农业水、土、肥、气等信息的先进传感机理、表征作物和土壤农学参数的单一信息及多源信息的获取与定量反演方法等。

（二）农业大数据技术

实现分散、异构、多态、非结构化农业数据的整理和有效管理，实现农业数据的长期数字化存储、积累和处理，研究基于数据驱动的农业信息处理和服务模型，攻克农业数据的分析、挖掘和可视化展示技术，建立基于数据的农业政策决策模型与方法。提升基于数据科学的农业生产、经营、管理、决策科学化水平。

（三）农业物联网技术

攻克农业信息的智能感知与识别、农业物联网网络自组织与低能耗管理技术、农业物联网应用模型等核心技术，研发低成本农业物联网重大技术产品，构建农业物联网应用公共支撑平台，面向大田种植、畜禽养殖、设施园艺、水产养殖等领域的专业化物联网管控信息模型，建立智慧农业技术体系。

（四）数字农业技术

突破我国重要农业动植物数字化模型建模技术，研究农业生产过程模拟模型，构建主要农业动植物数字模型和可视化平台。攻克农业信息智能处理与知识发现技术，建立专业性农业信息智能搜索平台。

（五）智能农机作业技术

突破农业生命信息、土壤信息和农田环境信息协同感知与机载快速获取技术，建立农业信息快速获取技术体系。研究精准农业农田信息快速获取技术、基于北斗卫星导航系统的农田精准作业导航与变量作业控制模型、精准作业智能决策系统、水肥药精准实施装备等关键技术和装备，研发智能农机作业装备，构建智能农机作业和调度系统。

五、发展路径

立足国家现代农业发展战略需求，紧紧围绕农业"高产、高效、精准、智能、生态、安全"发展需求，确定以农业物联网、大数据、人工智能、机器人为优先主题，开展先进传感器、智能信息处理与智能决策模型、动植物表型等关键技术和前沿技术攻关，至 2025 年，揭示土壤-机器-作物系统以及环境-装备设施-动物系统个体或群体关键因子互作影响规律以及系统节本增效、降耗环保优化的匹配机制、信息传感与识别技术和农业生产精准调控方法，显著提升农业智能化原始创新能力。至 2035 年，构建满足智慧农业生产需求的精准作业平台和智能化作业管理系统，形成智能动植物生产全过程智能化、经营电子商务化、管理决策科学化，构建农业机械化、设施化、智能化和信息化深度融合的智慧农业生产体系、经营体系和产业体系。具体发展路线如图 6-2 所示。

图 6-2 智慧农业重大工程技术路线图

第七章
农业领域重大工程科技专项

第一节 作物绿色高效安全生产

一、应用目标

粮食安全和农产品有效供给是保障国家安全的首要战略。2035 年我国粮食刚性需求总量大，消费结构更加多样化，要求农产品更安全、更营养、更健康，生产环节更简化、更高效，生产过程更加智能化、环保化。面向 2035 年，我国重要作物重大病虫草害可持续控制、减少农用化学品过量使用造成的农产品质量安全威胁和农业面源污染，仍是我国粮食安全生产和生态环境保护的长期任务。我国耕地和资源瓶颈问题将更加突出，受资源及其承载力的刚性制约，综合生产能力提升面临严峻挑战。本专项以创新驱动发展战略为指引，以科技进步的内生动力替代依靠资源投入的外生动力，针对我国主要粮、棉、油以及蔬菜、水果等粮食和经济作物，通过研究重要农业病虫的致害机制和群体变化规律，发掘植物抗、感反应的关键基因，运用分子操作技术改良作物先天免疫体系，培育新的作物抗性品系，结合对已有抗性资源的合理布局等综合防治策略，持久有效地控制农作物重要病虫害；从植物重要有害生物致害机理研究出发，寻找致害关键信号或代谢途径及相关的特异靶标蛋白，开展无公害农药的研发，达到提高疫情防控效果和降低环境污染的应用目标；突破粮食与经济作物高产与水肥高效利用栽培耕作理论与技术，实现主要粮食与经济作物的全程全面机械化、精准化和智能化，大幅度提升粮食与经济作物的综合生产能力，提高我国农产品的国际竞争力。最终实现低耗、高效、优质、高产、环保的应用目标和农业可持续发展。

二、工程技术目标和主要任务

（一）主要粮食与经济作物重大病虫害抗性改良与分子设计

解析重要病原物侵染致病的分子机制；克隆病原物关键致病相关基因；鉴定病原物效应子在致病过程中操控寄主作物生理及代谢的靶标基因；研究寄主作物及非寄主作物对重要病原物的免疫识别机制；建立和完善作物先天免疫改良的研究技术，创制持久抗病的基因改性作物品系；深入研究农作物重要病虫害的区域性发生规律和灾变机制，发展病原物致病型群体变异的监测、预警和控制新技术；不同地域作物抗性品种所含抗性基因的调查及合理布局技术。

（二）绿色精准新农药的开发和利用

深入和系统地研究植物重要有害生物致害的分子机制，鉴定必需的致害基因或途径；筛选特异的基因作为分子靶标，解析其蛋白质的晶体结构；开展基于靶标结构的农药先导化合物的设计与合成研究，建立基于分子靶标结构的农药先导化合物设计的关键技术；评估所得药物分子的高效性、选择性和抗药性。

（三）突破主要粮食与经济作物资源高效利用的生理学基础与分子机制及其调控途径

解析干旱逆境信号转导与脱落酸（ABA）积累的细胞与分子机制、高效用水中气孔开关调控的细胞与分子生物学机制，分离克隆一系列调控气孔开闭的基因，利用基因组学和生物信息学技术对保卫细胞的基因表达图谱进行分析，测定 ABA 调节过程中第二信使 Ca^{2+} 的作用，为调控气孔开闭、提高水分利用效率提供理论基础；解析高效用水用肥中根生长调控的细胞与分子生物学机制，从分子生物学及基因功能方面探讨根系的向水性及高效吸收水分养分的生理机制，以期通过基因工程的手段提高作物对水分养分的高效利用；利用基因工程培育抗逆、高效用水用肥的作物。开发水分养分资源高效利用技术与智能化精准灌溉施肥装备、抗旱节水节肥耕作栽培技术、水肥一体化技术，建立资源高效利用的种植制度与水肥精准量化管理关键技术体系。

（四）解析主要粮食与经济作物关键性状形成过程与提升的分子生理机制

包括产量与水肥效率提升的协同过程及其环境措施互作机制，突破节水节肥条件下的产量挖潜关键技术与产品，建立产量与资源效率协同提升的关键技术体系；突破作物抗逆生理与营养品质、加工品质等形成的生物学机理以及品种—环境—措施互作机制，研发作物品质调优、抗逆丰产关键技术与产品，实现量、质齐增，抗逆丰产生产。

（五）土壤肥力持续提升机理与调控机制

突破土壤肥力持续提升机理与耕作栽培等农艺措施调控机制，研发农田基础地力、耕层优化与肥力定向培育、耕地质量提升、中低产田持续改良的技术与产品，构建土壤保育持续利用理论与技术体系，实现藏粮于地战略。

（六）全程机械化高效栽培技术

在高功效、低排放、网络化、智能化农机作业及控制装备研发的基础上，农艺农机融合，突破农田作业的变量施肥、智能化施药、精准化作业等核心关键技术，实现主要粮食与经济作物生产的耕—种—管—收—储—运全程机械化、精准化和智能化。

（七）主要粮食与经济作物安全生产及溯源检测与源头控制技术

包括产地环境控制、生产过程中投入品的控制、环境友好型生产资料（生长调节剂、生物肥料、生物农药等）的研制与利用技术，农用化学物质残留的高通量、多目标在线无损检测技术，作物病虫害可持续控制技术等，建立农产品质量安全溯源检测与源头控制技术体系。

（八）主要粮食与经济作物绿色高效生产技术集成与模式构建

建立作物生产系统实时定量监测与决策系统，突破主要粮食与经济作物标准化生产和轻简化栽培、生长与环境因子监控、精准化管理等核心关键技术，通过优化布局、品种挖潜、资源高效、生态安全、精准管理、服务创新等技术集成，构建作物生产全程机械化、精准化和智能化的现代综合技术体系与环境友好、低碳节能、安全标准的绿色增产增效生产模式。

三、技术路线图

多年来，主要粮食与经济作物病虫草害防治、水肥资源高效利用以及作物优质高产技术创新一直是我国农作物生产科技的研发重点与热点，近些年来农业机械化水平也不断提升。目前我国在致病机理与关键技术、资源高效利用技术与产品、农艺农机融合等方面已经取得了良好的进展，智慧农业产业体系开始建设，已经初步形成了完善的作物高效安全生产技术体系，使我国主要粮食与经济作物水肥资源高效利用、病虫草害防治以及疫病防控水平得到显著提升。未来随着本专项的实施，靶标特异的农药先导化合物设计与合成研究启动，病虫害致病机理与关键技术、资源高效利用技术与产品、农艺农机融合等研究不断深化和推进，作物标准化及精准化控制技术、有害生物检疫与监控体系、全程机械化健康安全生产以及病虫草害疫病发生与预测系统等将先后开始实施。到 2030 年前后，上述工程科技研究都将获得突破性进展，达到专项实施目标；到 2035 年前后，植物病虫草害疫病发生预测预报系统将全面建成，作物全程机械化与健康安全生产、基于信息驱动的智慧农业也将得到全面实现。具体技术路线如图 7-1 所示。

四、可行性分析

人们目前对植物与有害生物相互作用分子机理的认识取得了长足的进步，互作的概念框架已基本搭建成形。虽然这些工作大多在模式植物上完成，但实践表明作物与病原物的互作也遵循相似的原理，甚至具体参与互作和调控的因子也可能具有相似性。这些知识为深入解析作物与病原物互作机理提供

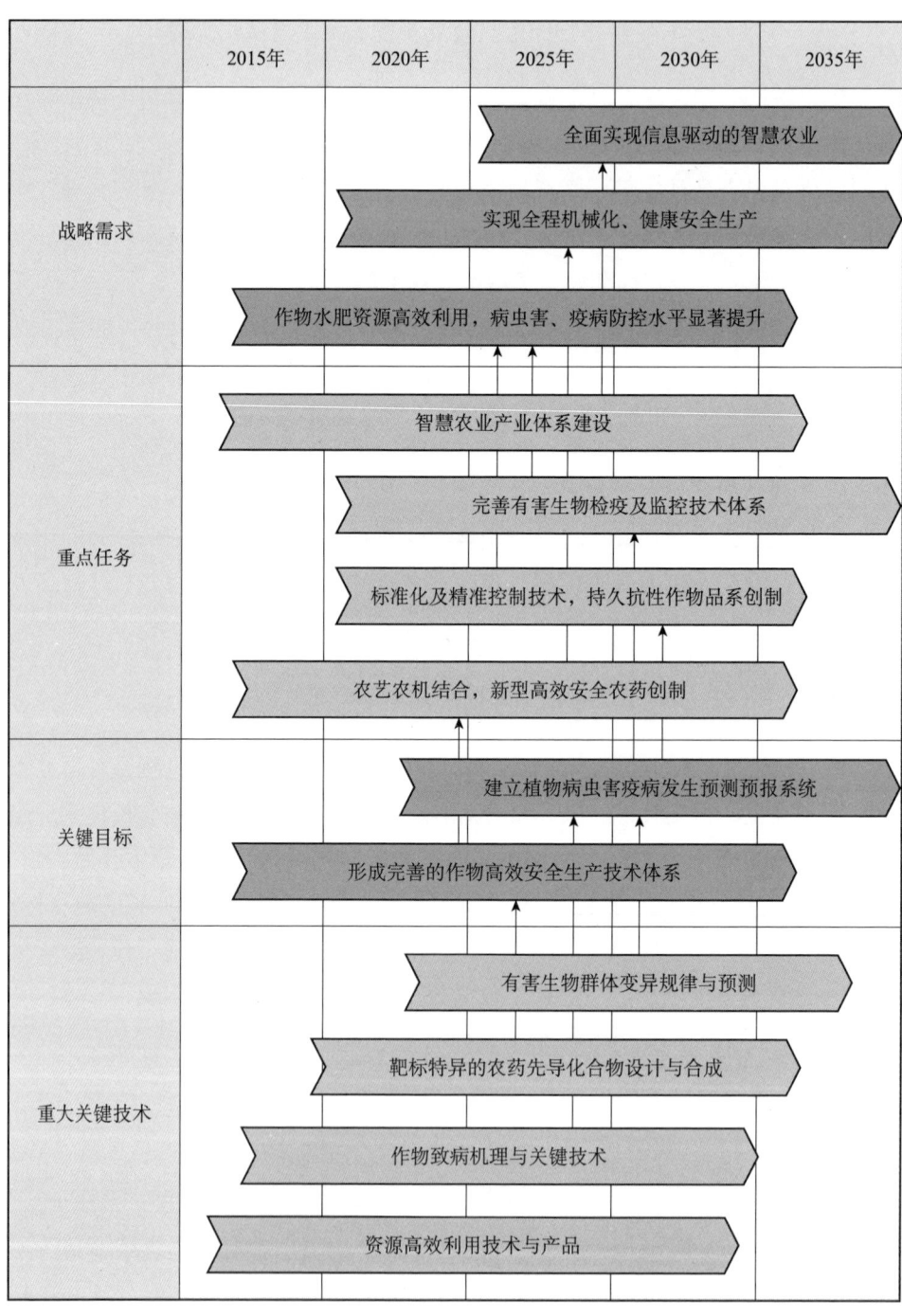

图 7-1　作物绿色高效安全生产工程科技专项技术路线图

了重要参考。已有研究表明，对植物感病或抗病基因进行人为操控可使植物获得新的抗性性状。目前，基因转化和基因编辑等作物遗传改性技术日渐成熟，丰富多样的组学分析手段日趋完备，这些知识和技术体系的飞速发展使研发作物抗性分子改良技术成为可能。迄今，在有害生物与植物互作机理研究中已发现数量可观的致害必需基因和途径；蛋白晶体学研究技术和手段长足进步，研究通量大为提高；靶标结构与农药先导化合物设计理论和技术日趋成熟。

从作物绿色高效生产的技术基础看，我国农业历史悠久，在作物栽培学与耕作学等作物生产理论与技术方面具有丰富的工作积累和坚实的理论与技术基础。当前，我国农业生产正处于关键转型发展阶段，农村劳动力短缺、农产品国际竞争力差、规模化程度提升等倒逼我国作物生产机械化水平的快速提升，作业效率和生产效率快速提高，未来全程机械化生产目标的实现具有客观的现实基础。从精准化、信息化、智能化的技术基础看，2020年后北斗卫星导航系统将开始大规模应用，大数据技术将在2020年左右走向成熟，我国无人机、机器人等智能化装备技术目前已走到世界前列，互联网＋、人工智能的发展更是迎来了新一轮热潮，高校、科研院所及高新技术企业为我国下一步发展智能农业装备技术提供了良好的人才储备，在技术成熟情况、应用需求情况和人才储备情况方面已经具备了良好的基础。综合来看，本专项将具备良好的可行性。

第二节 畜禽生态养殖

一、应用目标

随着人民生活质量提高和经济发展方式转变，民众对养殖业生产安全、动物产品质量安全和公共卫生安全的要求不断提高。未来20年，我国养殖业规模化、集约化程度将明显提高，基本实现养殖业的现代化，养殖业在农业中的主导地位将充分显现。在创新驱动发展战略的指引下,以科技进步为推动力,密切围绕畜禽重大疫病控制与消除、新兽药创制、动物源性食品安全源头控制、动物营养工程及畜禽健康环境调控等关键技术开展专项研究,逐步实现以下应用目标。

1. 动物疫病净化与根除

至 2035 年,使口蹄疫、猪瘟、高致病性禽流感、新城疫、伪狂犬病等对畜牧业危害严重的重大疫病达到基本消灭状态,动物发病率、死亡率和公共卫生风险显著进一步降低,疫病控制成本大幅降低,养殖效益明显提升。

2. 新兽药创制

阐明疫苗免疫和新兽药作用的分子基础,面对动物疫病流行的新形势及我国动物疫病控制与净化的需求,研制与开发出一批安全、高效的新型兽药(夏咸柱,2012;张改平,2011),提高疫苗免疫效力,减轻新兽药的毒副作用,有效控制动物疫病的流行与传播,提高养殖业经济效益,保障农民增收和农村经济健康发展。

3. 动物源性食品安全控制

控制人畜共患病,减少人畜共患病原体对动物源性食品安全的威胁,加强食源性细菌、病毒、寄生虫、生物毒素和兽药残留的预防、控制和对策研究,研发饲用抗生素替代技术和产品,从源头确保我国动物源性食品安全。

4. 动物营养保障

研究畜禽营养代谢与饲料安全高效利用机制,提高饲料转化效率,实现饲料的精准配制与优化供给,探索缓解国家粮食安全、解决养殖业环境污染的有效技术途径。

5. 畜禽健康养殖环境调控

研发新型环境调控技术,显著提升畜禽生产水平、产品品质及资源利用率;建立畜禽养殖废弃物养分综合管理体系,推进减量化收集、无害化处理、系统减排以及综合化利用技术,防治畜禽养殖污染,保护和改善环境,促进畜牧业持续健康发展。

二、工程技术目标和主要任务

（一）畜禽重大疫病控制与消除关键技术

（1）建立疫病流行病学研究技术。研究重要动物疫病病原生态分布、流行病学与遗传变异规律，阐明不同亚型或基因型病原的相关性、传播途径、传播能力，为疫病防控新型疫苗设计与诊断试剂研制提供理论依据。

（2）建立动物疫病预警技术。建设布局合理的动物疫情监测和流行病学调查实验室网络；构建重大动物疫病病原库、血清库和病原基因组信息库，开展基于地理信息的疫病监测和预警系统等研究，提高动物疫情及时掌握和应对能力。建立疫病快速诊断技术，加强疫病检测诊断能力建设和诊断试剂管理，改进诊断试剂的关键生产工艺技术，实现诊断技术的标准化、实用化和产业化。

（3）实施疫病净化与根除技术。有计划地控制、净化、消灭对畜牧业和公共卫生安全危害大的重点病种，推进重点病种从免疫临床发病向免疫临床无病过渡，逐步清除动物机体和环境中存在的病原。建立畜禽场生物安全建设技术，完善养殖场所动物防疫条件审查等监管制度，提高生物安全水平；扶持规模化、标准化、集约化养殖，逐步降低畜禽散养比例，有序减少活畜禽跨区流通；引导养殖者封闭饲养，统一防疫，定期监测，严格消毒，降低动物疫病发生风险。

（4）加强国家动物疫病防治信息化建设。提高疫情监测预警、疫情应急指挥管理、兽医公共卫生管理、动物卫生监督执法、动物标识及疫病可追溯、兽用生物制品监管以及执业兽医考试和兽医队伍管理等信息采集、传输、汇总、分析和评估的能力。

（二）新兽药创制关键技术

（1）新型动物疫苗的创制技术。针对当前重要动物疫病流行的毒株，研制广谱性、针对性的疫苗，改善现有疫苗的实际免疫效果。针对国家中长期动物疫病防治规划的需要，研制出多联疫苗、多价疫苗及可用于区分疫苗免疫动物和自然感染动物的新型标记疫苗。同时加强抗原精制浓缩、免疫佐剂、生物反应器等生产工艺技术的开发和应用。

（2）畜禽疫病治疗性生物制剂的研制技术。开发用于不同畜禽品种的干扰素、白介素、防御素、抗菌肽、干扰素刺激因子等新型、安全、无残留的治疗性生物制剂及抗生素替代品；发掘和筛选具有良好抗病毒、抗细菌活性的动物防御素，从不同生物资源中挖掘、筛选、鉴定具有广谱活性的杆菌肽。

（3）新型化学兽药的创制技术。阐明疫苗免疫和新兽药作用的分子基础，面对动物疫病流行的新形势以及我国动物疫病控制与净化的需求，研制与开发出一批安全、高效的新型兽药，提高疫苗免疫效力，减轻新兽药的毒副作用，有效控制动物疫病的流行与传播，提高养殖业经济效益，保障农民增收和农村经济发展。

（4）新兽药关键生产工艺与产业化技术。注重上游研发产品与下游生产工艺的结合，建立从基础技术研究到工艺技术转化、批量化制备、示范应用和全国性推广的有机衔接，打破研发与应用需求脱节的局面，加速我国动物新兽药的产业化发展，提升行业服务国家动物疫病防控需求的能力。

（三）动物源性食品安全源头控制关键技术

（1）建立重要人畜共患病病原学研究技术。研究重要人畜共患病病原生态学、基因组学和蛋白组学，揭示其免疫生物学特性，阐明人畜共患病原与不同宿主的互作规律，为疾病的新型药物、疫苗研发提供理论基础。

（2）建立食源性病原微生物的检测、分型、溯源等关键技术。为建立动物源性食品安全源头监测网络和预警体系奠定技术基础。

（3）重要人畜共患病防控技术。研制出一批重要人畜共患病快速、特异的诊断试剂盒和安全高效的新型疫苗或药物，有效控制人畜共患病的发病率，有效降低动物源性食品中人畜共患病病原的数量。

（4）建立重要病原微生物食品安全风险评估技术。建立从农场到餐桌的食品危害分析和关键控制点（HACCP）分析技术及其控制体系；建立重要人畜共患病公共卫生突发事件的应急技术体系。

（四）动物营养工程关键技术

（1）常规饲料资源的营养价值评定与模型化技术。建立和完善饲料生物学效价评价规程；建立具有自主知识产权的饲料原料生物学效价数据库；建立以化学成分为基础的数学估测模型；建立近红外光谱（NIR）法估测能量、氨基酸含量、氨基酸消化率的权威定标方程。实现一般企业可现场快速测定饲料有效养分含量（Shi et al., 2015）。

（2）非粮饲料资源开发利用。系统评价新型非常规饲料原料的营养价值、抗营养因子含量，并结合现代加工处理工艺以及合理的饲料添加剂使用，实现新饲料资源的高效开发利用。开展饼粕类饲料的高值化关键技术和工艺研究，棉籽饼粕、茶籽饼粕和菜籽饼粕脱毒工艺技术研究，花生饼粕、大豆饼粕的微生物发酵工艺技术研究，米糠类、糟渣类饲料的青贮、微贮、干燥和制粒等关键技术和工艺研究，建立各类饲料的工业化利用体系（Li et al., 2012）。

（3）畜禽饲料高效利用的营养代谢基础与动态供给技术。建立能量蛋白质、能量赖氨酸以及氨基酸平衡日粮技术；开展基于最佳生产性能和低碳、氮、金属元素排放的畜禽营养供给量基础数据研究；研究畜禽饲养供给的动态模型技术；研究动物"消化-激素-神经"调控网络，调控动物采食行为（Andretta et al., 2016）。

（4）饲用抗生素替代技术与产品研发。开展安全高效饲用微生物新资源挖掘、高通量筛选与分子育种；累积功能性微生态制剂工程化技术基础数据；研发功能性免疫调节多肽与工程化技术，抗菌肽、生物多糖、寡糖等新型抗菌材料研发与工程化技术，耐高温酶、高比活新型饲料酶制剂工程化技术，防霉降霉生物制剂与工程化技术（Stanton, 2013）。

（五）畜禽健康环境调控关键技术

（1）畜禽生态高效养殖智能环境调控技术。基于现代畜禽生产技术模式，解析现代畜禽生态养殖环境参数阈值；研究畜禽生理参数感知技术、产品质量安全与追溯、环境信息智能采集系统；基于畜禽生理反馈与健康需求，开发高效通风、舍内局部精准控制等气流场调控以及空气、水体质量综合调控技术，并构建畜禽舍多元环境参数的智能环境调控系统；建立基于畜禽养殖大数据的云存储平台。

（2）畜禽场空气污染物调控与减排技术。研究畜禽场、舍空气污染物分布、排放与迁移规律，开发舍内、场区空气环境净化以及氨气的回收再利用技术，研发包括有害气体、臭气、粉尘、病原微生物等在内的空气污染物的减排措施、技术与装备，显著减少畜禽生产的空气污染物排放对环境与生态的不利影响。该领域相关技术的研究开发，将极大地促进现代养殖清洁生产体系的建立，加速改善舍内和场区的空气环境，实现养殖场节能减排效果，构建环境友好型现代畜牧业。

（3）养殖废弃物综合处理与高效养分综合管理技术。研究病死畜禽无害化处理、畜禽场粪污减量化、无害化、资源化利用等关键技术、工程装备及其智能化产品，建立畜禽养殖废弃物高效养分综合管理技术体系，研发种养一体化工程技术与装备。

三、技术路线图

通过畜禽饲料高效利用及营养代谢调控技术、高效养殖智能环境调控与废弃物处理技术创新与应用，达到畜禽饲料的精准投喂，废弃物的综合高效利用，促进资源节约利用；通过动物疫病与食品安全控制技术产品的应用推广，进一步降低动物的发病率与死亡率，为社会提供安全优质的动物性产品，进而构建环境友好型畜禽养殖模式，提高养殖的效益，保障畜牧业的持续稳定发展。具体技术路线如图 7-2 所示。

四、可行性分析

科技支撑能力不断加强为疫病防控、动物源性食品安全、动物营养保障及健康环境调控提供了技术支持，一批科研成果转化为实用技术和产品，一些国外先进技术模式也在我国得到了推广和应用。《中华人民共和国动物防疫法》等法律体系基本形成，相关制度不断完善，工作体系逐步健全，动物疫病监测、检疫监督、兽药质量监察和残留监控、野生动物疫源疫病监测等方面的基础设施得到改善。发达国家重大疫病防控模式为我国疫病的消灭提供了丰富经验。随着养殖业产业化进程的加速，国家对兽药管理制度的不断完善，行业对兽药产品的要求越来越高，企业也充分认识到新产品的竞争力，纷纷加大研发投资力度，对新兽药的创制和生产工艺的改进起到了积极的推动作用。随着我国对人畜共患病和动物性食品安全控制方面研究的投入大幅增加，我国在动物性食品安全控制研究中取得了显著成绩，为动物源性食品安全源头控制关键技术专项的实施提供了有力的支持和保障。欧美等发达国家食品安全以"消费者

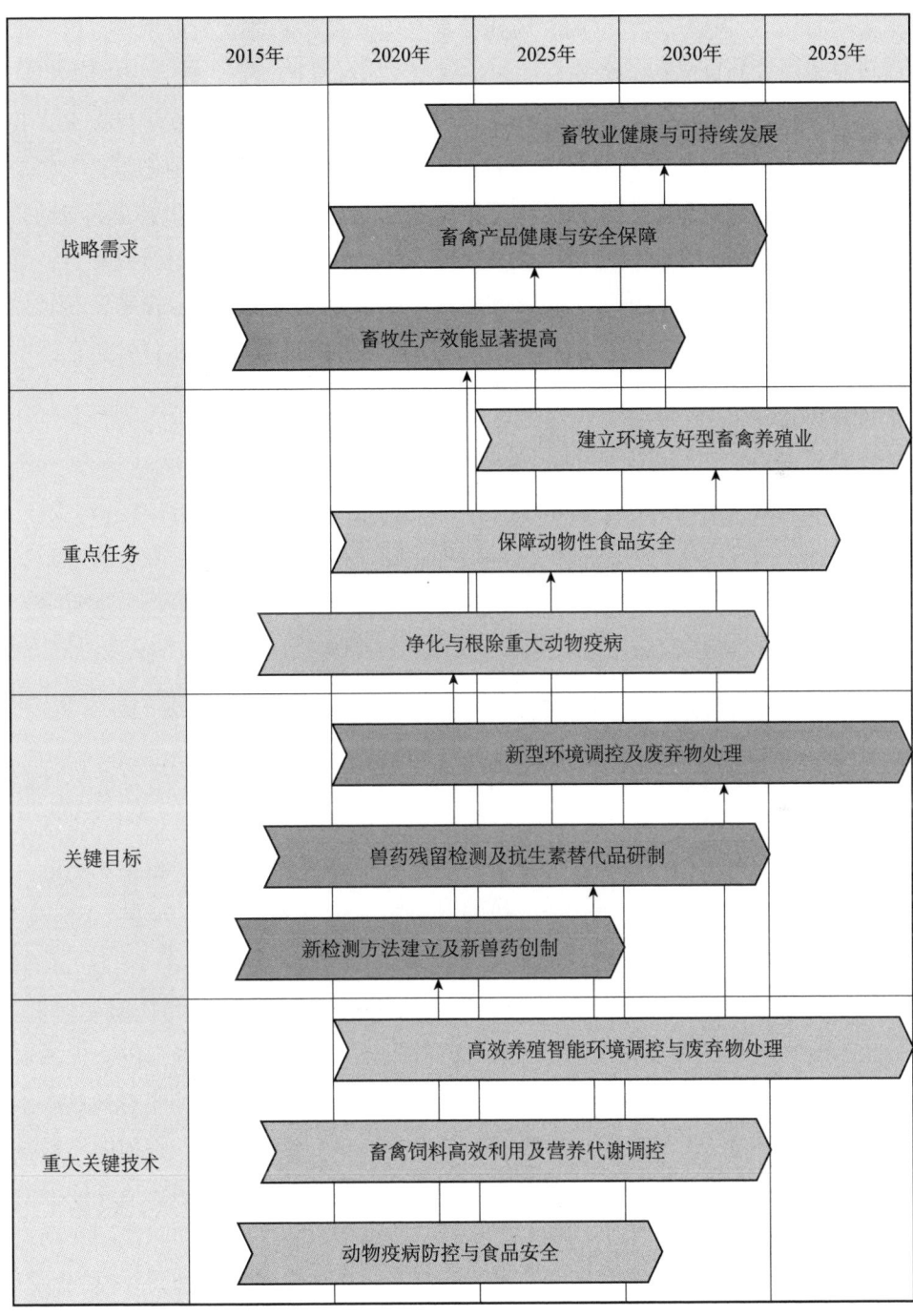

图 7-2　畜禽生态养殖工程科技专项技术路线图

至上""科学的风险评估""从农场到餐桌全程监控"的理念为出发点,已经形成了完善的控制食品病原的安全法律法规和技术标准体系,收到了积极的效果,为我国动物性食品安全的控制提供了成功的经验。自 20 世纪 80 年代以来,我国畜禽营养与饲料科技及规模畜禽养殖环境调控技术取得了长足进步,为解决我国养殖业发展面临的突出问题奠定了坚实基础。国家相继建立了若干与动物疫病防控、食品安全监测、动物营养保障、养殖环境调控相关的研究平台,提供了良好的科研条件,培育了优秀的研究团队;通过建立国际合作平台与长效机制,进一步加强了国内外同行之间的学术交流与科研合作。综合分析,本专项在技术、应用需求和人才储备方面均已具备了良好的可行性。

第三节 节 水 农 业

一、应用目标

随着人口增加、经济发展、用水需求激增,水资源紧缺已成为世界性问题。我国水资源短缺,农业用水占总用水量的 62%,灌溉对粮食增产的贡献达 40% 以上,但用水效率偏低。在耕地面积逼近 1.2 亿 hm^2 红线,粮食需求刚性增长及水资源短缺的背景下,破解我国"水危机"、突破粮食增产的"水瓶颈"的关键是实现农业节水。尽管灌溉水生产率由 20 世纪 90 年代的 1.0 kg/m^3 增加到 2013 年的 1.58 kg/m^3,但与世界先进水平 1.8~2.0 kg/m^3 相比明显偏低。与此同时,粗放的农业用水已引发了诸如区域性地下水位下降、地表生态退化、土壤盐渍化、面源污染等严峻的生态环境问题。因此,为了应对日益严重的干旱缺水问题,保障国家食物和农产品供给安全、供水安全,必须依靠科技创新,大力发展节水农业,提高农业水资源的利用率和利用效率,持续增强农业综合生产能力。

从农业用水全过程整体出发,贯穿基础节水、关键技术与重大产品节水,主导种植业标准节水和区域集成模式节水,以提高农业用水效率、提升农业生产力、减轻农业用水的负面影响为导向，突出农业用水所涉及的作物用水、农田水转化效率、区域输配水全链条控制，创新农业节水增效的前沿基础，研发农业节水增效多途径协同的技术与产品；突出农业节水的精量化、信息化、自动化、水肥药一体化及标准化，实现农业水数据的信息化、灌溉的精量化、控制的自动化、灌溉施肥一体化及主导种植业节水增效模式的标准化；集成主导种植业水肥土种一体标准化节水增效技术体系，形成区域农业节水增效解决方案，带动节水的理论创新与技术系统及产品突破，支撑农业主导种植业节水提质增效和区域可持续发展，补强农业现代化中的水利现代化短板。

现代节水农业技术是在传统的节水农业技术中融入了生物、计算机模拟、电子信息、高分子材料等一系列高新技术，具有多学科交叉、各种单项技术互相渗透的特征。节水农业工程技术涉及的既不是简单的工程节水和管理节水问题，也不是简单的农艺节水和生物节水问题。从支撑现代节水农业技术的基础理论而言，需将水利工程学、土壤学、作物学、生物学、遗传学、材料学、数学和化学等多学科有机地结合在一起，以降水（灌溉）-土壤水-作物水-光合作用-干物质量-经济产量的转化关系和高效调控作为研究主线，从水分调控、水肥耦合、作物生理与遗传改良等方面出发，探索提高各个环节中水的转化效率与生产效率的机理。此外，现代节水农业技术又需要生物、水利、农艺、材料、信息、计算机、化工等多方面的技术支持，以建立适合我国国情的节水农业技术体系。在技术及设备研发方面，需要流体、水利、机械、材料、塑机、计算机、自动控制等专业的紧密结合，研发具有自主知识产权和国际竞争力的技术和产品设备（康绍忠 等，2012，2016）。

二、工程技术目标和主要任务

针对我国水资源紧缺、农业节水潜力巨大的现状，以保障国家水安全、食物安全和主要农产品有效供给及农业可持续发展为目标，建立作物高效用水和优化配水的新理论和关键技术，阐明主要作物高产高效的需水基准及调控途径，定量表征农业水转化耦合过程农业用水效率链，建立农业可持续生产与生态环境健康的农业水资源调配理论与方法；研发农业节水生物技术、农艺技术、化学技术、灌溉工程技术及管理技术等单项及协同技术，提出主导种植业标准化节水体系，制定农业节水增效技术标准或规程；建设不同类型区域农业节水增效示范区，提出农业节水增效技术模式；提出农业节水增效技术转移机制，培育农业节水龙头企业，提出农业节水增效技术推广模式及运行机制。全面提高输水过程、田间灌水过程、作物耗水过程及农田高效优质生产用水过程的转化效率，以节水高效农业技术保障农业水资源可持续利用和农业可持续发展，以水资源可持续利用保障国家粮食安全和生态安全。主要任务为以下几方面。

（一）探索农业节水增效应用基础理论

围绕农业用水所涉及作物用水、农田水转化及区域水调配三个环节开展前沿性基础研究，明确作物生命健康需水阈值及调控机理，量化表征农田水转化效率链，发展考虑水转化及生态响应的水资源调配理论与方法，为研发农业节水关键技术与重点产品提供理论基础。

（1）作物生命健康需水阈值与调控机理。以主要粮食作物、经济作物及果蔬种植体系为对象，研究基于节水调质的作物生命健康需水过程与量化表达方法、作物生命健康需水对水肥气热协同响应过程；明确不同水土资源条件下作物生命健康需水阈值；研究作物生命健康需水过程对变化环境的响应关系，预测未来气候变化下的作物生命健康需水演变状况；阐明作物高效用水的生理生态调控机理，提出作物节水增效的全要素协同调控途径。

（2）农田水转化多过程驱动与效率提升机制。研究农田作物生长—水分消耗—土壤水—地下水耦合机理及定量表征方法，阐明农田水效率提升机制；研究农业输配水—农田水转化—作物用水全过程用水效率链统一表征方法，辨识制约用水效率提升的主要因素；研究农业水转化及农业用水效率链对环境变化的响应及适应性调控机理，挖掘农业水效率整体提升的潜力。

（3）基于水转化过程及生态环境响应的农业水资源调配方法。研究农业用水与生态环境的互馈机制，建立基于水转化过程的农业水资源配置模型，发展农业水多源多汇配置方法；提出基于作物生产-水资源-生态环境系统耦合的农业水资源配置理论，发展农业用水效率-效益统一评价方法；建立基于气候变化及水资源不确定的农业水资源配置与风险评价方法。

（二）研发农业节水增效共性关键技术与重大产品

围绕制约农业用水效率大幅度提升的瓶颈问题，突出农业用水全链条控制及多要素协同，创新作物生物节水、农艺节水、灌溉节水及化学节水关键技术，研发作物节水增效重大产品，实现农田降蒸减耗；突破输配水及水源系统"卡脖子"节水技术，研发具有自主知识产权的农业水信息监测技术与产品，构建智慧灌区及水管理决策框架，实现农业用水的精量化、自动化、信息化、智能化，形成现代农业节水技术体系，为主导种植业节水增效标准化技术体系及区域节水增效解决方案提供共性技术与产品。

（1）作物生命健康需水过程控制技术（生物节水）。研究作物抗旱品种选育与鉴别技术，筛选主要作物区域适应性抗旱品种；研究作物生命需水过程数字化表征技术，建立作物生命需水健康诊断及水土肥气综合调控技术体系；研究作物节水型冠层构建及生境多要素协同调控技术，建立作物全生命过程的生物节水技术体系。

（2）节水绿色环保制剂技术与产品（化学节水）。研究绿色环保型节水抗旱种衣剂、植物蒸腾抑制剂、土壤结构调节及保水剂、根系生长调控制剂，建立作物生长调节-叶片减蒸-土壤保水多维化学节水技术体系，形成系列具有自主知识产权的节水绿色环保制剂产品。

（3）保水保肥生态型农艺技术（农艺节水）。研究节水型种植密度优化技术、节水生态型栽培与耕作技术、面向地力提升的土壤改良技术、土壤蓄水保水调控技术、作物生育期水肥耦合动态调控技术，提出农田节水增效农艺技术方案设计技术，建立融合作物生境响应及多途径调控的现代农艺综合节水技术体系。

（4）规模化高效节水灌溉技术与产品（灌溉节水）。研究作物时空亏缺灌溉调控技术、集约化精细地面灌溉关键技术与设备，建立规模化高效地面灌溉技术体系；研究精准灌溉施肥一体化与自动控制技术、低压抗堵经济型微灌系统及其配套产品、变量多目标喷灌系统及其配套产品，形成规模化精量灌溉技术体系；研发新一代农田节水灌溉智能决策及预报系统，建立田间节水方案数字化设计平台。

（5）节水生态型灌排系统技术与装备（渠系节水）。研究渠系选型优化设计技术、渠系自动量水技术与产品、防冻胀等功能型渠系衬砌材料、产品及快速施工方法，建立灌溉渠系设计技术体系及数据库；研究渠系节水阈值确定技术、灌区生态型控制性排水技术、灌区渠沟及输配水管网优化布局技术，建立灌区灌排系统优化布局技术体系，研发节水生态型灌排系统设计平台。

（6）水源供给保障技术与装备（水源保障）。研究再生水、（微）咸水、高泥沙水等高效安全灌溉利用技术，降雨空间聚集径流技术，建立非常规水资源收集-处理-高效安全利用技术体系；研发灌溉节能高效水泵选型及泵站优化设计技术与新产品、灌溉机井优化布局技术，建立泵站与机井节能高效稳定运行技术与装备体系；研究适合我国不同区域农业应急补灌输配水技术与装备，建立应急补灌分级预警及决策体系。

（7）智慧灌区及农业水管理决策技术与产品（灌区水管理）。研发农业耗水信息监测技术，新一代土壤水、热、盐等生境信息监测技术与产品，建立农业水信息多维监测网络；研发区域墒情、农业耗水及水效率遥感快速反演技术与产品，建立区域旱情监测及预警体系；研究基于云端的灌溉多源多汇智能决策技术、精量控制技术与产品，搭建智慧灌区平台；研究农业区域水土生态环境演变监测及评价技术，建立区域农业用水效率-效益-环境响应快速评价技术体系，开发区域农业水管理最优决策平台。

（三）创新主导种植业综合节水增效标准化技术

针对当前我国农业节水技术单一、地域性明显、可复制性差、推广应用难的特点，集成我国主导种植业（粮食作物、蔬菜、果树及特色经济作物）节水增效的水、肥、土、种综合技术，实现节水增效的标准化与模式化，为大面积、全方位推进农业节水增效提供成套技术。

（1）主要粮食作物节水增效标准化技术（突出节水增产）。以我国华北小麦、华北及东北玉米、长江流域及东北水稻、西北马铃薯等主要作物为研究对象，筛选适合区域规模化生产的抗旱作物品种及节水增效技术，制定作物分区节水增产需水基准，集成面向节水增产的主要粮食作物生物、化学、农艺、灌溉综合技术，形成粮食作物高产高效节水标准化技术体系。

（2）主要蔬菜节水增效标准化技术（突出水肥高效）。以露地和设施栽培的叶菜类和果菜类蔬菜等为研究对象，筛选适合区域规模化生产的抗旱节水品种及节水增效技术，制定蔬菜分区水肥高效利用的需水基准，集成面向水肥高效利用的主要蔬菜生物、化学、农艺和灌溉综合技术；研究设施农业生境自动调控技术，形成主要蔬菜优质高效的节水节肥标准化技术体系。

（3）特色果树节水增效标准化技术（突出控水调质）。以环渤海和陕西苹果，新疆葡萄、枣和香梨等特色果树为研究对象，筛选适合区域规模化生产的抗旱节水品种及节水增效技术，研究果实品质与水分调控的关系，制定果树分区水肥高效利用的需水基准，集成面向控水调质的主要果树生物、化学、农艺和灌溉综合技术，形成主要果树优质高效的控水调质标准化技术体系。

（4）特色经济作物节水增效标准化技术（突出节水提质）。以新疆棉花、甘肃河西走廊制种作物、广西甘蔗、宁蒙河套油葵等规模化特色经济作物为研究对象，筛选适合区域规模化生产的抗旱品种及节水增效技术，制定作物提质增效需水基准；研究特色经济作物产量与品质协同提升的限制因子，筛选与生产相适应的节水提质增效的生物、农艺、化学及水肥一体化精量灌溉技术，形成特色经济作物节水提质增效标准化技术体系。

（四）创建区域节水增效技术集成应用模式

针对区域水土资源及农业布局特点，集成农业节水增效关键技术及主导种植业节水增效模式，形成区域水源保障—输配水系统—农田水分调节—作物用水全链条控制的农业节水增效模式体系，并进行示范应用，提升区域整体用水效率，保障区域生态环境健康。

（1）东北节水增粮技术集成与应用。以松嫩平原、三江平原、辽河平原为研究区域，集成并示范东北作物高产低温农田生境综合调控技术、规模化农艺节水技术及现代节水灌溉技术，区域地表水-地下水联合利用技术及水资源优化配置技术，形成东北节水增粮区农业高效用水解决方案。

（2）华北节水压采技术集成与应用。以黄河中下游引黄灌区、冀中平原地下水超采区、黑龙港地区、滨海平原为区域，集成并示范华北冬小麦-夏玉米节水种植模式及节水灌溉模式、地表水-地下水-再生水联合可持续利用模式、应急抗旱水源保障-输配水系统-农田灌溉模式，建立区域以减少地下水开采为目标导向的农业节水模式体系，形成华北节水压采区农业节水增效解决方案。

（3）西北节水增效技术集成与应用。以新疆绿洲区、甘肃河西走廊、宁蒙河套灌区、黄土高原旱作区为研究区域，集成并示范融合地表水-地下水联合利用及流域上中下游用水协调的区域均衡配水模式、农田降蒸减耗-降雨高效利用-应急补灌模式、规模节水型农艺与化学节水精量灌溉联合模式、节水控盐生态灌区模式，形成面向区域水资源利用效率整体提升的节水增效解决方案。

（4）南方节水减排技术集成与应用。以成都平原、江汉平原、淮河平原为研究区域，集成并示范南方协同光热资源的农业灌溉模式、灌溉用水蓄-引-提优化模式、控制排水-污染物截获的生态水利模式，建立控制农业面源污染为目标的生态灌区模式体系，形成南方节水减排解决方案。

（5）农业节水增效技术评价及推广机制。研究不同经营主体农业节水增效技术推广和培训的服务模式与运行机制、农业节水增效技术效率与效益评价及相应激励机制、农业节水技术转移及推广模式；试点开展区域农业水权体制创新及运行方式、农业节水增效标准与监管体系等管理政策创新研究，构建农业节水增效监测评估体系。

三、技术路线图

未来 15~20 年，将以基础节水、关键技术与重大产品节水、主导种植业标准节水和区域集成模式节水等全链条控制为研发重点，在农业节水增效应用基础理论方面，探索作物生命健康需水过程调控与农田水效率量化表征技术，建立基于水转化过程及生态环境响应的农业水资源调配方法；在农业节水增效共性关键技术与重大产品研发方面，创新生物节水、农艺节水、灌溉节水及化学节水关键技术，研发具有自主知识产权的农业水信息监测技术与产品，构建智慧灌区及水管理决策框架，开发农业用水全链条控制与多要素协同调控技术；在主导种植业综合节水增效标准化技术方面，集成粮食作物、蔬菜、水果及特色经济作物等主导种植业节水增效的水、肥、土、种综合技术，实现节水增效的标准化与模式化；在区域节水增效技术集成与应用方面，构建东北节水增粮、华北节水压采、西北节水增效、南方节水减排技术模式，完善农业节水增效技术评价及推广机制。具体技术路线如图 7-3 所示。

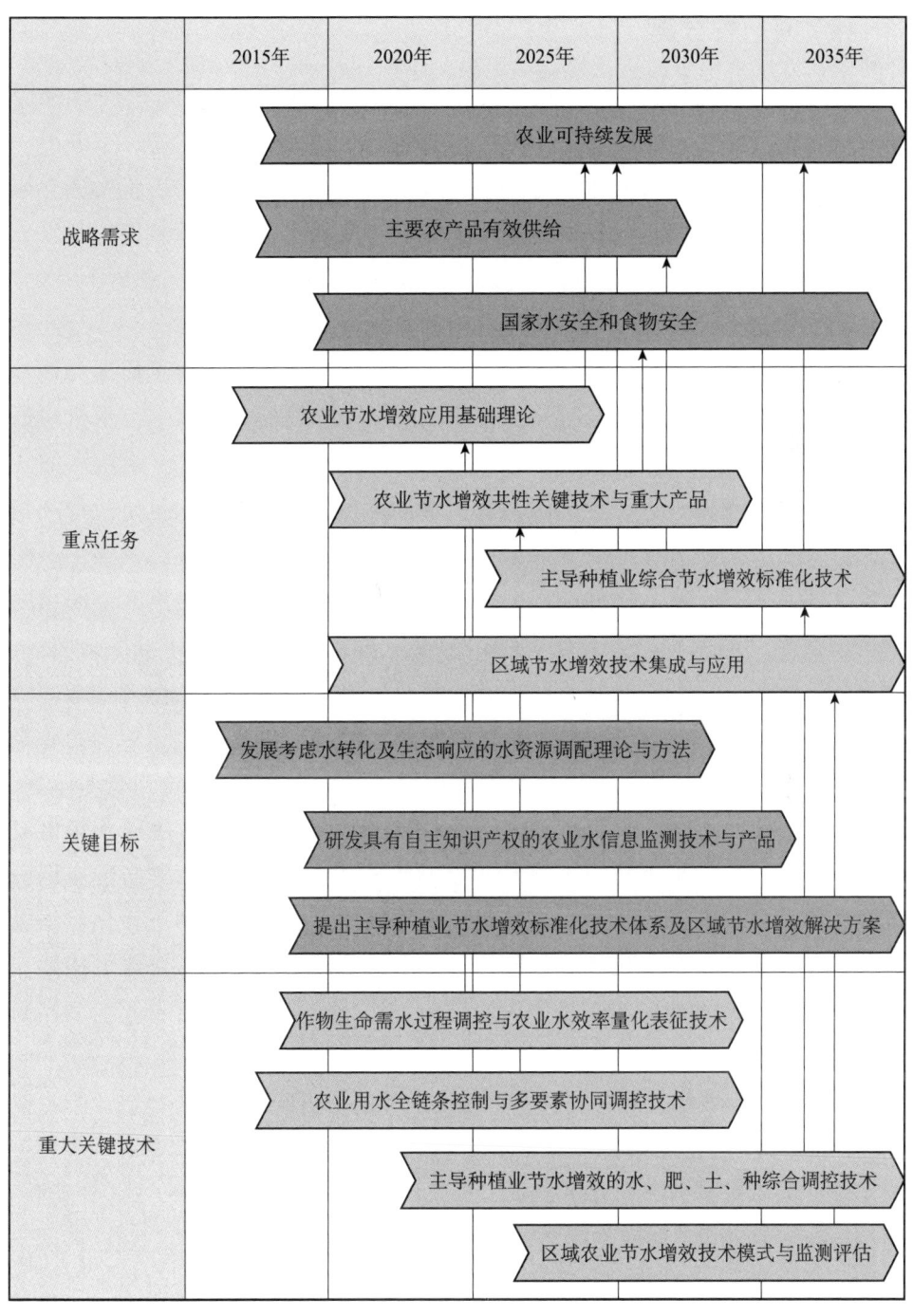

图 7-3 节水农业工程科技专项技术路线图

四、可行性分析

我国拥有一支相关研究方向国际化的多学科交叉研究队伍、多个国家级研发平台及分布在全国范围的 100 多个农业节水相关野外试验站，掌握了一些关于农业节水的基础理论。近年来，节水农业在原有基础上稳步发展并取得了一些新的进展，其研究目标主要集中在提高水土资源的承载能力和水土资源的综合生产能力方面。系统探索了土壤-植物-大气连续体（SPAC）水分传输的力能关系、界面过程、水分传输和系统反馈机制及其水分、养分迁移规律和调控理论与模式，特别是在农田水分转化规律、根冠信息传递与信号振荡、水分养分传输动态模拟、作物需水规律与计算模型及抗旱节水机理等方面取得了较大的进展。系统研究了大气水、地表水、地下水、土壤水的转化关系和尺度效应；进一步提出了农田水分调控的途径；在大量试验观测基础上开展了不同水分循环要素的数值模拟；利用系统动力学方法开发了不同的农业水文模型。灌溉条件下田间水分循环研究逐步深入，为更大空间尺度上的灌区水文研究提供了基础；依据作物生命需水信息实施精量控制用水，依据作物生长冗余调控与缺水补偿效应理论、根冠通讯理论、作物控水调质理论和有限水量最优分配理论形成了以节水、优质、高效为目标的作物非充分灌溉、调亏灌溉、根系分区交替灌溉和节水调质高效灌溉理论与技术体系；研究了我国土地利用变化特征和演变趋势，分析了土地对农业生产和粮食安全的保障程度；土地退化、土壤侵蚀和生态风险评估、土地资源与生态环境综合监测与评价研究越来越受到重视；土地利用、土地覆被动态变化驱动机制与模拟、土地覆被变化环境效应评价、土地利用土地覆被变化与可持续利用关系以及新技术的应用逐步深入；更加关注气候变化条件下农业生境控制原理与固碳减排机制与技术的研究。

我国拥有开展相关研发的国家工程技术研究中心，储备了一批农业节水技术与产品，拥有一支多学科交叉的研发队伍。经过多年发展，农业节水理念由节水丰产向节水高效方向发展，农田水效率提升侧重关注生物、农艺、灌溉、化控等技术的多途径协同作用。农业水管理体现出农业节水的信息化、自动化及智能化；同时，重视农业节水效率与效益的统一。近年来，经过集中科技攻关，我国农业节水科技得到了长足进步，研发了适合我国国情的节水灌溉技及模式，膜下滴灌技术、非充分灌溉技术、集雨节灌技术等得到了大面积应用，为本专项的实施奠定了良好的基础。

第四节　耕地质量提升

一、应用目标

（1）以保障国家粮食安全和建设生态文明为目标，把耕地质量保护和提升作为落实最严格耕地保护制度的重要内容，争取到 2035 年建成 6000 万 hm^2 集中连片、旱涝保收的高标准农田；通过土壤改良培肥等耕地内在质量建设，耕地基础地力提高 1 个等级，土壤有机质含量提高 0.8 个百分点；改善耕地质量环境，推动开展耕地质量修复和污染综合治理，畜禽粪便等有机肥资源利用率提高 25 个百分点，秸秆还田、残膜回收达到 85%，实现化肥、农药用量零增长，耕地酸化、盐渍化、重金属污染等问题得到有效控制。

（2）完善我国荒漠化形成机制与演变趋势的理论基础，建立基于多源遥感信息的荒漠化监测评价体系，并对气候变化和社会经济发展背景下未来荒漠化的发展趋势进行预测；对不同生态系统类型的生态脆弱性进行评估，在此基础上进行生态功能区划分，揭示不同类型防风固沙植被水分平衡机制及水分平衡条件下最佳防风固沙功能的优化配置模式，并在不同生态功能区进行荒漠化防治技术综合集成；对水土资源进行优化配置，提出区域生态安全的保障体系和战略对策，为国家宏观决策提供科学依据。

（3）以资源安全、粮食安全、生态安全、边疆稳定和"一带一路"倡议需求为导向，针对盐碱地退化机理、治理以及管控技术，研制成套装备、评价监控系统、集成应用示范、产业服务能力等，开展跨部门、跨学科、全链条的协同研发，实现盐碱地治理技术的整体创新和系统突破，显著提升土地资源高效利用的科技贡献率，形成有国际竞争力的科技产业支撑能力。力争 2035 年建立总计 20 万 hm^2 的盐碱地开发治理技术集成与应用示范区，具备 0.13 亿 hm^2 盐碱地开发、0.067 亿 hm² 盐碱化耕地治理的科技辐射能力，形成对"一带一路"沿线国家有影响力的盐碱地治理技术创新与装备制造能力。中重度盐碱地治理示范区耕地产能提升 2 个等级，实现增加有效耕地 10% 和节水 30% 的目标。

（4）完成由时空型和食物链型向时空食物链综合型生态类型升级工程，实施规模达海涂面积的 60% 以上，在不同类型海涂建成 20 个左右以生态高值农业工程为特色的新型城乡一体化示范基地，构建以产品延伸为特色的产业链 10~15 个，以行业拓展为特色的产业群 3~5 个，建立海涂盐土生态高值农业工程国家实验室，分别在长江三角洲、黄河三角洲、珠江三角洲与海南乐东（北部湾）建立海涂盐土生态高值农业工程中心，以丰富生态高值农业的理论与内涵，引领我国未来盐土农业的发展。

（5）针对矿山开采和复垦的全过程，整合现有的不同利用类型土地复垦技术（胡振琪，2009；黄元仿等，2015），研发集成矿区采复全过程土地复垦综合技术，建立预防控制和复垦工程综合技术体系；开展矿区生态修复与土地综合整治技术研发，构建具有我国特色的矿区土地生态系统恢复理论和土地利用系统科学理论，形成具有自主知识产权和原始创新的技术体系；选择不同生态区、不同矿种及其采矿方法，开展矿区复垦生物多样性重组和区域生态调控模式关键技术应用与集成，增强矿区重建生态系统的稳定性与抗逆性，促进矿区土地资源的可持续利用。通过示范应用，形成典型矿区及所在区域的生态治理、生态产业、生态富民相结合的涵盖不同层次的复垦利用关键技术，实现生态、经济、社会等综合效益。

（6）建立我国农田土壤污染修复领域基础研究系统平台，在土壤污染化学及污染生物化学过程与污染控制理论及关键技术上取得突破；形成农田土壤重金属防控与农作物安全生产的科学技术体系；相关学科整体水平明显提高，形成一支兼顾知识创新和技术研发能力的科研团队；建立一批相对稳定的，产、学、研有机结合的试验示范与技术孵化基地；从根本上解决我国农田土壤重金属污染问题。

二、工程技术目标和主要任务

（1）开展新的全国耕地质量调查与评价（农业部，2014），搭建耕地质量建设与管理大数据平台。充分利用各种监测数据，进一步整理耕地地力、肥力、土壤墒情、水分利用等基础信息，逐步搭建由基础数据、技术支持系统和管理决策系统构成的耕地质量建设与管理大数据平台。通过开展耕地的肥力质量、环境质量和健康质量的调查，全面摸清我国耕地质量及分布状况，进行土壤适宜性评价和耕地承载能力分析，提出粮食安全保障和农业结构调整措施；摸清我国耕地环境质量及问题，提出耕地污染防治与修复对策、无公害农产品发展规划；摸清我国耕地土壤障碍因素和土壤退化状况，提出土肥水资源合理配置和改良利用措施；摸清我国耕地土壤养分状况，提出耕地养分资源综合管理模式。启动实施全国耕地质量提升工程，确保耕地可持续利用。在技术路径上，以土壤改良、培肥地力、养分平衡、耕地修复为重点，实现耕地质量保护与提升；在区域上，针对不同生态区的主要问题，进行分类立项和重点整治。重点开展以下几方面内容：①耕地培肥与地力建设：建设秸秆还田、畜禽粪便和农家肥积造设施，着力提高有机肥料投入水平和质量；②良好耕作层建设：根据不同耕地与土壤特点，以农机和农艺相结合，配合耕作制度，实施良好耕层构建工程；③障碍耕地改良：针对我国耕地的障碍层次型、盐碱化与次生盐渍化、酸化、潜育化（冷浸田）、连作障碍和土传病害、粗骨化和石漠化等质量退化农田，开展耕地功能型障碍改良，构建健康土壤系统。

（2）揭示荒漠植被退化过程与沙化形成机制，针对京津冀风沙源区近年来大面积人工固沙植被发生严重退化的问题（京津风沙源治理工程二期规划思路研究项目组，2013），重点研究固沙植被稳定性维持与生态修复机理。建立基于多源遥感信息的荒漠化监测评价体系，对荒漠化现状进行评估，研究近30年荒漠化动态变化及其驱动因素，并对气候变化和社会经济发展背景下未来荒漠化的发展趋势进行预测。对影响生态系统功能的水、土、气、生等生态因子和人类活动等进行解析，对生态系统的生态脆弱性进行评估，对不同生态系统的生态服务功能进行分析，在此基础上对丝绸之路经济带进行生态功能区划分及功能定位。针对不同生态功能区，基于植被-土壤系统的水量平衡，研究土壤水分的植被承载力与不同植被类型的耗水规律，以及不同组成、结构的植被类型的防风固沙效益，提出在维持植被水分平衡并发挥植被最佳防风固沙功能的优化配置模式（包括植物群落的物种组成、密度和空间配置）。根据不同生态功能区的功能定位，研究提出构建不同生态功能区生态防护体系的荒漠化防治技术及其最佳组合模式，并对其适用性和可持续性进行评估。对水土资源的承载力进行系统分析，对不同生态功能区的土地利用格局进行优化，提出丝绸之路经济带生态安全保障体系和战略布局。

（3）开展科学理论与基础研究，揭示不同类型盐碱区土壤水、热、盐时空过程及相互作用机制，建立节水型排盐、控盐基础理论及系统模型；形成关键技术与产品，包括盐碱地灌排一体快速脱盐治理技术，盐碱地管道化快速降盐高效控盐治理技术，盐碱地高效种植与生态恢复植物新品种选育技术与产品，盐碱地复合型调理剂、改良剂的制备技术及产品，盐碱地多水源综合治理与安全利用技术，盐碱地水盐调控的精量节水灌溉技术，新开垦盐碱地产能快速提升技术，排蓄结合盐碱地治理技术；研制核心装备与配套，包括盐碱地专用大型开沟铺管机及成套设备，基于北斗卫星导航系统的大型高效精准平地装备、大型深松破土装备，高精度智能化近地传感盐碱地监测装备与系统，盐碱地开发治理专用探地雷达装备，移动型排盐暗管生产装备等；开发管控信息系统与平台，建立分布式盐碱地动态监测传感网，研发天地网一体化的多尺度高精度盐碱地监测技术与评价系统，构建以3S［遥感（RS）、地理信息系统（GIS）、全球定位系统（GPS）］、物联网和互联网为核心的盐碱地开发治理管控平台；进行分类治理模式与集成示范，在新疆、甘肃、青海、吉林、宁夏、内蒙古等内陆盐碱区，山东、江苏、天津等滨海盐碱区，集成土地综合整治技术，创建分类治理模式，开展盐碱地开发治理技术集成与应用示范；进行产业化开发与管理，制定盐碱地开发治理技术规程、规范和标准，组建产业联盟，创新商业模式，实现盐碱地开发治理技术与产品研发、装备制造、工程施工、技术服务的产业化，加强不同层次的科学研究、工程技术与管理人才队伍建设，形成面向国内外技术成果承接和转化服务支撑体系。

（4）提出传统育种与分子育种相结合选育优质高产耐盐新品种的关键技术与海涂高产优质关键栽培技术，形成一批新型糖源、新型油脂、珍稀代谢产物、生物质特异的新资源植物品种；围绕新糖源、新能源、新药源"三新"产品系列开发，集成新资源植物综合利用关键工艺与技术，建立一批标志性工程；研究海涂清洁、循环生产模式技术组合与配套，包括海涂海水养殖与海水种植的品种选择与搭配、种养时空的合理安排、资源的优化配置及相关技术措施的衔接与集成，形成种养深度融合的完全崭新的农业生产模式；创建海涂科投链、产业链与价值链"三链"贯通工程,推动海涂经济爆发性、可持续性增长。

（5）针对矿山开采和复垦的全过程,整合现有不同利用类型（露天采场、排土场、尾矿库、塌陷区）土地的复垦技术（胡振琪,2009；黄元仿等,2015）,研发矿区采复全程土地复垦综合技术与设备。跟踪国际发展前沿,结合我国土地利用特点和社会经济发展要求,构建我国特色的矿区土地生态系统恢复和土地综合整治理论,形成具有自主知识产权和原始创新的技术体系。选择不同生态区、不同矿种及其采矿方法,开展矿区复垦生物多样性恢复综合关键技术研究。

（6）基于我国典型农田重金属污染的特点（环境保护部和国土资源部,2014）,从重金属溯源、迁移和转化过程及机制入手,创立农田重金属污染防控理论,研发具有我国特色的农田重金属污染与农产品安全生产技术体系,具体包括以下5点。①针对重度重金属污染农田,以植被快速重建和重金属生物提取为目标,物理、化学及生物技术有机结合,重点研发高效、廉价、环境友好型的土壤重金属钝化技术、产品、装备及其应用技术；选育重金属耐受植物和超累积植物,研发植被快速恢复与重建技术体系,研发重金属生物提取与回收利用技术及装备,并制定相关的技术标准与规范。②针对中度重金属污染农田,以快速降低农田土壤重金属含量,达到农产品安全生产要求为目标,致力于利用现代基因工程技术,开发重金属超累积植物新品种及微生物菌种；集成耕作栽培及水肥管理等农艺技术措施,形成生物与农艺技术有机结合的技术体系。③针对轻度重金属污染农田,以阻断重金属在食物链转移和累积,实现农产品安全生产为目标,集成重金属钝化技术、间套种及水肥管理等耕作栽培技术,以及微生物制剂与应用技术,逐渐降低土壤重金属活性和含量,阻断重金属进入食物链,实现农产品安全生产。④针对大气源重金属污染农田,以降低作物叶面吸收与可食部分转移及累积为目标,重点研发叶面生理阻隔与吸收阻控技术与产品,开发配套的施用技术；同时结合作物品种筛选及栽培管理技术,以及大气沉降管控技术,形成大气源重金属污染防控与农产品安全生产技术体系,并制定相应的技术标准与规程。⑤在典型农田重金属污染地区,建立农田重金属长期监测网络及大数据平台；建设农田重金属污染防控与修复装备生产及产业化示范基地；建立国家级农田重金属污染防控与修复及农产品安全生产示范园区。

三、技术路线图

耕地质量提升工程科技专项的实施总体分为三个阶段。第一阶段，2015～2025年，针对治理非传统耕地和降低环境危害的战略需求，通过研发非传统耕地利用关键技术与集成方法，提出非传统耕地利用的新技术和模式，重点实现盐碱地的综合高效利用。第二阶段，2020～2030年，针对提升耕地质量和增产增收的战略需求，通过研发和制造耕地质量提升核心工程装备与机械，大幅度提高非传统耕地利用率和耕地质量，并重点在沿海滩涂利用技术和模式方面取得突破。第三阶段，2025～2035年，针对保障粮食安全和改善生态环境的战略需求，通过研发和整合耕地质量利用信息平台与系统，形成特色产品和产业链，同时完成全国重金属污染土地治理、利用以及风险评价。在未来20年里，将分步骤、有计划、有重点地逐步实施上述三个阶段，最终完成耕地质量提升工程科技专项。具体技术路线如图7-4所示。

四、可行性分析

在耕地面积难以稳定的情况下，增加供给的重要前提是耕地质量的提升（农业部，2014）。目前，我国已经在耕地质量提升及其基础设施保障方面开展了大量工作（农业部，2014）。近些年，通过实施测土配方施肥、土壤有机质提升、节水农业等项目，积累了一些针对不同区域耕地质量保护与提升的技术模式。另外，从国家到省级区域市级区域、县级区域都设立了土壤肥料的推广机构，还有健全的科研和教学等机构，国家、省、市、县四级耕地质量监测网络，这些相对完善的体系，为耕地质量提升工程的实施奠定了良好的基础。我国具有良好的荒漠化防治研究基础与技术储备，各部门在荒漠区建立多个长期生态定位研究站，积累了大量定位观测数据（国家林业局，2013）。对现有技术进行集成，能够形成适用于不同类型沙化土地的技术体系和模式（国家林业局，2013）。在此基础上，通过多学科联合攻关，在荒漠化防治关键技术上可取得突破（国家林业局，2013；京津风沙源治理工程二期规划思路研究项目组，2013）。我国在盐碱地时空分布、水盐运动机理、暗管排盐技术及装备、耐盐作物筛选和种植、盐碱地综合治理与利用模式、野外观测实验基地的建设等方面取得了系列成果（刘兆普等，1999；王建等，2012）；以信息化、自动化技术为

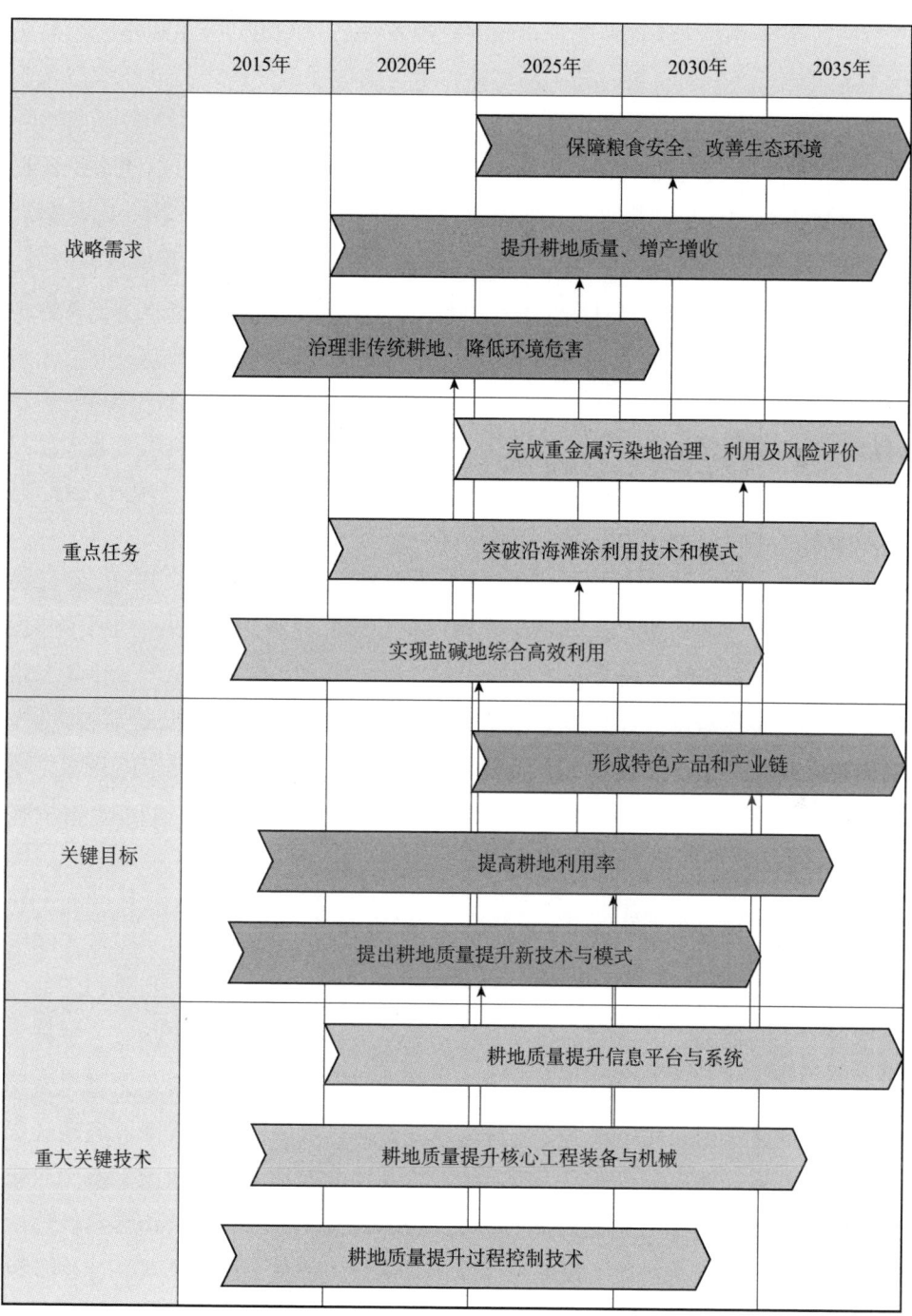

图 7-4 耕地质量提升工程科技专项技术路线图

支撑的盐碱地等退化土地监测评价预警管控系统已有一定的技术积累；相关现代工程科技发展，新材料、新产品与新技术为突破盐碱地治理关键技术与装备提供了外部条件（刘兆普等，1999；王建等，2012）；在现有的农田环境监测网络平台基础上，优化监测网点，结合当代信息和计算机技术，可以建立我国农田重金属污染大数据共享平台，实时掌控我国农田系统重金属污染状况，奠定重金属污染防控科学基础。我国具有相关的很好的工作基础和稳定的研究队伍，因此本专项的实施具有可行性。

第五节　海　洋　农　业

21世纪是海洋的世纪。发展海洋农业是全球农业可持续发展的重要方向，具有广阔的应用前景。随着海洋牧场构建、近海渔业生物资源养护、陆基工业化和池塘健康养殖以及深远海养殖平台与技术的发展与应用，坚持陆海统筹，全面实施海洋战略，发展海洋经济的海洋农业新模式正在世界范围内兴起。海洋农业是促进沿海区域经济发展、调整农业产业结构、扩大出口创汇、增加农民就业和收入以及保障海岛供给的有效途径。

一、应用目标

（一）海洋牧场高效构建与生物资源养护

以建设"资源节约、环境友好、质量安全、优质高效"型的现代海洋为发展目标，以技术创新和集成为支撑，构建新型海洋牧场，实现我国近海渔业资源养护型开发，促进近海渔业资源的可持续利用和保护，推动我国生态文明建设。预计到2035年，建成近海渔业水域动态网络监测系统，完善海洋牧场建设技术研发、工程监管和利用管理等综合技术体系，使整个渤海及黄海、东海和南海近海海域的生态环境和生物资源得到有效恢复，形成良性循环的渔业产出系统，海洋牧场建设规模、综合效益和科技水平均达到世界领先水平。

（二）浅海滩涂与深远海养殖

我国海产品的需求将会持续增加，生态安全和食品安全将进一步得到高度重视和系统改善。滩涂、浅海及深远海养殖将以科技发展为依托，以调整产业结构为主线，在增加渔民收入的同时，形成以经济和生态效益显著、环境友好、机械化和自动化的浅海滩涂与深远海养殖的新格局；大力发展深水养殖设施装备，打造集约化、规模化、自动化的深水大型养殖平台，拓展海水养殖空间；加快适合深远海养殖种类的筛选和研发。预计到2035年，随着浅海滩涂养殖技术的创新，养殖模式的进一步优化，深远海养殖平台的构建及其养殖技术的建立，浅海滩涂与深远海养殖业将得到快速发展，成为我国海水养殖业的重要组成部分。

（三）环境友好型的陆基海水工业化与池塘生态养殖

人民生活水平的不断提高，对水产品数量和质量的要求越来越高。因此，必须大力发展水产健康养殖技术和模式，不断提高海水养殖品的质量和安全性，为人们提供安全、健康、营养的水产品。未来20年，我国将在创新驱动发展战略的指引下，以科技进步为推动力，围绕工厂化循环水养殖设施、水产健康苗种培育、绿色养殖技术、水产重大疫病防控及水产养殖环境调控等关键技术开展专项研究，大力推进工厂化高效循环水养殖系统及关键技术的创新研发，加快工厂化循环水养殖模式的推广步伐；培育适合工厂化高密度养殖的海水动植物苗种；提高我国海水养殖业绿色化、工业化、规模化、智能化的水平，基本实现海水养殖业的现代化，使海水养殖业在大农业中的地位得到进一步提高。到2035年，力争进入海水养殖世界科技强国行列。

（四）海洋捕捞

受海洋渔业资源衰退、作业区域缩小等因素限制，我国海洋捕捞业发展受到了很大制约。由于近海渔业资源衰退的趋势在短时间内很难扭转，远洋渔业已成为海洋捕捞业最重要的发展方向。当前，渔船装备水平和渔场探捕技术落后成为制约远洋渔业发展的重要因素。因此，需要加大远洋渔业投入，加快远洋渔船装备改造升级，研究大洋渔业资源探捕与开发利用技术，突破渔船与捕捞装备国产化技术瓶颈，构建基于多学科设计优化（Multidisciplinary Design Optimization, MDO）的渔船数字化研发平台，开发信息化助渔仪器与自动化捕捞机械系统，构建基于3S和物联网技术的渔业信息化、数字化助渔与管理系统，促进远洋渔业快速发展。

（五）特种海洋生物资源可持续开发与利用

特种海洋生物资源包括珍贵、稀有和经济价值高的海洋来源特种高值经济动物、植物、特殊药用资源、特殊微生物资源、特殊酶资源等。开展特种海洋生物资源的生物多样性保护与利用、功能挖掘与应用等研究，揭示海洋生命形式的奥秘及其特殊生理机制，实现特种海洋生物资源可持续开发与利用，建立具有自主知识产权的特种生物资源功能菌株库、功能基因库、微生物库、酶分子库，研究特种海洋植物新品种选育等难题，打造针对海洋特种生物资源开发利用的技术平台，建立系列特种海洋生物高值制品产业化开发的关键技术，并开发一批特种生物资源高附加值产品（海洋食品、海洋生物医药品、海洋生物材料、海洋功能制品等），支撑特种海洋生物资源的产业化发展，培育海洋生物产业发展的经济增长点。

（六）海岛休闲农业

我国是一个海洋大国，海域辽阔，海岛众多。海岛作为海洋生态系统的重要组成部分，其具有特殊的地理位置和资源环境，科学开发与利用海岛及其周边海域，开展"屯渔戍边"意义重大。因此，研究科学开发和适度利用海岛资源，发展海岛休闲农业是推进我国渔业转型升级和供给侧结构性改革的重要举措之一，也是海洋农业的重要研究内容之一。主要内容包括：①研究和评估特定海岛及周边海域的自然资源现状和挖掘历史与海洋文化，发展休闲渔业和海岛旅游；②研究海岛和海域的环境承载力，发展外海养殖生态模式和"屯渔戍边"；③研发远离海岛养殖基地的物联网远程监测和安全服务保障系统。

（七）海水灌溉农业

随着科学技术的不断突破与发展，海水灌溉农业成为世界农业发展的新趋势。海水灌溉农业有效利用滨海滩涂、海水资源和耐盐植物三大资源，打破传统农业对淡土和淡水植物的依赖，使海水、沿海滩涂能够直接用于农业生产。发展海水灌溉农业已成为世界各国农业领域研究的热点之一。海水灌溉农业研究主要集中在两个方向，一是通过基因工程提高普通农作物的耐盐性；二是培育野生耐盐植物。我国发展海水灌溉农业需要制定正确的技术发展路线，组织力量协作攻关，逐步试验示范，形成规模和产业化。

二、工程技术目标和主要任务

（一）海洋牧场和近海渔业资源养护

掌握近海渔业资源动态变化规律及多样性格局，研发生态友好型捕捞技术、渔业管理信息化系统、近海衰退渔业种群重建技术、近海栖息地生境修复技术、海洋牧场高效构建技术，优化近海渔业资源结构，建设渔业资源养护示范区，示范区渔业产量提高 20% 以上，效益提高 30%。主要任务包括以下几方面。

（1）近海渔业资源评价技术。开展近海主要渔业种群动力学研究，了解渔业资源变动规律；研究重要渔业物种关键生活史及其生境形成和退化机制，分析人类活动与气候变化对近海渔业资源产出功能的影响，掌握近海渔业资源动态及多样性格局，为渔业资源养护提供理论依据。

（2）近海渔业资源生态友好型捕捞技术研发与示范。包括生态友好型渔法技术、生态友好型渔具开发技术、生态友好型渔具材料、各渔具的多鱼种选择技术的研发与示范推广。

（3）近海渔业资源监测高新技术研发与示范。主要包括近海渔业资源环境立体监测调查技术、作业渔船生产情况即时报信技术、渔船实时动态监测技术、渔船船位分布遥感解析技术、渔政执法检查渔船身份识别技术、数字化渔业管理技术及限额捕捞管理技术的研发与示范推广。

（4）近海渔业资源养护和种群重建技术研发与示范。主要包括衰退种群重建容量评估技术、衰退种群重建新技术、种群重建生态风险评价技术、种群养护和重建的苗种标志技术、种群养护和重建效果评估技术的研发与示范推广。

（5）海洋牧场高效构建关键技术研发与示范。主要包括近海海洋生态系统健康评价技术、海洋牧场区生态容量评估技术、海洋牧场构建设施与工程优化技术、海洋牧场营造关键生物种类选择与增殖技术、重要渔业生物栖息地保护与重建技术、浮筏立体式增殖生境构造技术、沉积食性动物功能群的重建技术、富营养化物质多层次综合利用技术及渔业特别保护区选划与设计等技术研发与示范推广。

（二）浅海滩涂环境友好型生态高效养殖新模式

以科技创新为导向，坚持基础理论与应用研究并重的原则，遵循"生态优先、资源节约、环境友好、优质高效"的水产养殖发展导向，重点突破高密度养殖系统排出的富营养化物质消减和资源化利用技术、开放海域多营养层次综合高效养殖模式与抗风浪技术与装备、池塘高效生态养殖关键技术、现代化养殖设施与装备的研制、高效生态养殖模式研发、技术集成与示范、标准化生态养殖技术与规范，创建一批具有国际先进水平的环境友好型生态高效养殖模式和技术，提升我国养殖装备机械化、自动化水平，全面提高我国海水养殖和海洋循环经济的高技术创新能力，引领我国海水养殖业的健康持续发展。主要任务包括以下几方面。

（1）浅海滩涂养殖容量评估与综合管理技术。研究典型养殖系统生源要素与养殖生物生理活动的关系，查明养殖系统生源要素的关键生物地球化学过程，建立典型海域的养殖容量模型并进行应用和验证，研发增养殖生物和海域环境实时、在线监测技术，建立基于物联网、信息化、数字化技术的生态系统综合管理平台。

（2）多营养层次综合养殖原理与关键技术。研究海水多营养层次养殖系统物质转运和能量传递规律，开发适宜的养殖种类并应用于综合养殖系统，探究养殖生物间及其与环境间的相互关系，结合养殖容纳量评估技术和数值模型，建立海上筏式养殖的标准化生态养殖模式及技术。

（3）筏式养殖与收获新设施和配套技术。针对浅海筏式养殖产业亟须解决的优化养殖系统环境和拓展养殖空间等问题，研发和优化适于不同区域和种类的多营养层次综合养殖模式和抗风浪、安全实用的新型筏架和设施；研发适用于标准化养殖模式的机械化、自动化作业装备，提升劳动效率，降低劳动强度；研发综合防附着技术和高效收获装备，建立浅海筏式生态高效养殖技术体系。

（4）典型养殖水域生源要素时空变化特征及关键影响因素。研究典型养殖水域碳酸盐体系各分量比例及时空分布规律、海—气界面二氧化碳交换通量及其关键影响因素、生源要素时空变化特征、不同增养殖模式对生源要素时空变化的影响特征。

（5）岛屿海域养殖设施和关键技术。针对岛屿海域环境多样化、供饵力低等问题，研制和优化适用于岛屿海域的海珍礁和监控系统，研究增养殖关键物种的种群结构组成和生态作用，构建岛屿增养殖功能群，建立基于生态系统水平的岛屿海域增养殖技术体系。

（三）海水陆基工厂化和池塘健康养殖关键技术

以技术创新为动力，围绕绿色健康苗种培育、无公害养殖技术、水产重大疫病防控及水产养殖环境调控等关键技术开展创新性研究，到2035年，绿色健康苗种覆盖率达到60%，水生动物产地检疫率达到97%，重大疫病发生率控制在7%以内，工厂化、网箱养殖产量占总产量的比例提高到25%，水产品质量安全产地抽检合格率达99%以上。力争进入水产养殖世界科技强国行列，实现科技贡献率达75%，科技成果转化率达65%以上。主要任务包括以下几方面。

（1）绿色健康养殖苗种培育。研究海水养殖鱼、虾、贝类抗病性状形成机制及抗病表型测定技术，研究海水养殖动物抗病苗种规模化培育技术，建立抗病种质保存和抗性维持技术，培育天然抗病力提高的绿色健康苗种，实现产业化推广应用。

（2）优质高效环保型饲料研制。研究海水养殖鱼虾类幼苗消化系统结构与功能，研究适合生物饵料的规模化培育技术，研制海水鱼类亲体功能性饲料配方及投喂技术，研制海水鱼类成体培育用环保抗病绿色饲料，建立环保绿色饲料精准投喂技术。

（3）海水养殖动物病害检测与防控。研发海水养殖动物流行病学监测试剂盒及快速检测技术，研发疫苗、抗菌肽和新型鱼药等高效安全的海水动物防病治病产品，研究海水池塘、工厂化养殖动物病害的生物防控技术。

（4）海水养殖动物工厂化健康养殖设施研制。研究工厂化循环水养殖水体微生物构成及其变化规律，研究高密度养殖条件下水质监测与控制技术，研制高效低耗环保型工厂化养殖系统与设施，建立绿色环保型工厂化养殖技术体系。

三、技术路线图

近海渔业资源养护工程通过渔业资源增殖容量及增殖效果评价技术的研发，到 2035 年实现渔业资源的养护型开发，进而实现近海渔业资源的可持续利用。浅海滩涂环境友好型生态高效养殖新模式通过浅海滩涂养殖工程技术与装备的研发，到 2035 年实现规范化和规模化浅海、滩涂养殖，实现陆基、浅海和深远海养殖齐头并进，使我国从世界第一水产养殖大国蜕变成世界第一水产养殖强国。具体技术路线见图 7-5。

四、可行性分析

我国近海生物资源丰富，海洋渔业捕捞产量中 90% 以上来自近海。从"十一五"开始，我国开展了近海生态系统食物产出机理及其影响机制、渔业资源及其生境修复技术等研究，以渔业资源底拖网调查和声学调查技术为代表的资源监测技术手段已达到国际先进水平。近年来，我国在近海渔业资源养护与生态修复方面取得明显进步，同时，全国沿海各省（自治区、直辖市）均已开展增殖放流工作，不断加大对增殖放流资金的投入，放流的规模也在持续增加。此外，我国人工鱼礁建设已经起步，海洋牧场已从概念向实践发展，初步实现我国近海渔业资源的可持续利用。基于生态系统水平管理的环境友好型多营养层次综合养殖已被实践证明有助于改善养殖环境质量，提高养殖生态系统的食物产出，提出的浅海滩涂环境友好型生态高效养殖新模式已逐渐成为发展主流，在技术上处于世界领先地位。随着海洋渔业科技的发展，我国海水健康养殖近 20 年来取得了显著进步，逐步形成水产健康养殖的理念，在海水养殖鱼、虾、贝类抗病机制及疾病免疫防控技术、流行病学调查及细菌和病毒性病原快速检测技术、环保型配合饲料研制、工厂化循环水养殖技术等方面都取得了一些重要成果。建立了牙鲆病毒抗体库，研发了几种重要海水养殖动物病原快速检测试剂盒，初步培育出抗病牙鲆苗种、抗病罗非鱼和抗病镜鲤等抗病苗种，建立了高抗对虾育苗技术和封闭式循环水养殖技术，其中多项成果获得国家级科技奖励。在科研团队建设方面，我国在浅海滩涂生态高效养殖、海水养殖生物免疫学与抗病机制研究、病原检测与疾病防控、营养调控与饲料配制、工厂化循环水养殖等领域已经形成多个具有国际先进水平的创新团队。综上所述，海洋

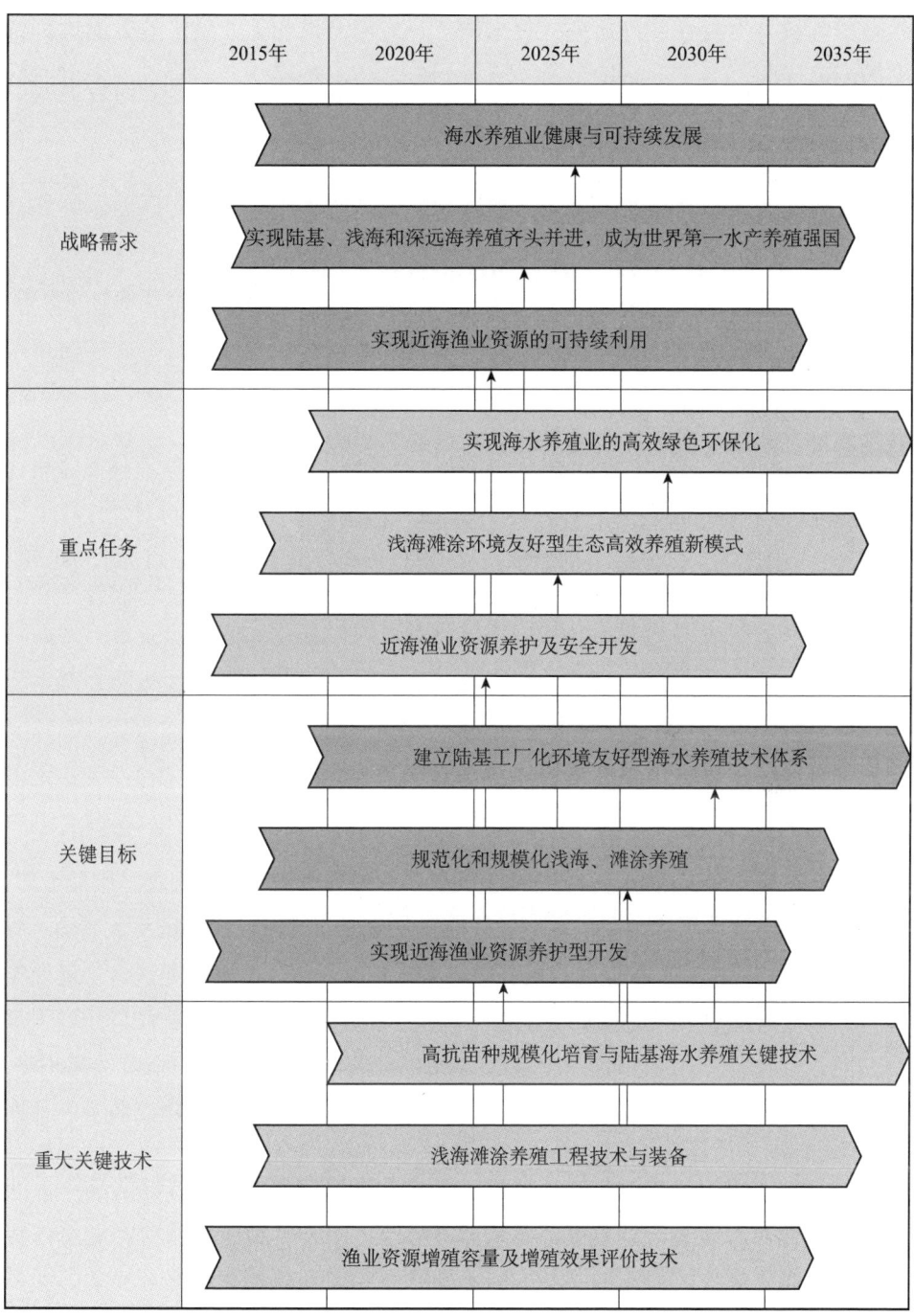

图 7-5 海洋农业工程科技专项技术路线图

农业工程科技专项在基础研究、技术储备、应用需求和人才队伍等方面均具备实施的可行性。

第六节　森林资源培育与高效利用

一、应用目标

我国森林资源进入了数量增长、质量提升的稳步发展时期，但森林覆盖率远低于全球 31% 的平均水平，严守林业生态红线面临巨大压力，木材对外依存度接近 50%（国家林业局，2014）。目前，全国木材消耗量近 5 亿 m^3，预计到 2020 年，我国木材需求量将达约 8 亿 m^3，到 2035 年预计达到 10 亿 m^3 左右。此外，我国森林的生态效益服务功能发挥不强，经营目标较单一，经营水平较粗放，未能在全国范围内建立适合不同地区协调发挥多种效益的森林多功能经营技术体系。为保护我国森林资源，提高森林质量和效益，增强森林抗逆能力，增强森林的碳汇功能，亟须开展多功能森林培育研究，提出多功能评价的标准和方法，并构建科学合理的森林多功能经营技术体系。多功能森林经营是森林经营的一种新理念，也是世界林业发展的新方向和各国林业发展的总趋势。需针对我国森林质量不高、功能不强等问题，围绕定向培育和可持续经营理念，研究森林生长及生态功能对森林经营的响应机理，攻克多功能森林经营规划及决策、林分作业法、立地质量评价，促进培育健康稳定优质高效的森林生态系统，加快提高森林质量，增强森林功能，增加森林资源总量，推进森林城市建设进程；开展森林可持续经营研究，林分质量得到明显改善，森林生态系统稳定性显著增强，森林的生态服务、林产品供给和碳汇能力等明显提升，并充分拓展森林的多功能利用空间，协同提高森林资源的生态、经济、社会效益。

2017 年全国林业产业总产值 7 万亿元，林产品进出口贸易额 1500 亿元，我国继续保持林产品生产和贸易第一大国地位。但由于高技术新型产业发展缓慢，资源消耗型、劳动密集型、产品低端型企业所占比重大，最终产品附加值仅为发达国家的 1/3 左右，林业产业在全球产业分工中仍处于中低端位置（国家林业局，2015）。面向 2035 年建设可持续发展林业体系的需求，必须加快推进新产品研发和林业机械化、智能化装备及绿色环保生产等技术的创新与组装集成，推进生物质材料、生物质能源等战略新兴产业发展，以技术升级带动产业转型升级，使我国由林业产业大国向林业产业强国迈进；重点针对木竹加工、林产化工、木本粮油、林业特色资源、生物质能源与材料等领域资源拓展、绿色生产、提质增效的发展需求，从林业特色资源培育、原料收储、制造加工到产品服务构建一体化的产业技术创新链，竹材高效加工利用、低质木材高效加工利用、清洁制浆等技术达到国际先进水平，促进林产品在国际产业链分工中由中低端迈向中高端，实现林业资源利用效率提高 20% 以上，产品增值 10% 以上，劳动生产率提高 50%，科技进步对林业发展的贡献率提高到 65% 以上，科技成果转换效率达到 60% 以上。

二、工程技术目标和主要任务

（一）多功能森林资源培育技术

（1）多功能森林形成机制研究。重点研究林分生长规律、经营措施对森林生态系统结构和功能的影响机理，近自然森林经营的生态学基础。

（2）人工林定向培育技术体系研究。围绕速生、珍贵和多用途树种，开展良种壮苗培育、适地适品种、密度和林分结构优化、生物多样性维护、轮伐期控制等定向培育关键技术研究，提出定向、优化的栽培模式和可持续经营技术体系。

（3）森林质量精准提升技术研究。重点研究多功能森林经营规划、立地质量评价及适地适树决策、林分作业法、森林经营成效监测评价及森林资源监测等共性技术；在我国大兴安岭寒温带针叶林经营区、东北中温带针阔混交林经营区、华北暖温带落叶阔叶林经营区、南方亚热带常绿阔叶林和针阔混交林经营区、南方热带季雨林和雨林经营区、云贵高原亚热带针叶林经营区、青藏高原暗针叶林经营区、北方草原荒漠温带针叶林和落叶阔叶林经营区 8 个经营区，按照经营特征和森林近自然程度，建立典型森林可持续多功能经营的综合试验示范区，形成健康、稳定、高效的森林生态系统，实现森林质量和功能提升。

（二）林木资源绿色加工利用技术

（1）木材高效加工利用技术。重点研究木材形成及材质改良的生物学与化学基础；重点研究木材工业节材降耗、安全生产、污染检控等生产管控关键技术，表面绿色智能装饰、环保胶黏剂、木材绿色防护与改性、低质原料清洁制浆等绿色生产关键技术，木制品柔性制造、木结构材工业化生产，以及木材仿生、木质重组、轻量化与功能化等木基材料增值加工关键技术，木质家居材料健康安全性能检测与评价等产品质量监督技术。重点在珠江三角洲木家具产业集聚区，开展珍贵木材与速生木材高效加工利用技术集成与示范；在长江三角洲地板与木门产业集聚区，开展木材防护与改性、木质重组材料和环保胶黏剂等技术集成与示范；在长江流域人造板产业集聚区，开展生产高效管控技术集成与示范。

（2）竹材高效加工利用研究技术。重点研究竹藤细胞壁结构及增值加工的重大基础；重点研究竹重组材及竹集成材等工程材料连续化自动化加工、竹质缠绕复合材料、圆竹高效展平制造、竹藤材绿色防护及功能改良、竹基纳米纤维素规模化制备及创新应用、竹藤源高值化学品及炭材料生产，以及层积复合、染色装饰、多维成型、产品性能快速检测、生命周期评价等关键技术。在南方竹藤资源主要产区，开展竹藤机械采伐、结构材料和功能材料生产高效管控、高值化和特异化加工、加工剩余物高效利用等创新技术示范，建立先进竹质工程材料科技产业示范区，构建竹藤材高附加值加工产业链。

（3）林产化工绿色生产技术。重点研究树木次生代谢物形成及调控机制，重要活性成分分离纯化、结构修饰与功能化机理；研究松脂油脂资源高值化利用、活性炭低消耗清洁生产、植物单宁精深加工、紫胶树脂改性等关键技术；研发数字化控制连续新型反应器及高效提取装置，开发源头清洁生产工艺。在西南资源主产区开展松脂、紫胶产业升级技术示范，在福建、浙江等地区开展木质活性炭产业升级技术示范，在华中地区开展单宁、工业木本油脂产业升级技术示范，形成五大类林化产品全产业链增值增效技术集成集群示范区。

（4）林业生物质能源和材料开发。重点研究林业生物质高效转化的生物学基础、木质纤维素生物炼制、催化合成新一代液体燃料、生物基材料功能化转化等基础理论；重点研究林业生物质资源培育集储与预处理、生物质气化供热发电多联产、高品质生物质液体燃料制备与应用等能源化关键技术，生物基塑料、生物基热固性树脂、生物基吸附材料、木塑材料、生物基化学品等绿色低碳制造技术，林业废弃物全质资源化利用新技术。在东北、内蒙古以及南方能源林主产区，开展林电、林油、林气、林醇等林能一体化示范；在华东地区，开展木塑复合材料、生物塑料、生物质炭材料等大宗生物基材料集群式产业科技示范；在东北、福建等废弃资源集中区，开展废弃资源增值增效技术集成与示范。

（5）木本粮油高效生产技术。重点研究油茶、核桃主要木本粮油和特色经济树种光能利用与水肥耦合、产品质量特征形成与调控、特殊营养品质的功能评价与转化机理等基础；重点研究良种采穗圃营建、容器苗规模化培育和大苗培育等种苗高效繁育技术，树体和林分结构调控、花果管理、水分管理等高产优质经营技术，经济林果高效收储、粮油高值化综合利用、产品质量安全控制与溯源等加工利用关键技术。在东北中温亚寒带片区以榛子、果用红松，在西北大陆性温带片区以核桃、枣等，在华北黄河中下游暖温带片区以核桃、枣、板栗、长柄扁桃、油用牡丹等，在南方丘陵山地亚热带片区以油茶、板栗、锥栗、柿子等，在西南高原高山季风性亚热带片区以核桃、油橄榄、甜柿等树种为对象，集成示范高产优质培育和高价值开发利用技术。

三、技术路线图

我国林业资源和产业发展面临"木材安全、生态安全、绿色发展、山区经济"四个重大问题。解决上述问题关键在于加强林业资源培育及高效利用科技创新，推进种苗繁育、营造林、加工利用全产业链技术升级，提高人工林生产力和资源利用水平。构建先进林产品制造技术体系，实现绿色、高效、创新发展及建设可持续发展林业体系的战略需求。根据实现先进木质材料的绿色智能加工制造，创新先进林产品，以及开展森林可持续培育与多功能经营的重点任务要求，攻克木竹材高效加工与集成示范、林业生物质高效转化与高值利用技术及森林多功能经营技术与综合示范等重大关键技术，综合提升森林质量和功能，形成先进木质材料产业技术创新链，构建林木资源高附加值加工产业链，我国人工林林木良种覆盖率提高10%，单位面积生产力提高15%以上，林业科技贡献率达到 65% 以上；进一步提升林业资源培育及高效利用自主创新能力，促进林业产业结构调整和转型升级，实现林业资源利用效率提高 20% 以上，产品增值 10% 以上，劳动生产率提高 50%。具体技术路线见图 7-6。

四、可行性分析

目前，我国大力开展了基于可持续经营和森林生态经营理论的工业人工林与天然林培育的理论技术研究，特别是人工林定向培育、能源林培育、碳汇造林、多功能森林培育技术等研究，通过营林措施恢复森林健康和生物多样性，同时辅以生物防治和抗性育种等措施来提高森林的抗病虫能力，以提高森林生产力（盛炜彤，2014；方升佐和田野，2012；翟明普，2011）。国内研究人员在多功能森林的林分结构化经营、生态采伐及近自然林经营开展了大量研究，具备了开展多功能森林研究和评价的人才、手段和平台。我国在森林多功能经营技术、林分结构指标、基于多功能经营的森林经营评价及森林多功能经营利用模式的研究成果将有效支撑多功能森林培育的纵深发展，拓宽森林多功能利用，提升森林的质量和功能。我国在木竹材高效加工和林产化学加工方面已积累了丰富的科技成果。木材构造、性质、加工利用、保护、改性及测试和研究方法等方面取得重要进展，研究内容逐渐拓展外延，产生新的学科分支；尤其突破了木材 DNA 条码识别技术，完善了我国重要商品材的宏观、微观和超微观结构特征数据库；研究生态因子的变化对木材解剖特征的影响，进一步建立了木材学与林学间的紧密联系；木材加工和利用过程的化学问题等重大基础问题得到深入研究，纳米纤维素衍生物及其功能材料、木质功能材料、竹木复合结构材料等新型木质材料和制品大量涌现。木质和非木质生物质资源化学结构与特征、化学与生物化学加工利用应用技术研究成果显著，近年我国林化产品产量和出口量均居世界前列。其中，生物质能源及活性炭、木材制浆、木材胶黏剂和化学品的化学与利用过程基础、应用基础和关键技术研究发展较快；生物质能源日益受重视，生物质资源裂解工艺、生物质气化、成型燃料及生物质液体燃料方向已建立了基础理论体系和形成了一定的产业规模。此外，通过产学研用协同创新，开展林业科技攻关，形成了一批优秀的创新研究团队，建成了国家级和省部级重点实验室、工程技术中心、生态系统定位监测网络、种质资源库等

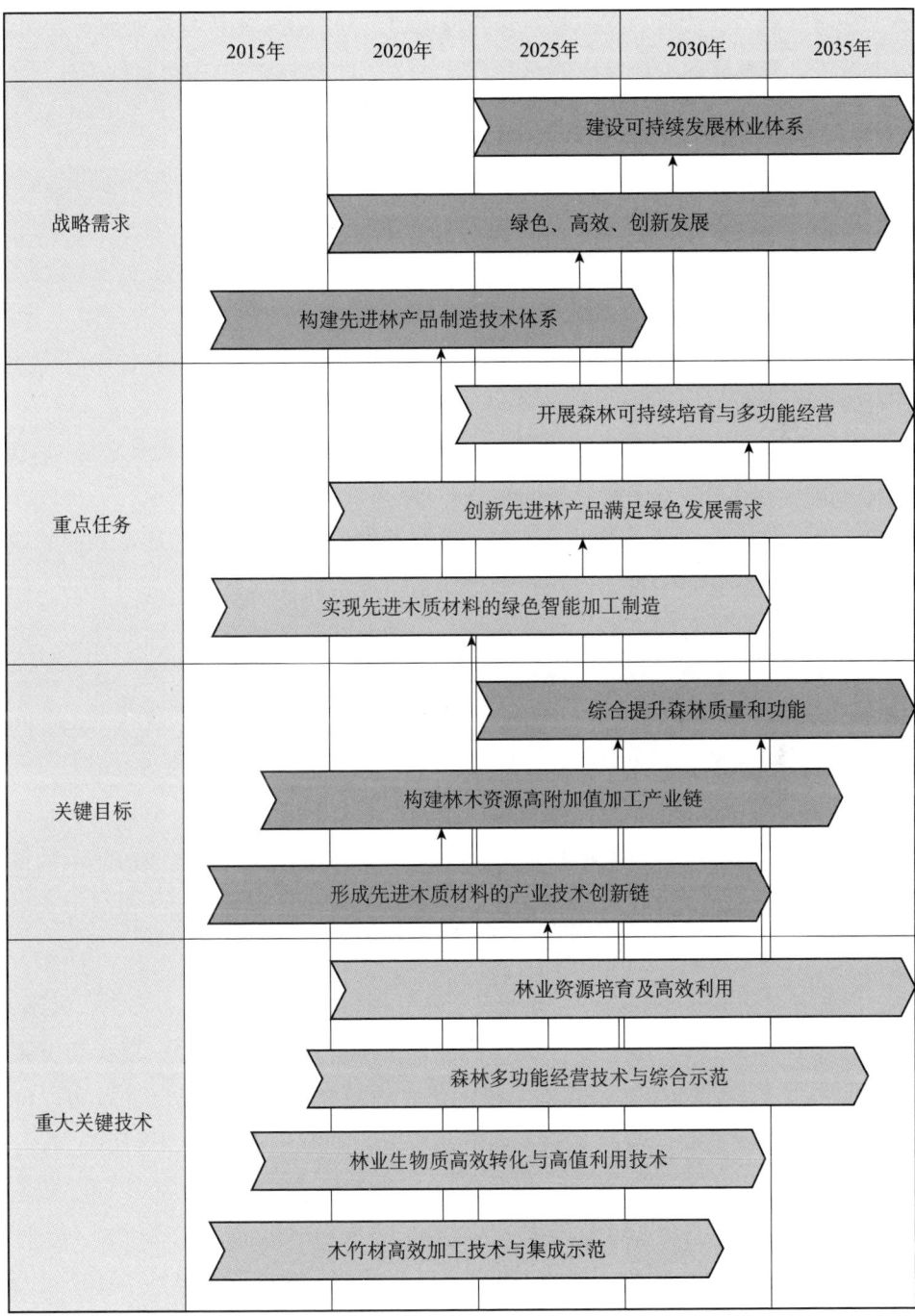

图 7-6 森林资源培育与高效利用工程科技专项技术路线图

平台和研究基地，能有效支撑林木资源绿色加工利用技术工程科技的创新发展。综上所述，森林资源培育与高效利用工程科技专项已具备实施的可行性。

第七节 农产品贮藏加工与质量安全

一、应用目标

民以食为天，食以安为先。农产品收获后的贮藏加工与质量安全是粮油、果蔬、畜禽、水产品等走向餐桌的重要一环。农产品经过加工增值，不再以廉价的初级原料或低档商品提供给市场，延伸了农业产业链条，拓展了农业的增值空间，增加了农业的整体效益；经过加工形成系列食品，满足消费者的不同需求，同时，更加方便运输、贮藏和消费，增强农业抵御市场风险的能力；农产品贮藏加工水平决定我国农产品能否在国际市场上占据应有位置，从而提高农产品的国际竞争力。目前，我国年产主要食用农产品原料达20亿t，80%的食用农产品以传统食品形式消费（王小萱，2016）。2035年预计主要食用农产品原料达30亿t。如此庞大的食用农产品原料为食品加工业未来发展提供了坚实基础。同时，中国城市化率将达到70%，加工食品在食物消费结构中的比例也将提高到70%以上，生态标签农产品（无公害、绿色、有机食品）比例提高至30%以上，刚性需求将大幅提高。

消费者对食品的需求朝着"方便、美味、可口、实惠、营养、安全、健康、个性化、多样性"的方向发展。农产品的质量与安全是食物之基，营养与健康则是食物之本。保障食物有效供给，优化食物结构，强化居民营养改善，降低慢性疾病的发病率，最终实现提高食品安全、加强国民营养和健康的目的。2015年我国居民人均寿命为76.3岁，到2035年预计人均寿命为80岁，随着老龄化程度的加剧和消费者对生活品质的关注，未来20年，食品营养健康产业伴随着我国农产品加工业快速发展，将进入黄金时期。我国农产品加工业跨入营养健康新时代，健康食品将成为未来市场的主旋律之一。全球农产品加工制造产业向宽领域、多层次和高科技等方向发展。农产品贮藏加工与质量安全的应用目标主要为：高新技术广泛应用于农产品加工各环节；精深加工能力越来越强，资源利用越来越综合；新产品向安全、绿色、营养、休闲方向发展；加工设备向新型、高效、节能、环保方向发展；加工原料专用化；注重加工过程的研发和创新，以创新技术占优势；重视加工过程的质量安全管理；农产品市场的全球化等。重点解决食物安全、居民健康，以及农产品产业升级、可持续发展等国家重大需求的一批关键科学问题，最终实现"智能、节能、低碳、环保、绿色、可持续"的农产品加工业。

二、工程技术目标和主要任务

（一）农产品贮藏保鲜工程技术

农产品贮藏保鲜及品质控制机制技术，研究农产品贮藏保鲜过程中品质变化的物质基础、质构变化规律及生物学机制，重点阐明生鲜食用农产品现代贮藏和保鲜技术对食品品质保持与调控规律，以及畜禽水产品高附加值产物筛选和代谢调控。开展农产品贮藏保鲜新技术，如绿色防腐保鲜、新型包装控制、智能冷链物流，农产品营养素保持技术和功能性评价体系、粮食现代储备关键技术装备、节粮减损等产业急需技术。

研发农产品贮藏保鲜过程中冷冻冷藏、杀菌包装、食品品质保持、损耗控制、货架期延长等共性技术，探明农产品贮藏保鲜的生物学基础、品质劣变及维持的生理生化基础，包括采后农产品品质（色泽、香气、风味、质地）形成的生物学基础，农产品采后代谢基础数据库的建立，农产品对环境或外源非生物因子响应的生理与分子基础，农产品绿色保鲜技术的生理生化基础等。畜禽水产品贮藏保鲜的生理生化基础，主要有动物源性食品品质形成的生物学基础与调控机制、动物源性食品品质变化的机理与调控机制等。突破环境因子精准控制、品质劣变智能检测与控制、新型绿色包装、绿色防腐保鲜等关键技术，推动农产品贮藏保鲜行业跨越式发展。

（二）农产品加工工程技术

绿色、高效、节能加工关键技术及装备，研究农产品加工高新技术如新型节能干燥技术、电磁加工新技术、连续烘焙、非热加工、3D打印技术等应用于传统食品工业化生产对食品品质的影响机制，农产品生物制造过程中风味的形成机制，农产品加工副产物中活性物质功能评价与高值化利用，畜禽水产品功能因子的相互作用、构效关系及其调控机制等。突破物性重构、风味修饰、质构重组、低温加工和生物制造等关键技术，攻克绿色加工、低碳制造和品质控制等核心技术，有效支撑农产品加工产业技术升级。

农产品加工业作为现代农业的主体与标志，将由以饱食果腹为使命的传统产业、基础产业、支柱产业，向以质量安全、营养健康为本质和使命的现代食品业、新兴制造业、高技术产业与财富产业的方向快速发展。重点开展农产品营养品质调控、营养组学、健康功能与抗慢性疾病机理研究，突破营养功能组分筛选、稳态化保持、功效评价等关键技术，掌握营养功能组分高效运载及靶向递送、营养代谢组学大数据挖掘等核心技术，加强主副食营养健康机理与现代化关键技术研发，开发多样性和个性化营养健康食品，有力支撑全民营养健康水平提升。

（三）农产品与食品质量安全工程技术

农产品与食品质量安全控制及创新技术体系集成，重视农产品与食品质量安全，聚焦食品源头污染问题日益严重、过程安全控制能力薄弱、监管科技支撑能力不足等突出问题，重点开展监测检测、风险评估、溯源预警、过程控制、监管应急等质量安全防护关键技术研究。主要包括食源性危害因子的风险评估，农产品加工过程安全控制理论与方法，有害物在农产品加工过程中的迁移转化规律，转基因食品安全性评价，畜禽水产品典型危害因子的产生与调控机制，畜禽水产品产后病原鉴定、致病机理、与宿主的相互作用及其作用机制等。

针对农产品加工链危害的多元化和复杂性，综合运用组学和体外替代新技术，进一步开展农产品质量评价与系统识别、危害因子靶向筛查与精准确证、多重风险分析与暴露评估、在线监测与快速检测、安全控制原理和工艺、监管和应急处置等共性技术研究，重点突破农产品风险因子非定向筛查、快速检测核心试剂高效筛选、体外替代毒性测试、致病生物全基因溯源、全产业链追溯与控制、真伪识别等核心技术，加强农产品质量安全防护关键技术、数据库构建、基础标准和基于互联网的监管技术研究，构建全产业链农产品质量安全技术体系。

三、技术路线图

农产品及其加工业是我国重要的战略产业。未来 20 年主要的战略需求包括：节能干燥、新型杀菌、质构重组、生物制造等工程化技术研发与应用，农产品与食品质量安全控制创新技术体系集成，绿色低碳农产品贮藏保鲜及品质控制方法等。农产品贮藏加工与质量安全工程科技专项的重点任务主要有：农产品精深加工新技术、装备及信息化，绿色、高效农产品生物制造技术提升，农产品营养数据库与健康营养食品加工技术，农产品与食品质量安全的全程控制体系（源头保障＋过程控制＋风险预警），农产品贮藏的关键技术与智能化装备等。预计实现的关键目标包括：农产品加工业产值与农业产值之比大于 4∶1；农产品加工技术装备国产化率达 90%，深加工智能化达到国际先进水平；农产品加工率超过 80%，副产品综合利用率达 60% 以上；建立标准健全、体系完备、监管到位的质量安全体系，达到国际先进水平。涉及的重大关键技术主要有：高效、绿色农产品加工新技术耦合，农产品营养保持和健康功能食品加工技术，农产品精深加工和综合利用关键技术，农产品质量安全数据库和快速检测核心技术，高效、低耗农产品贮藏保鲜技术等。具体技术路线见图 7-7。

四、可行性分析

近年来，随着农产品总量增加、品种丰富和消费升级，以粮油产品、畜禽水产品、果蔬和特色农产品为主的农产品加工业以两位数增长速度快速发展。我国粮食人均占有量已超过世界平均水平，小麦、水稻、果蔬、肉和蛋等主要农产品产量居世界第一。2015 年我国农产品加工业产值 20 万亿元，是农业产值的 2.1 倍，规模以上加工业（2000 万元）超过 7.5 万家，其中年销售收入超过 100 亿元以上的有 50 家（张桃林，2016）。我国农产品加工业作为民生的基础，取得了举世瞩目的伟大成就，成为横跨三次产业、汇聚多个行业、牵动就业增收和满足消费需求的基础性、战略性、支柱性产业（佚名，2013）。

由于受资源环境的约束，以及小规模、分散化的农业生产方式的限制，我国农产品整体的内在竞争力普遍弱于规模化、机械化为导向的美国、澳大利亚和南美国家。农产品加工业是提升我国农产品竞争力的核心。目前，我国从事农产品加工业研究的科研单位和高等院校已经超过 400 家，已初步形成了国家、

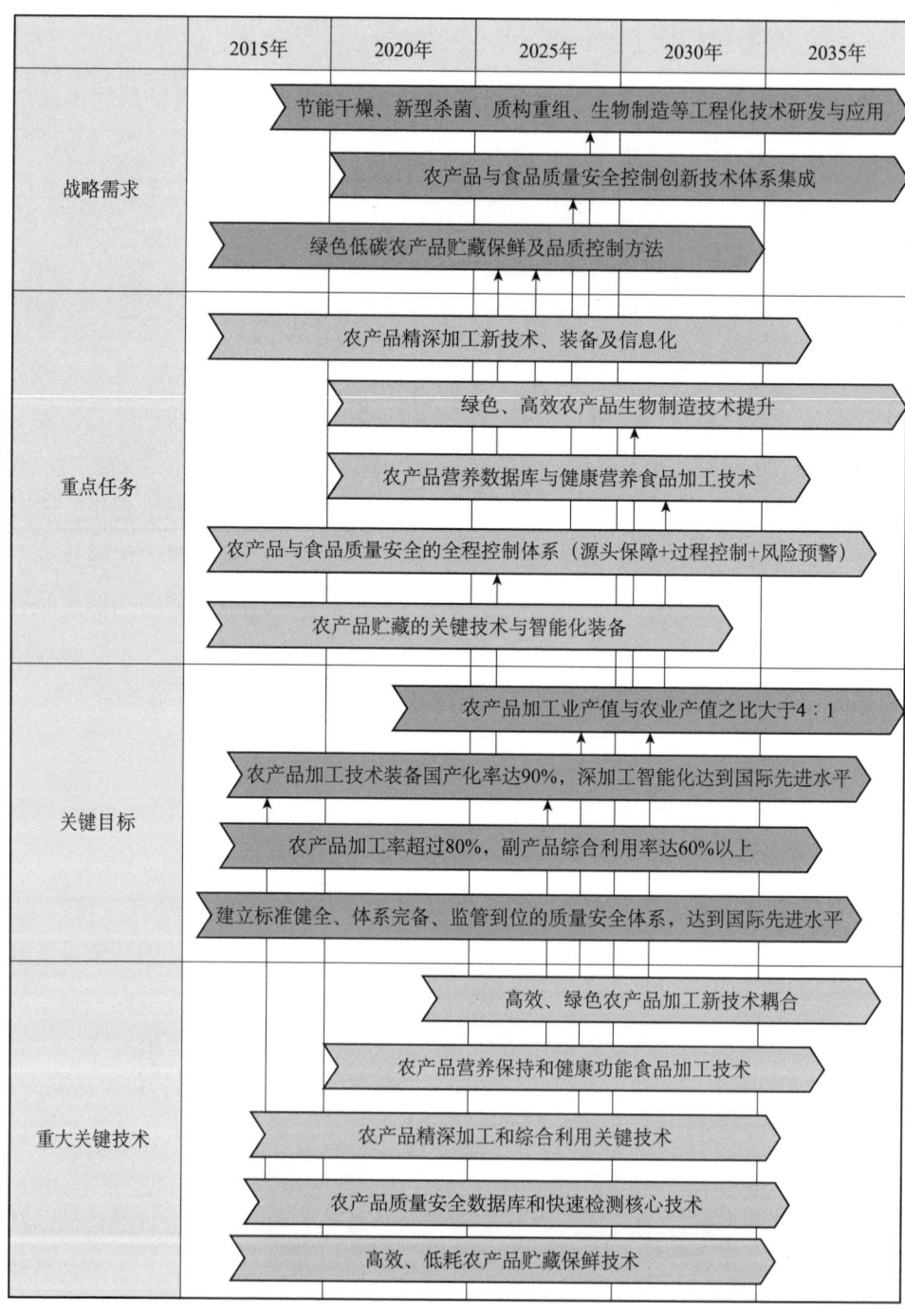

图 7-7 农产品贮藏加工与质量安全工程科技专项技术路线图

部门、地方三级较为完善的研发体系（佚名，2014；孟宪军，2011）。围绕加快解决制约行业发展的重大共性技术问题，2007年农业部启动了农产品加工研发体系建设工作。农产品加工业基础性和应用性研究得到整体发展，农产品贮藏保鲜及品质控制方法、食品工程化（绿色、高效、节能）加工关键技术与装备取得重要突破，大宗食用农副产品加工转化、工业化食品综合加工、特殊人群食品开发和食品质量安全控制等重大共性关键技术水平明显提高，逐步形成了我国农产品持续发展的核心竞争力。从整体情况分析，我国农产品加工业发展潜力很大，本专项实施具有很好的可行性。

第八节 农业应对气候变化与防灾减灾

一、应用目标

全球气候变化背景下，我国的温度、降水、光照等气候资源发生了显著变化（《第二次气候变化国家评估报告》编写委员会，2011；杨晓光等，2011；潘根兴等，2011；IPCC，2013；《第三次气候变化国家评估报告》编写委员会，2015），极端天气气候事件发生的时间、覆盖范围、程度等也发生改变（任国玉等，2010；秦大河等，2012），气候变化直接影响我国种植制度、品种布局以及作物产量和品质形成（杨晓光等，2010，2011；杨晓光和陈阜，2014；崔静等，2011；郭建平，2015），而极端事件频发背景下农业气象灾害发生的新特征威胁着我国粮食安全（房世波等，2011），制约着我国农业的可持续发展。已有研究表明，未来气候情景下，以1980~1999年为基准，2035年前后我国年平均地表气温将升高0.6~1.0℃，且北方地区增温大于南方地区，冬春季增温大于夏秋季，极端高温事件增多，全国降水增加，强降水事件增多，未来气候变化将对农业产生很大影响（房世波等，2011；潘根兴等，2011）。研究气候变化引起的农业气候资源变化的机理和规律，研究气候变化对农业影响的综合评估模式，揭示农业生态系统对升温、降水、二氧化碳浓度的敏感性、响应过程和机理，针对不同区域的气候特征和农业发展目标，识别各区域气候变化均态与极端变化趋势以及农业气象灾害风险，制订主动适应气候变化方案，提高农业应对气候变化的能力；开展旱涝及温度异变孕灾机理研究，揭示农业气象灾害风险时空变化及其对农业生产的影响机理和过程；发展分子育种技术，选育抗逆性强的作物品种，同时改革耕作制度和作物布局，充分利用光热水资源，并减少极端天气气候条件的不利影响；研发保护性耕作、配方施肥等农业固碳减排节能综合技术，加强适应气候变化的农业生产基础设施建设，开发控制温室气体和减少环境污染的配套设施，促进农业结构调整，改良种植和经营管理模式，优化耕作方式，减少农田碳排放，增加农田碳汇的潜力，提高农田土壤有机质，发展农村可再生能源，达到减缓温室气体排放和高效固碳的目的，实现农业向高效率、低能耗、低排放、高碳汇、适应气候变化的智慧型绿色现代农业方向发展（陈兆波等，2013；贾敬敦，2013）。加强应对气候变化和农业气象灾害的应急和中长期科技发展策略研究，提高农业技术应对未来气候变化的能力，减少灾害损失，保证粮食生产安全（陈兆波等，2013）。

二、工程技术目标和主要任务

（一）农业应对气候变化工程技术

1. 完善气候变化观测方法和技术

开展农业气候资源变化的基本变量以及基本变量的有效观测方法和技术研究，完善气候变化观测网络与观测规范（贾敬敦，2013）；完善地表气温观测资料数据集，建立高质量全球陆地长序列地面气温资料数据集，构建和分析全球陆表平均和极端气温时间序列；监测和揭示全球陆地及不同区域地面气温变化的精细规律（任国玉等，2014）；改进涉及极端气候变化研究的资料处理和分析方法（任国玉等，2010）；研究全球气候变化引起的农业气候资源变化事实的诊断、规律与特征分析，研究自然驱动力自身的变化规律与定量描述、驱动过程与机制，以及驱动力、驱动过程间的交互作用；推进气候系统模式发展与完善及模拟（贾敬敦，2013）。

2. 开展气候变化对农业的可能影响研究

利用我国长时间序列的加密气象观测数据，分析我国全国以及各区域气候变化趋势（房世波等，2011），研究气候变化对粮食生产影响程度解析和分离技术；发展精细化农业气象监测评估模式；研制适合中国农业气象业务应用的精细化遥感-作物生长发育耦合模式、可与数值天气模式和气候模式相耦合的农业气象预报预警系统；发展作物机理模型与气候模式的嵌套技术与影响评价方法；研究气候变化对农业影响的综合评估模式；研究未来气候变化（包括气候要素均态与极端变化及其变率、大气成分等的变化）对主要作物生长发育过程、光合生理生态过程、产量及品质形成过程的影响及其控制机制；研发主要农作物关键发育阶段的农业气象指标体系；开展我国农业气候资源精细化区划研究，从不同时间与空间尺度发展适于我国农业生产的光、温、水等气候资源区划指标体系，建立精细化动态农业种植带区划；分析研究我国农业气候资源与主要农作物物候及农业生产潜力的关系，给出农业气候资源与农业生产潜力的动态趋势；探讨作物种植分布、产量与气候生产力变化格局对未来气候变化的响应与对策（周广胜，2015）。

3. 研究农业应对气候变化技术

全面认识不同农业生态系统对升温、降水、二氧化碳浓度的敏感性、响应过程和机理；明确气候变化背景下的区域农业景观和生态系统的格局变化过程与适应机理（贾敬敦，2013）。收集农业应对气候变化能力的基础信息和数据，建立基础数据库；研究农业应对气候变化能力评估指标体系与方法，制定农业应对气候变化能力评估等级标准，建立农业应对气候变化能力指标体系；提出农业应对气候变化能力评估规范。开展适应气候变化的节水农业技术及其与粮食产量的关系研究；研究气候变化对旱作、灌溉农田作物水分利用效率的影响过程与控制机制；分析研究不同节水农业技术对作物生长与发育、产量与品质的影响与调控机制；提出适应气候变化、提高旱作和灌溉农田作物水分利用效率的适应技术对策（周广胜，2015）；分析气候变化背景下我国粮食生产趋势与适应对策；建立农业种植制度优化和区域作物布局、作物安全生产气象保障业务系统；研究品种更新换代、引进适宜作物品种、不同作物种植比例、针对区域天气气候事件的不同作物品种组合，以及适于气候变化的耕作方式对粮食产量的影响及其控制机制，发展适于气候变化的农业稳产高产动态作物布局；建立适应气候变化的高产、优质、高效、生态、安全的中国现代农业示范基地。

4. 研究生物固碳工程技术

明确土地利用的碳汇机制与快速增汇途径、碳汇与生产力的共轭机制、生态系统碳氮耦合过程及其机制、农业温室气体减排与系统增汇的原理及其协同关系演变；研究通过改变土地利用方式和调控农业生产方式以减少温室气体排放的技术，开展二氧化碳捕集、利用与封存技术研究和示范（贾敬敦，2013）。建立农林碳源、碳汇的综合监测技术体系，研究符合我国国情的温室气体清单编制标准和方法，研究我国区域碳收支状况核算的方法和技术，构建支持温室气体减排测算、报告和核查的关键技术与管理体系；以减缓温室气体排放和高效固碳为目标，集成农业固碳减排节能综合技术体系；构建（生物质）碳基肥料配方与成型和秸秆生物质低碳农业集成技术体系与经营模式；研究农林复合系统的冠层优化管理技术和农林草轮植土壤碳库抚育与转移技术（贾敬敦，2013；郭然等，2008）；开发农业生物质新能源，降低农业生产的高碳消耗，解决农业生产废弃物的再利用问题（周中仁和吴文良，2005；闫丽珍等，2005）。实现农业向高效率、低能耗、低排放、高碳汇的绿色现代农业转变（陈兆波等，2013）。

（二）农业防灾减灾工程技术

1. 干旱洪涝温度异变孕灾机理研究

开展旱涝灾害的大尺度环流背景和影响因子研究，明确西太平洋副高、南海副高和中高纬阻高对我国汛期降水的影响；探索厄尔尼诺-南方涛动（ENSO）与干旱洪涝的关系，研究 ENSO 对我国降水的影响机理；研究区域间热力差异对我国主汛期雨型和旱涝的影响（陈菊英，2010）。发展作物生长季内天气气候条件、农业气象灾害对作物产量与品质影响的等级评估技术与方法，揭示高温、冷害、干旱、渍涝等农业气象灾害对作物产量与品质的影响与机制。开展农业气象灾害风险评估的基础理论和技术方法研究，揭示气候变化背景下农业气象灾害风险的时空新变化及其规律性，及其对农业生产的影响；揭示灾害性天气气候所形成的环境胁迫与农业生产系统相互作用及其对农业生物影响的机理与过程。

2. 开展农业减灾技术研究

提高作物抗逆分子标记育种技术水平，筛选适应气候变化抵抗极端气候条件的品种，筛选抗旱优质节水品种，研究高效种植技术，以抵御气候变化引起的不利影响（贾敬敦，2013）。改善农业基础设施和条件，提高气象灾害防御能力。减轻气候变化对农业的影响，不断提高农业生态系统对气候变化的应变能力和抗灾水平（肖风劲等，2006）。改革耕作措施和管理措施，以降水高效利用和生态环境保护为核心，结合我国生产实际，采取保护性耕作技术。改善灌溉系统和灌溉技术，如滴灌、喷灌，提高水分利用效率，减少灌溉中水资源的浪费；改进抗旱措施，开发节水高效种植模式和配套节水栽培技术；推广农业化学抗旱技术，如利用保水剂作种子包衣和幼苗根部涂层、用抗旱剂和抑制蒸发剂喷淋植物和地表以减少蒸腾和蒸发等；利用作物的水分胁迫诱导反冲机制，合理配置有限的水资源，在节水的同时达到稳产的目的（贾敬敦，2013）。

3. 加强农业灾害动态监测预警技术研究

探讨农业重大气象灾害的风险识别技术，以及农业气象次生与衍生灾害（如病虫害）暴发流行的气象成因和耦合机制；发展适应气候变化的中国农业气象灾害指标体系；研发基于过程与遥感信息的农业灾损快速监测评估技术；研发基于不同时空尺度的农业气象灾害监测、预警和评估技术，模型及其业务应用方法，以及政策性农业保险气象指数灾损技术和方法；建立适于我国农业重大气象灾害的风险管理技术（周广胜，2015）。加强气候变化及极端气候事件影响机理的实验与综合评估模型研究，建立农业气象灾害动态监测预警技术体系。加强暴雨、台风、强对流、干旱、大雾等农业灾害性天气监测预警平台建设和应急服务系统建设，建立农业生产气象保障系统；加强对农业灾害性天气中长期预报、预警能力，提高预报的准确性和时效性（李希辰和鲁传一，2011）。根据自然环境和农业自然灾害发生规律，制定各种自然灾害的防灾应急预案；积极开展人工影响天气活动，不断优化人工降雨等作业方案和技术方法，更好地服务于农业生产（李希辰和鲁传一，2011）。

三、技术路线图

气候变化背景下，我国农业气候资源发生了显著变化、时空分异特征明显，农业气象灾害频率和强度等也发生了变化，威胁着我国粮食安全，制约着我国农业的可持续发展。因此，提高农业应对气候变化的能力，提高农业防灾减灾能力，减少灾害损失，保证粮食生产安全，是我国重要战略需求。需要解决的重点问题是如何利用气候变化对农业的有利影响，规避气候变化的不利影响，发展高效、适应、绿色农业。需建立气候变化对农业影响评估体系，定量气候变化对农业的有利影响和不利影响，充分利用气候变化的有利影响；研发农业防灾减灾技术，提高农业防灾减灾能力，消减和规避气候变化不利影响；研发农业应对气候变化综合技术，建立农业应对气候变化评估体系，发展适应性强、资源利用率高、环境友好型的农业模式。通过以上体系的建立和技术的研发，完成农业应对气候变化与防灾减灾重点任务，实现国家粮食安全的战略需求。具体技术路线如图 7-8 所示。

四、可行性分析

几十年来，我国非常重视应对气候变化和防灾减灾方面的科学研究，储备了大量相关技术，可支撑农业应对气候变化和防灾减灾工程科技的技术研发。自 20 世纪 80 年代以来，我国科学家在全球气候变化及其对农业和农业生态系统影响领域取得了显著进展，建立了一批与气候变化研究相关的研究机构和基地，形成了一支颇具规模的研究队伍，初步构建了气候变化观测和监测网络框架，另外，遥感技术和卫星系统的发展，都为气候变化监测网络的完善和灾害预警系统的建立奠定了坚实的基础。在气候变化的规律、机制、区域响应及对农业的影响方面开展了一系列研究，定量研究了气候变化对我国种植制度以及作物产量和品质的影响，提出了通过改革种植制度和调整农业技术管理措施以适应气候变化，为农业应对气候变化的科学技术研究提供了目标和方向。基因技术不断发展，通过体细胞无性繁殖变异技术、原生质融合技术等，可以快速有效地培育出抗逆性强、高产优质的作物新品种（贾敬敦，2013）。近年来，作物模拟模型的开发和应用为定量评估气候变化对农业生产的影响提供了有效方法和工具。目前，我国建立了一批野外科学观测研究台站、农业领域重点实验

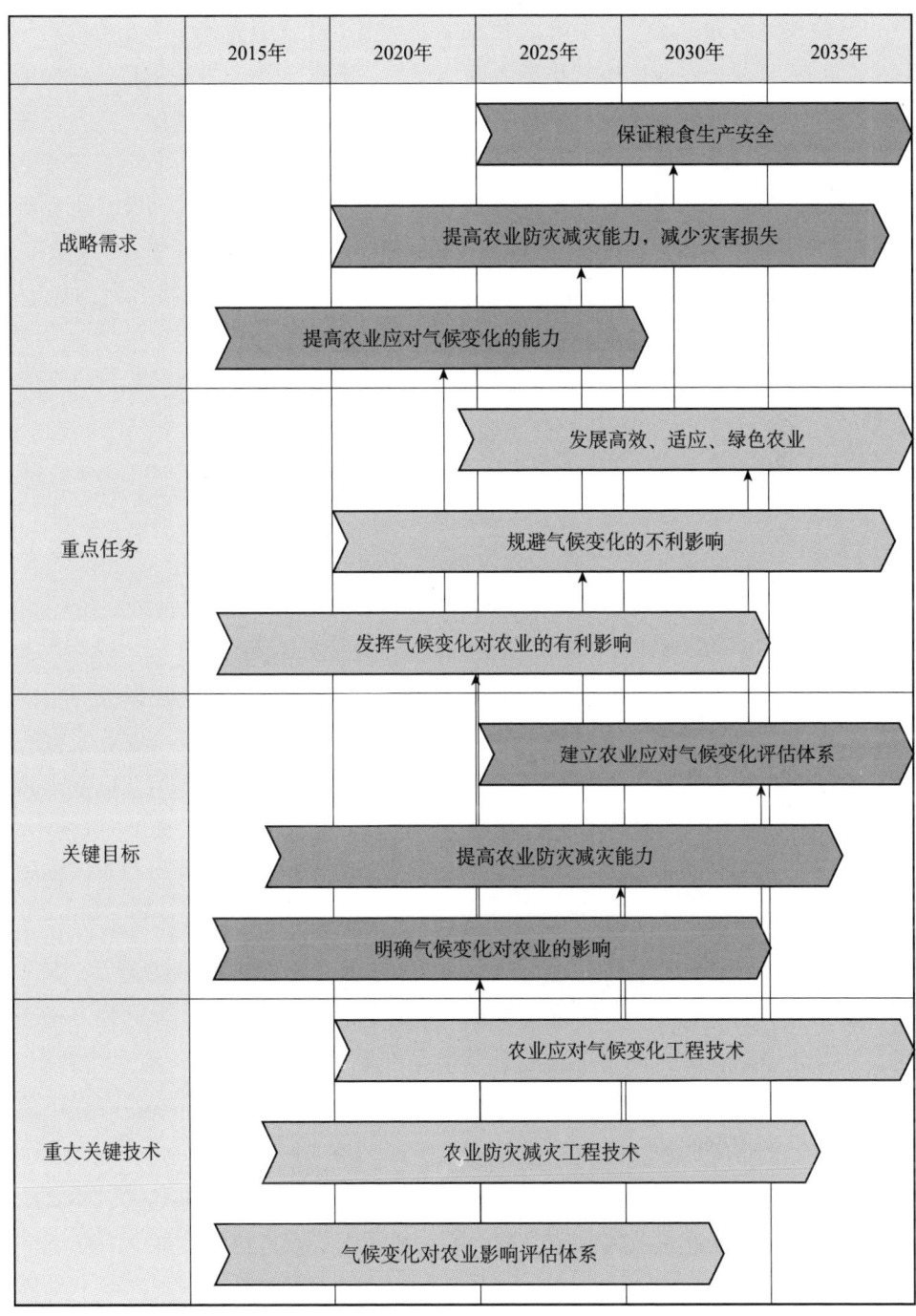

图 7-8 农业应对气候变化与防灾减灾工程科技专项技术路线图

室和试验观测站等,统计分析方法和数学模型也不断发展完善,为农业应对气候变化的研究以及农业固碳减排潜力评估提供了数据支撑和方法支持。在农业防灾减灾方面,许多科学家也进行了大量研究,取得了阶段性进展,通过试验和统计等方法初步构建了农业气象灾害指标体系,初步建立了农业气象灾害监测预警技术体系,为农业气象灾害监测预警系统完善、长期预报技术体系和气候风险区划等奠定了基础(王春乙等,2005)。从整体情况分析,实施农业应对气候变化与防灾减灾工程科技专项具有可行性。

第九节 区域农业可持续发展

一、应用目标

大力推动农业可持续发展,是实现"五位一体"战略布局、建设美丽中国的必然选择,是中国特色新型农业现代化道路的内在要求。在我国农业农村经济取得巨大成就的同时,农业资源过度开发、农业投入品过量使用、地下水超采以及农业内外源污染相互叠加等带来的一系列问题日益凸显,农业可持续发展面临巨大挑战。加快发展资源节约型、环境友好型和生态保育型农业,切实转变农业发展方式,从依靠拼资源消耗、拼农资投入、拼生态环境的粗放经营,尽快转到注重提高质量和效益的集约经营上来,确保国家粮食安全、农产品质量安全、生态安全和农民持续增收。坚持生产发展与资源环境承载力相匹配,妥善处理好农业生产与环境治理、生态修复的关系,促进资源永续利用,增强农业综合生产能力和防灾减灾能力,提升农业生产与资源承载能力和环境容量的匹配度(农业部,2015)。

区域农业可持续发展专项将选择不同的农业发展基础、资源禀赋、环境承载能力的区域,建设东北黑土地保护、黄土高原农牧业可持续发展、内陆干旱区节水抑盐与白色污染防控、华北地下水超采区适水农业发展、长江中下游耕地重金属污染综合治理、西南华南石漠化综合治理、沿海水产养殖区渔业资源生态修复等不同类型的农业可持续发展综合试验区。针对不同区域农业可持续发展面临的问题，综合考虑各地农业资源承载力、环境容量、生态类型和发展基础等因素，研究确定不同区域的农业可持续发展方向和重点，探索区域农业产业布局与资源环境承载力的匹配关系、农业资源绿色高效利用技术与调控产品，研发农业环境保育与修复技术、农业废弃物综合利用技术，优化区域农业结构，构建区域循环农业模式，提升农业可持续发展能力和综合生产能力（农业部，2015）。通过集成示范农业资源高效利用、环境综合治理、生态有效保护等领域先进适用技术，探索适合不同类型区域特点的、可复制和可推广的可持续发展模式，为实现资源利用高效、产地环境良好、生态系统稳定、农民生活富裕、田园风光优美的农业可持续发展新格局提供科技支撑。

二、工程技术目标和主要任务

（一）东北黑土地保护

东北是我国商品粮核心生产区，为了应对随着粮食连年增长所伴随的黑土地退化等一系列农业和生态环境问题，将以保护黑土地、综合利用水资源、推进农牧结合、提高水土资源综合利用效益为重点，综合治理水土流失，提升土壤有机质，提高土壤保水保肥能力。建设资源永续利用、种养产业融合、生态系统良性循环的现代粮畜产品生产基地。

将研究建立区域地力维持策略，攻克农田生产力提升障碍因子，科学配置水土肥资源，提高水土资源综合利用效益；研究东北粮仓绿色提质增效技术系统，选育适合东北气候特点和大规模机械化生产的资源节约型和环境友好型绿色作物新品种，集成黑土地地力保持与提升、食用与饲用玉米高光效的绿色降本增产提质栽培模式、有机水稻绿色增产提质高效栽培模式、全程机械化生产、水土资源科学配置与水肥资源高效利用、有机废弃物资源化利用、精准生产与信息化管理等技术，进一步提升水肥利用和生产效率，提升东北黑土地的可持续生产能力，实现农业节本提质增效。

到 2035 年，形成适合东北不同区域特点的用养结合绿色高效生产模式并大规模应用，在保障主要作物产量、水肥利用效率和综合经济效益显著提高的基础上，使耕地质量和水土环境明显改善，实现区域绿色可持续发展。

(二）黄土高原农牧业可持续发展

黄土高原生态脆弱，水土配置错位，资源性和工程性缺水严重，资源环境承载力有限，农业基础设施相对薄弱，涵盖了黄土高原雨养农业区和宁蒙河套、汾渭平原、沿黄提水等灌溉农业区，迫切需要对该区域农业发展和农业科技实施战略转型与技术升级。应以水资源高效利用和水土保持、草畜平衡为核心，控制农牧业适度开发，突出生态屏障、特色产区、稳农增收三大功能，大力发展旱作节水特色农业、草食畜牧业、循环农业和生态农业，加强中低产田改造，实现技术、生活、生态互利共赢。

重点开展黄土高原农业资源禀赋与农牧业开发规模关系、水土流失过程与水土保持措施科学配置、水资源绿色高效利用、农业节本提质增效技术的研究；探索以节水高效和生态健康为目标的灌区现代化升级改造技术与模式，研发雨水、微咸水等区域非常规水资源高效安全利用技术，破解高含沙黄河水滴灌的技术难题；构建灌区主要作物农机农艺配套的节本提质增效技术体系并进行示范应用，提升雨养农业机械化覆盖种植旱作技术体系；开展苹果、红枣、枸杞、油葵、马铃薯、小杂粮、中药材等特色优势农产品稳产提质增效技术研发与示范，集成应用防灾减灾与信息精准管理技术；创建旱地白色污染控制旱作技术体系，发展适合不同作物和土壤的水肥一体化生产模式；研究盐碱地改良、水土保持及牧草种植技术，探索区域农牧结合发展模式；开展地方品种的改良培育与引进品种合理利用研究，研究畜牧业良种繁育与健康养殖技术，建立种养结合的循环农牧业模式。

预计到2035年，突破高含沙黄河水滴灌的核心关键技术和装备、主要作物农机农艺配套的节本提质增效技术体系，基本解决旱地残膜污染问题，实现区域特色优势农产品产业的跨越式发展，建成黄土高原基于生态环境健康的农牧业循环发展新模式，全面实现节本、提质、增效、绿色的可持续发展目标。

（三）内陆干旱区节水抑盐与白色污染防控

内陆干旱区在我国农业发展中具有不可替代的作用，该区域面积占全国的31.8%，光热资源丰富，昼夜温差大，是我国棉花、制种玉米、瓜果等优质特色农产品基地。作物膜下滴灌种植面积较大。然而，该区域农业发展面临水资源短缺、土壤盐渍化和残膜污染三大问题，水资源过度开发利用引发了严重的生态环境问题。应以水定地、适水种植、调整作物种植结构，发展节水高效生态农业，提高水资源综合利用效益。重点解决区域节水抑盐与白色污染防控问题。

重点研究基于生态环境健康的区域农业水资源调配理论与技术、复杂环境下土壤盐分积聚与淋失过程及作物根区水盐阈值、不同特性材料与高盐土壤的界面行为及排盐节水效应、土壤水盐动力学过程及量化表征、节水抗旱耐盐作物新品种、高排盐特性材料筛选与工程设计、复杂环境下水盐调控工程模式优化；研发高效防堵塞滴灌、微咸水灌溉、作物水肥一体化等多功能、智能化的高效农业节水关键设备与重大产品；突破低成本可降解地膜配方和工艺，研制新型残膜回收机械和残膜处理技术；围绕棉花、制种玉米、瓜果、设施蔬菜等特色农业产业集成区域节水抑盐与白色污染防控综合技术模式并进行大面积示范应用（康绍忠，2014）。

将建立以节水高效生态农业为核心的内陆干旱绿洲区节水抑盐与白色污染防控农业技术系统，建立旱区节水抑盐新理论，筛选培育一批适合干旱高盐环境的农作物品种，建立节水抑盐的水盐调控工程模式；突破残膜回收关键技术。改善区域生态环境，提高水资源利用效率、农业生产效率和农民收入，促进我国内陆干旱绿洲区农业节本增效绿色可持续发展。

（四）华北地下水超采区适水农业发展

华北平原是我国重要的农牧业生产和商品粮基地，也是我国缺水最严重的区域之一。华北农业在水资源短缺条件下，为国家和区域食物安全及农村经济社会发展做出了重大贡献，但也带来了诸多生态环境负效应，特别是多年地下水超采形成的大幅度下降漏斗问题，威胁着该区域灌溉农业的可持续发展。未来随着京津冀一体化、雄安新区建设和城镇化发展，华北农业用水会进一步向工业城镇转移，如何协调作物生产-水资源-生态环境的关系，发展水资源短缺条件下的适水农业已成为一个亟须解决的重大课题。该区域应以治理地下水超采、控肥控药和废弃物资源化利用为重点，构建与资源环境承载力相适应、粮食和"菜篮子"产品稳定发展的现代农业生产体系。因地制宜调整种植结构，适度压减高度依赖灌溉的作物种植；大力发展水肥一体化等高效节水灌溉，实行农业灌溉用水总量和单位面积灌溉用水强度"双红线"控制，加强地下水开采监控管理，推行农艺节水和深耕深松、保护性耕作，发展水资源严重短缺区提质增效的适水农业新模式，提升华北农业产业竞争力（康绍忠等，2017）。

建设多点联网、数据共享的适水农业试验研究平台，根据华北不同区域特点，研究气候变化和未来不确定性条件下的农业用水总量红线和单位面积耗水强度红线，研制高效低成本的农业用水量测与控制设备以及区域联网的地下水监测监控系统，研究适水作物种植结构和熟制、土肥水协同提效技术与盐碱控制，探索区域适水农业发展新模式，培育资源节约型、环境友好型和高品质的绿色作物新品种，研发不同区域标准化的绿色高效节水技术模式，创建具有区域特点的分布式水肥药一体化管理方案，加强规模化示范应用，探索水价水权改革和节水补偿机制（康绍忠等，2017）。

提出华北适水型种植结构优化布局，创建区域新型节水种植模式和控水提质增效关键技术，突破区域适用的节水关键技术和设备以及节水补偿机制，最终实现依靠科技创新驱动华北水资源短缺条件下适水农业的绿色可持续发展。

（五）长江中下游耕地重金属污染综合治理

长江中下游是我国面源污染的主要区域，也是重金属污染和富集集中的区域，迫切需要以治理农业面源污染和耕地重金属污染为重点，建立水稻、生猪、水产健康安全生产模式，确保农产品质量，改善农业农村环境。

重点研究化肥农药科学施用方法，探索减肥减药增效途径，进行塘堰湿地—生态沟渠面源污染消减综合系统优化布置，减少化肥、农药对农田和水域的污染；研究不同区域畜禽养殖适度规模、畜禽粪污资源化利用和无害化处理技术，推进农村垃圾和污水治理；研究水体污染控制技术，确保农业用水水质；加强耕地重金属污染治理技术的研究，筛选镉、砷、铅等重金属低累积水稻品种和种质资源，选育具有广适性的重金属低累积品种；研究重金属污染稻田的安全利用技术，研发可高效降低中轻度污染稻田重金属活性，快速实现土壤有效态镉失活、固定化和稳定化的钝化材料与施用技术。建立稻米安全加工、富含重金属稻秆资源化利用等末端治理技术。针对不同区域、不同污染类型和不同污染程度，提出适宜的综合防控模式并进行大面积示范应用，减轻重金属污染对农业生产的影响。

将创建适宜长江中下游不同区域、不同污染类型与不同污染程度的低成本、可复制、易推广的农田重金属污染综合治理技术体系,实现南方污染农田的低成本修复和可持续利用。

(六)西南华南石漠化综合治理

西南地区突出小流域综合治理、草地资源开发利用和解决工程性缺水,在生态保护中发展特色农业,实现生态效益和经济效益相统一。华南地区以减量施肥用药、红壤改良为重点,突出清洁化小流域生态化重构,发展生态农业、特色农业和高效农业,构建优质安全的热带亚热带农产品生产体系。

重点研究石漠化地区有利于生态建设和特色经济发展的小流域综合治理措施优化配置模式、小水源集蓄与高效利用技术、梯田建设与地力提升技术、山地特色作物新品种选育与绿色生产技术;开展流域清洁生产综合治理模式与清洁化小流域生态化重构研究,突破节肥节药节水种植技术、畜禽水产清洁健康养殖技术、农田氮磷拦截技术、农村废弃物资源化利用技术,同时在小流域尺度上集成各项关键技术;开展山地特色水果蔬菜加工技术研究,研发适合山地复杂地形条件的农业机械装备。进行石漠化山地特色农业技术集成与示范,包括特色粮经作物与当地药材立体配置种植、保护性耕作、雨水集蓄利用、耕地质量提升技术等;开展高原山地畜牧型生态农业模式优化与集成示范,包括羊、牛、禽等特色标准化养殖,牧草、草场建设及综合管理技术,饲料粮草规模化种植,机械化采收及加工技术等。

形成一批西南华南石漠化地区综合治理和农业绿色可持续发展的技术方案,建成西南华南石漠化治理综合试验区,实现山水林田湖综合治理,全面提升自然生态系统稳定性和生态服务功能,促进农村经济产业结构调整,促进区域林草植被恢复与绿色经济发展,促进农村生产方式转变。

(七)沿海水产养殖区渔业资源生态修复

海洋渔业区发展较快,但存在着渔业资源衰退、污染突出的问题。要坚持保护优先、限制开发、适度发展,让海洋资源得到休养生息,促进生态系统良性循环。

重点研究沿海水产资源动态变化规律及多样性格局,重要水产物种关键生活史及其生境形成和退化机制,分析人类活动与气候变化对沿海水产资源产出功能的影响，确定有利于可持续利用的沿海渔业捕捞强度控制阈值；研究近海渔业资源生态友好型捕捞技术；进行沿海水产资源监测高新技术研发与示范，建立沿海渔业管理信息化系统；研究近海水产资源养护和种群重建技术，水生生物资源增殖技术，优化近海水产资源结构；突破近海渔业资源栖息地生境修复与技术优化，主要包括渔业栖息地生态健康评价、人工鱼礁牧场生境优化、底栖动物栖息生境营造、浮筏立体式增殖生境造成、海洋植物生态系统生境营造、沉积食性动物功能群重建、富营养化物质多层次综合利用、渔业特别保护区选划与设计等技术。

建成沿海水产养殖区渔业资源生态修复综合试验区，形成低成本、能复制、易推广的沿海渔业资源生态修复技术模式，并实现产业化、规模化应用，改善近海水域生态质量，促进渔民节本增效，实现沿海水产养殖区渔业绿色可持续发展。

三、技术路线图

未来 20 年，区域农业可持续发展重大科技专项，将围绕加快发展资源节约型、环境友好型和生态保育型农业，推动农业可持续发展的国家战略需求；重点建设东北黑土地保护、黄土高原农牧业可持续发展、内陆干旱绿洲区节水抑盐与白色污染防控、华北地下水超采区适水农业发展、长江中下游耕地重金属污染综合治理、西南华南石漠化综合治理、沿海水产养殖区渔业资源生态修复等不同类型的农业可持续发展综合模式；实现生产发展与资源环境承载力相匹配，农业生产与环境治理、生态修复相协调，资源利用高效、产地环境良好、生态系统稳定、农民生活富裕、田园风光优美的农业可持续发展关键目标；突破东北不同区域主要作物高光效的绿色增产提质生产技术、黄土高原特色优势农产品稳产提质增效技术、内陆干旱绿洲区节水抑盐与白色污染防控技术、华北地下水超采区适水农业种植模式、长江中下游耕地重金属污染综合治理技术、西南华南石漠化地区农业绿色可持续发展技术、沿海水产养殖区渔业资源生态修复技术等重大关键技术，提升农业可持续发展能力和综合生产能力。具体技术路线如图 7-9 所示。

图 7-9 区域农业可持续发展工程科技专项技术路线图

四、可行性分析

当前和未来20年,推进农业可持续发展面临前所未有的历史机遇。农业可持续发展的共识日益广泛,全社会对资源安全、生态安全和农产品质量安全高度关注,绿色发展、循环发展、低碳发展理念深入人心,为农业可持续发展集聚了社会共识。农业可持续发展的科技支撑日益坚实。全国拥有一支高水平的区域农业可持续发展综合试验研究队伍,已先后在东北三江平原、黄淮海地区、黄土高原、内陆干旱区、长江中下游平原、西南华南石漠化地区建立了一批生态农业、循环农业、土壤改良与利用、可持续农业的区域综合试验区和野外长期定位试验站,具有较好的研究基础和定位试验条件,完全能够胜任区域农业可持续发展研究,加之传统农业技术精华广泛传承,现代生物技术、信息技术、新材料和先进装备等日新月异、广泛应用,生态农业、循环农业等技术模式不断集成创新,为农业可持续发展提供了有力的技术支撑。农业可持续发展的制度保障日益完善。随着农村改革和生态文明体制改革稳步推进,法律法规体系不断健全,治理能力不断提升,将为农业可持续发展注入活力、提供保障。综上所述,实施区域农业可持续发展重大科技专项十分迫切,并具有很好的可行性。

第八章
农业领域工程科技的重大基础研究方向

第一节 农业生物经济性状形成和器官发育的分子基础及其调控机制

农业生物种业是我国未来农业发展的重大瓶颈。目前，我国农业生物育种自主创新能力不强，国际竞争力较低，尤其是育种科技的基础性、前沿性研究与国际先进水平还有明显差距。现代农业生物技术的迅猛发展，已成为现代农业发展的重要引擎之一。利用基因组学、蛋白质组学、代谢组学、表型组学等组学技术，以我国种质资源库已收集和保存的重要农作物、园艺、林木和畜禽水产种质资源为研究对象，产生的农业生物组学大数据，解析农业生物经济性状和器官发育的分子基础及其调控机制，已成为目前农业生物育种领域迫切需要解决的关键基础科学问题（李家洋等，2016）。

通过不同形式的高通量测序研究或全基因组 SNP 芯片鉴定，挖掘一批在重要农作物及林木育种中有望发挥重大作用的功能基因，获得一批与农作物和林木优异性状紧密连锁的分子标记和大规模基因型数据，进一步开展重要农作物及林木种质资源单倍型分析和选择分析；利用各种组学方法对主要农艺性状或重要生物学性状进行表型精准鉴定；利用全基因组关联分析技术，研究主要农艺性状形成及器官形态建成的主导因子及其调控网络，发掘细胞行为调控和组织器官形成与分化关键基因，揭示激素和环境互作调节产品器官发育、品质形成与保持及器官衰老的分子机理，阐明主要农艺性状或重要生物学性状形成的分子机制；围绕关键营养与风味品质性状形成与调控，重点开展核心种质代谢组学研究（李家洋等，2016）。

借助全基因组关联分析技术，利用特定畜禽品种和品系资源，在动物个体基因组水平开展分子标记或基因选择，揭示重要性状功能基因及分子标记，结合基因组编辑技术验证基因功能，并在分子水平对动物基因组进行靶向操作，提高育种的精确性和效率，最大限度地利用和创造遗传变异，改良目标性状，培育新品种。挖掘和利用水产生物基因资源，阐明优质基因整合机制；开展水产生物重要经济性状分子机理及调控网络解析，建立完善的基因开发、功能验证的材料和技术体系；开展全基因组选育和分子设计育种的基础理论研究。水产生物繁育调控机理解析，深入揭示水产生物生殖发育和繁殖行为的分子基础和调控机理，阐明环境生态因子与水产生物生殖调控的互作机制，系统揭示水产生物繁育调控机制（李家洋等，2016）。基因编辑技术帮助科学家创建各种新遗传物种示意见图 8-1。

图 8-1　基因编辑技术帮助科学家创建各种新遗传物种

资料来源：http://www.sciencemag.org/news/2015/12/and-science-s-breakthrough-year.DAVIDE BONARI/© SALZMANART

通过研究，可以大幅度提升我国育种科技的原始创新能力，为全基因组设计育种奠定基础，相关研究成果对于加速我国农作物与畜禽品种的培育有望发挥重大作用。

第二节　作物丰产优质高效的生理生态基础与调控机制

当前，我国农业生产进入新的发展阶段，但资源紧缺、环境恶化、气候变化等多因素束缚将长期存在，推进农业供给侧结构性改革也将是一个长期过程。作物生产需要推行绿色生产方式，增强农业可持续发展能力，如何在资源高效利用、环境安全基础上有效保障作物生产能力，改善品质，这不仅是持续保障我国重要农产品供给的核心问题，也是作物学领域的重大科学问题，迫切需要在作物产量保障、品质改善与资源高效利用和环境友好协同的生理和生态学基础研究上取得新的重要突破，为作物丰产优质高效的可持续栽培技术体系建立提供理论基础。

研究粮食与经济作物、园艺作物等主要农作物的光合作用与高光效机理以及C4途径遗传机制，解析主要农作物生物学产量与籽粒产量大幅提升的生理生态基础；研究作物生长发育、产量和品质形成的规律及调控机制，解析作物需肥需水规律及高效利用的生理与分子机制和在此过程中的根际互作机制，揭示养分资源的时空变异性、生物有效特点及其与栽培管理的关系，明确作物资源需求、利用机理和精确定量调控过程；充分挖掘作物的营养高效利用遗传潜力，加强农田肥力提升过程与机制研究，提高土壤潜在养分的有效性和增产作用，协调作物高产与环境保护的植物营养系统调控，明确作物生产的资源环境代价及其生态服务功能的协调机制与途径；研究全球气候变化下作物产量、品质形成规律及其与环境要素的关系，明确应对途径与措施，特别强化研究作物抗逆的群体调控原理与途径、抗逆栽培调控机制、作物品质与产量对非生物逆境的响应机制与抗逆途径等；研究不同区域主要作物的产量差和资源效率差、作物高产与资源高效的协调机制与调控途径、作物优质与高产的协调机制与调控途径；借助现代组学理论与技术，研究作物高产优质高效的基因型-环境-栽培管理之间的响应机制与调控机理及作物个体-群体-农田生态系统的综合协调机制；基于作物群体增产和生态系统生产力提升的光、热、水、养分等资源要素高效协同管理机制等基础理论研究，加强作物生长发育与产量品质形成过程的生理模拟、作物高产高效理想株型研究（李家洋等，2016）。保障粮食安全的土壤-作物综合管理体系如图 8-2 所示。

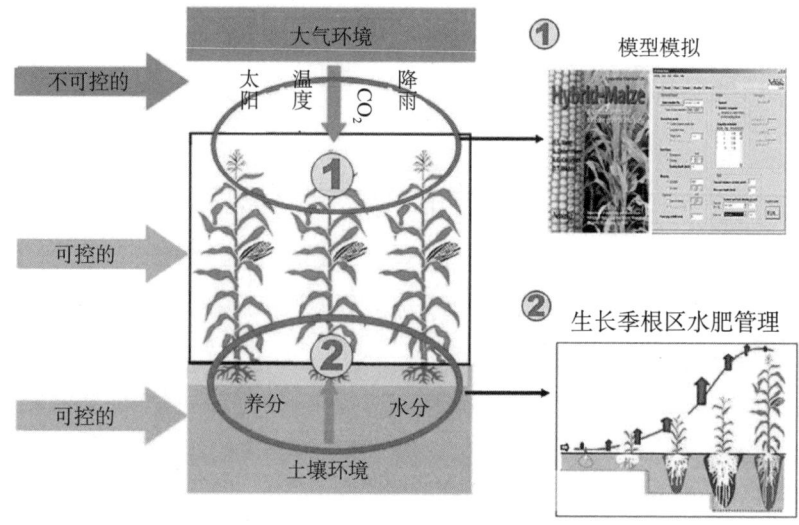

图 8-2　保障粮食安全的土壤-作物综合管理体系（Chen et al., 2011）

通过研究阐明作物丰产优质高效多目标协调机制与调控途径，对于保障作物单位面积的产能，提高水肥资源利用效率，构建科学合理的绿色高效作物栽培技术体系具有重要的科学意义。

第三节　农业动植物有害生物致害与天然免疫机制

随着全球范围内养殖、种植模式和生态环境改变及世界经济一体化进程加快，原有动植物疫病流行态势发生显著改变，给疫病防控带来了诸多问题。为确保我国食品源头安全，解决在农业生产中过度依赖传统农药与兽药控制动植物疫病而导致的环境和食品安全等问题，有必要加强农业有害生物致害的宏观和微观机制以及动植物天然免疫调控机制等绿色防控基础研究，解析动植物与其他生物间相互作用的基础科学问题，为农业动植物疫病防控由传统向绿色转型奠定重要的基础。

在动物疫病方面，着重对重大动物疫病、重要人畜共患病、水产养殖流行病等疫病进行系统的流行病学研究，对病原分离株的基因组、抗原性、宿主感染性、致病力及水平传播进行系统分析，把握病原的生态学、变异和进化规律；研究重要动物疫病病原体的基因结构功能和发病机理，在细胞和分子水平上阐明病原体与宿主的相互作用关系；探讨不同病原体之间的协同致病机理；研究病原体逃避宿主免疫系统的免疫识别和免疫监测机制、病原体抑制免疫应答的分子机制、病原体持续感染的分子机制、免疫抑制性病原体协同感染发生的机制(陈焕春，2013)；挖掘可用于病原体感染的诊断生物标志物，建立一系列病原的快速检测方法；进行新型疫苗的分子设计，研制高效的生物技术疫苗，探明多联、多价疫苗协同免疫的作用机制。

在作物疫病研究方面，重点解析重大有害生物致害性及其变异与作物特异抗病虫性的机理以及作物-有害生物-有益生物之间的多方互作机制，揭示有害生物群体的时空特征；针对重大有害生物种群暴发与再生猖獗的动态，研究环境因子对农业有害生物种群暴发、流行与再生猖獗的胁迫机制，解析种群暴发与崩溃的关键胁迫因素；研究复合天敌功能团在大尺度范围内的时空综合控制效应、生物量控制效应、整合功能作用及功能团内的非协调干扰作用，揭示天敌复合体的控制理论；以区域性多作物生态系统为研究对象，定量揭示作物多样性格局对有害生物种群发生规律的影响以及生物群内共存机制。

同时，利用系统生物学方法研究动植物疫病防控和免疫保护机制，重点开展水稻、小麦、玉米和棉花等主要农作物的主要传染病病原体，以及畜禽中口蹄疫、禽流感、猪瘟、高致病性猪蓝耳病等重要传染病病原体作为有害生物突破寄主免疫系统的机理研究，筛选获得和鉴定出具有高活性动植物免疫调控能力的小分子化合物、蛋白质或多肽激发子，揭示激发农业动植物对重要有害生物的天然免疫调控机制、关键节点和靶标基因，解析寄主先天免疫系统调控的分子信号传导网络；利用现代分子生物学、兽医微生物学、免疫学、兽医传染病学、分子病毒学、细胞生物学、药学等学科理论,研究动植物天然免疫系统各个组成部分及其免疫应答的启动和调控机制,以及病原体入侵机体后与天然免疫系统之间的相互作用关系,并依此设计提升动植物对重大疫病免疫力的防控策略。动植物宿主天然免疫通路如图 8-3 所示。

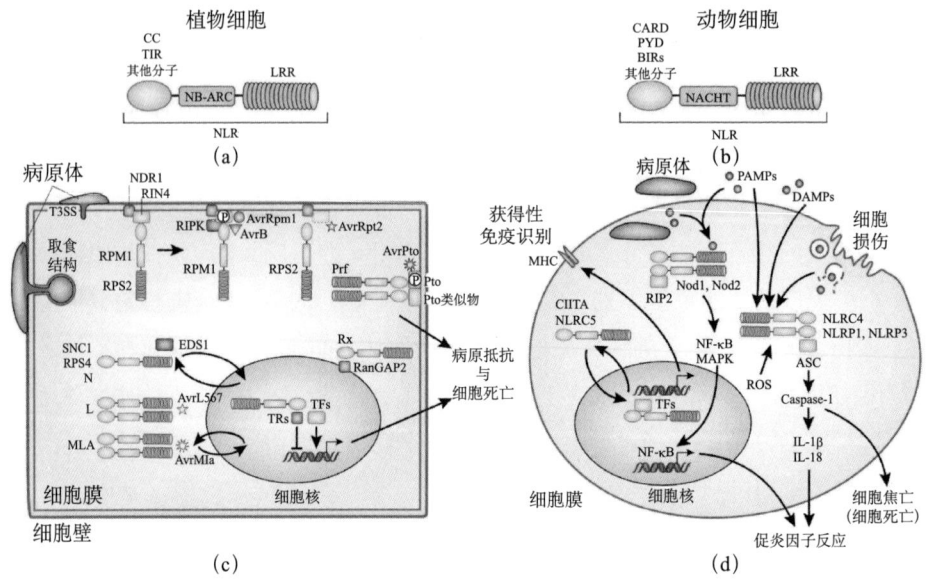

图 8-3 动植物宿主天然免疫通路

资料来源:http://www.nature.com/ni/journal/v12/n9/fig_tab/ni.2083_F1.html?foxtrotcallback=true

上述基础研究,将为我国农业动植物重要有害生物的区域性治理和绿色防控提供新理论、新方法,也将为利用和增强寄主免疫力及创新有害生物综合防控的系统工程奠定基础。

第四节 农业动物卵泡发育与机体营养代谢对胃肠微生物的响应机制

卵泡是雌性动物繁殖调节的重要靶向器官。在胎儿时期,雌性个体卵巢上拥有几十万甚至上百万的原始卵泡,然而,终其一生也仅有十几个至上百个卵泡能够发育成熟并排卵。这一生理特点，限制了母畜繁殖速度（Gu et al., 2015）。此外，在动物胃肠道中寄居有大量微生物并与畜禽的免疫、营养以及其他生命活动密切相关，对动物营养素代谢及畜禽健康具有重要的影响。核酸序列分析技术的发展、无菌动物平台的建立、粪菌移植等技术的兴起，为畜禽胃肠道微生物结构与功能研究奠定了新的技术基础（Mccormack et al., 2017；Yang et al., 2017）。

围绕动物卵泡发育调节，重点探明母畜卵巢上是否存在卵原干细胞，研究卵原干细胞的生长发育及分化特性，以及干细胞与体细胞重构形成卵泡的生物调节机制；进一步探明原始卵泡的募集与有腔卵泡启动的信号路径，解析卵泡不同发育阶段颗粒细胞与卵子的互作关系见图 8-4。围绕胃肠微生物与机体营养代谢的互作关系，重点研究胃肠道微生物的定植变化及其与胃肠道功能的关联机制、胃肠道微生物及其代谢产物调控畜禽采食量与机体养分高效利用的机制、胃肠道微生物及其代谢产物调节胃肠道发育与健康的机制，阐明消化道微生物及其代谢产物调控机体健康和繁殖生理的机制，筛选可用于调控动物代谢的微生物及其代谢产物以及可调控消化道微生物稳态的营养物质，见图 8-5。

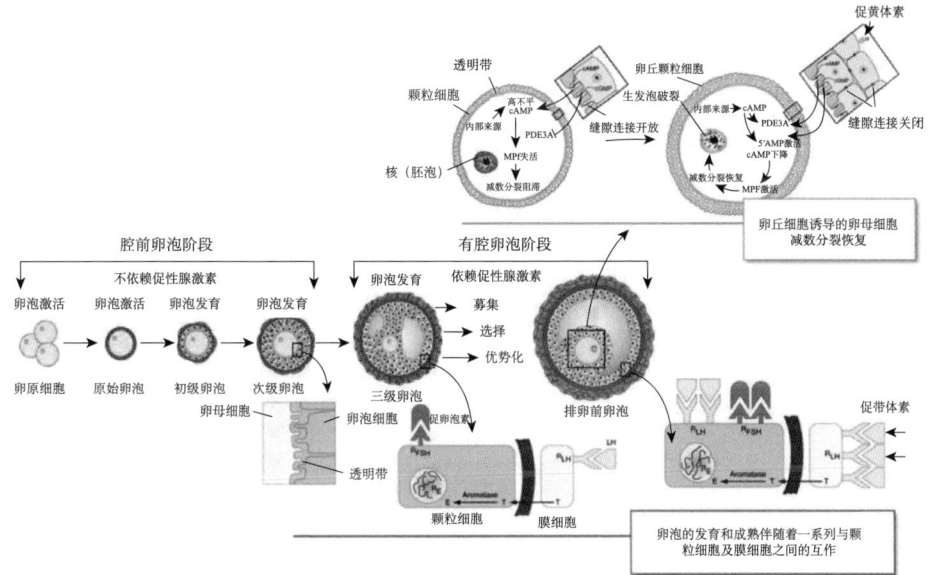

图 8-4　卵泡发育调控示意图

资料来源：Human Embryology and Developmental Biology. https://clinicalgate.com/tag/human-embryo logy-and-developmental-biology-with-student-consult/；Araújo et al. 2014. http://www.rbej.com/content/12/1/78

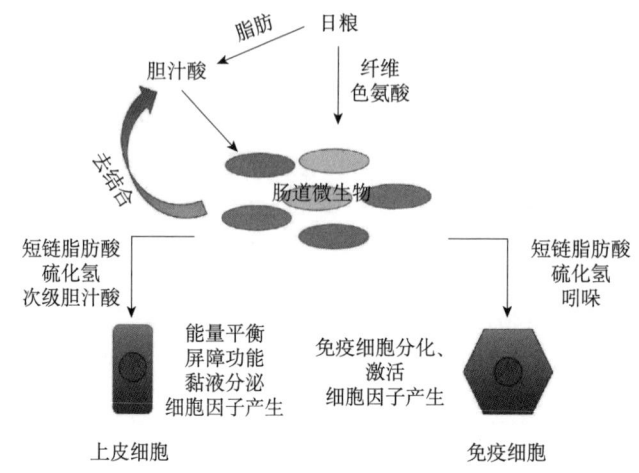

图 8-5　肠道菌群与日粮营养成分的互作关系

资料来源：http://www.xunludkp.com/papers/read/1066749728?kf=detail_speclist

揭示农业动物卵泡发育与机体营养代谢对胃肠微生物的响应机制，对开发利用母畜卵泡资源，加快良种扩繁及品种改良速度具有重要价值；对动物健康饲养以及精准饲养策略的制定、新技术与新产品开发提供理论支撑，对减少养殖废弃物排放具有重要意义。

第五节　农业水土资源绿色高效利用与科学配置机理

水土资源是人类赖以生存最基础的自然资源，是农业生产的物质基础。水资源紧缺、水土环境恶化是制约我国农业乃至整个国民经济可持续发展的瓶颈。科学合理地利用农业水土资源，提高资源的利用率和利用效率，做到资源利用的可持续以防止其退化、枯竭和对环境的污染是建设现代资源节约型、环境友好型高效农业的先决条件。中国共产党第十八届中央委员会第五次全体会议提出了"创新、协调、绿色、开放、共享"五大发展理念，农业水土资源绿色高效利用与科学配置是破解现代农业发展、水土资源短缺与生态环境保护问题的关键。

研究在全球气候变化和土地利用影响下，农业水循环的宏观、中观、微观过程与机理、特征、规律及其对变化环境的响应，不同尺度农业水循环过程及其物理、化学和生物机制和时空分异规律，水循环过程对全球气候变化和土地利用格局的响应，灌区地下水、地表水循环过程对人类活动的响应，浅层地下水变化的地表生态效应，多尺度水循环过程与生态环境变化的耦合模式与机理，土地利用、土地覆盖对干旱区水循环及水盐平衡的影响。研究农业水资源可持续利用的资源承载力和环境承载力评价指标体系，灌区地表水、地下水、客水、回用水等多水源合理调配与联合调度方法，作物生产—水资源—生态环境的互作关系，农村社会经济变化条件下生活用水—生产用水—生态用水的结构、布局与相应变化，水-农业-生态复合系统稳定性与结构优化方法。阐明作物生命健康需水过程与多目标耦合调控机理，研究作物生命健康需水过程与调控理论，发展多尺度作物生命健康需水信息融合及农业水转化多过程耦合的量化表征方法，形成作物生命健康需水计算及缺水智能诊断理论体系；研究作物精准灌溉基础理论，建立规模化灌溉智能控制理论与方法，实现区域尺度农业高效用水精准预报与调控（图8-6）；研究多尺度多环节农田水转化及伴生过程定量表征方法、灌区节水与生态环境的互馈机制，建立灌区尺度农业高效用水

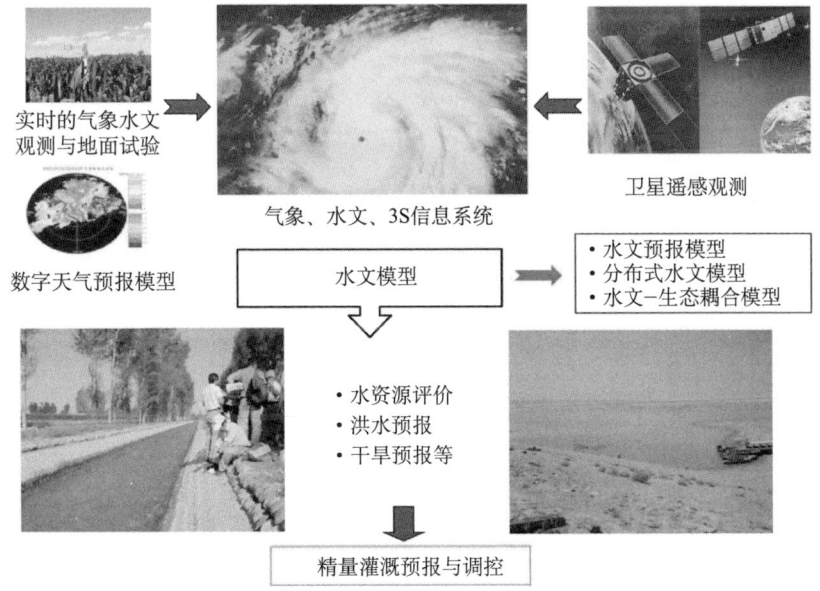

图 8-6　区域尺度农业高效用水精准预报与调控

与生态环境健康协同调控理论;发展考虑生态健康的灌区农业水土资源配置理论与方法;研究灌区湿地资源保护、恢复与适度可持续利用机理,水土资源利用过程定量化与土壤生态系统,土地利用或覆被变化与土地质量时空演变,区域水土资源的科学配置理论与方法。

通过上述研究,预期将进一步揭示农业水土资源绿色高效利用机理与方法,为生产、资源、环境共赢的绿色高效农业发展提供理论依据,为农田地力恢复和提升提供理论支撑,为变化环境下提高农业用水效率、抑制土地质量退化和土地持续利用提供科学依据,以农业用水零增长和土地资源的可持续利用支撑我国食物安全、主要农产品有效供给和现代农业发展。

第六节 农田土壤污染修复与化肥农药减施机理

我国化学肥料和农药过量施用严重,加之养殖粪污和工业排放等的影响,使我国受污染的耕地超过3亿亩,由此引起了环境污染和农产品质量安全、国际经济贸易和人体健康等重大问题(环境保护部和国土资源部,2014)。因此,有必要解析土壤中农业污染物的来源及合理利用和修复污染土壤;且通过化学肥料和农药高效利用机理与限量标准研究,针对不同的农作物特性及耕地条件,实现化肥农药的减施增效与高效利用。

通过研究养殖废弃物、化肥、农药等农业污染物在水-土系统中的迁移转化途径与驱动机制,构建农业污染负荷与迁移转化量化模型,明确农业源污染物质对农业流域水体和土壤的定量贡献;通过研究氮、磷、化学需氧量、生物需氧量、重金属、农药等农业污染物的发生特征,揭示土壤污染对农产品质量的影响;研究重金属污染土壤的植物修复机理、土壤有机污染的化学与生物修复机理、污染土壤修复的安全性评价方法、化肥农药污灌条件下土壤和地下水的污染及其控制机理。影响污染物和化肥农药在环境中行为和归趋的过程见图8-7。

根据主要粮食作物、经济作物、蔬菜和果树的氮、磷、钾养分需求特征参数,通过土壤养分供应与肥料农学效率的量化关系,确定农田尺度和区域尺度

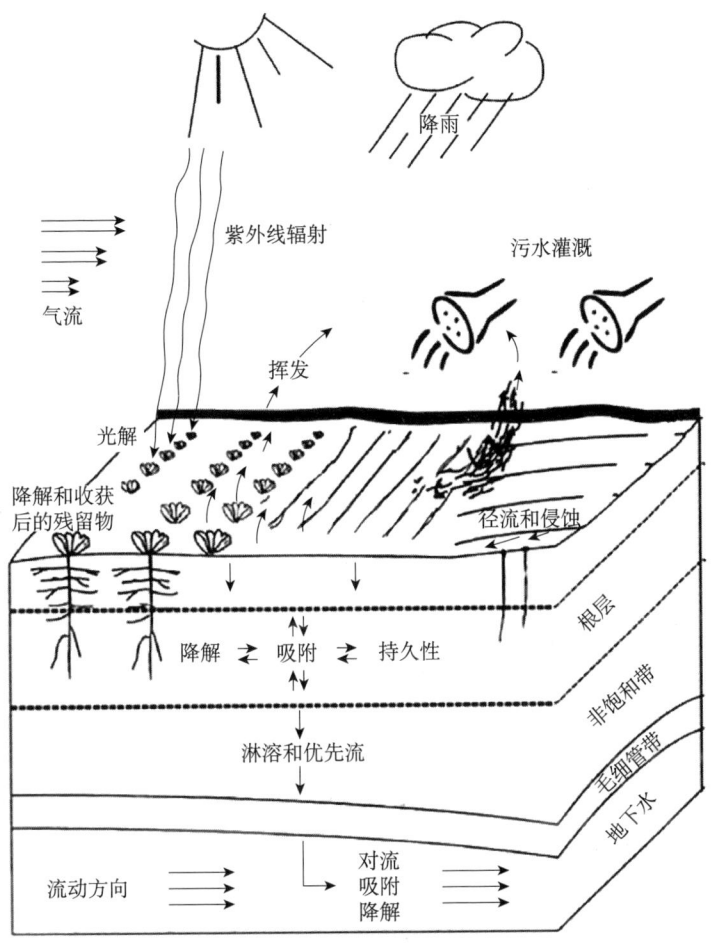

图 8-7 影响污染物和化肥农药在环境中行为和归趋的过程（Krasel and Lohse, 1997）

养分推荐方法；与此同时，考虑钾、锌、硼有效性及与氮、磷协同增效的机制，秸秆还田和畜禽有机肥微生物转化及替代化学养分的机制，最终提出化肥施用限量标准与调控途径。通过研究主要粮食作物、经济作物、蔬菜和果树中不同类型化学农药迁移转化、定向累积原理及降解代谢机制，不同类型种植体系中农药的吸附淋溶、光解水解、微生物降解等流失规律、关键因素与调控途径，主要粮食作物、经济作物、蔬菜和果树体系有害生物有效防控剂量需求及施药阈值，明确施药方式及环境因子对农药高效利用的影响及农药增效调控途径，从而提出化学农药施用限量标准。通过化学肥料和农药高效利用机理与限量标准研究，构建化肥农药减施增效与高效利用的理论方法。

探究不同耕地肥力水平下化肥养分利用效率时空变化特征及驱动因素，土壤酸化、盐碱化、连作障碍、板结黏闭、耕层变浅等对养分资源利用的影响及调控机制；耕地培肥与管理对化肥养分利用效率的影响，耕地土壤-植物-微生物互作机理，研究耕地地力影响化肥养分利用的机制与调控，建立耕地质量、耕地管理模式与化肥养分利用效率关系的大数据平台；提出基于耕地地力的化肥减施增效途径。

通过上述研究可以为我国合理利用及修复污染土壤，合理施用化肥农药提供理论指导，实现农作物生产提质、节本、增效，同时减少化肥、农药等农业污染物对环境的负影响。研究的成果对于污染土壤修复及指导农业生产实践具有重大的意义。

第七节　农业洪涝与干旱致灾响应及应对气候变化的科学基础

农业干旱、洪涝灾害是气象与下垫面状况等综合作用的结果，全球变暖与人类活动改变了旱涝灾害发生规律，加剧灾害危害程度。如何防灾减灾、保障农业高产稳产和可持续发展不仅是农业发展的核心问题，也是农业资源利用领域重大的科学问题，迫切需要在农业旱涝灾害发生机理和影响机制，灾害动态监测预警、风险评估和风险转移等基础研究上取得新的突破，为农业洪涝与干旱响应及应对气候变化体系构建提供理论基础和依据。

研究大尺度环流对我国农业干旱、洪涝影响机理，明确西太平洋副高、南海副高和中高纬阻高对我国汛期降水的影响，以及区域间热力差异对我国主汛期雨型和旱涝的影响；揭示厄尔尼诺-南方涛动、北大西洋涛动、印度洋偶极子、太平洋十年际振荡和大西洋数十年际振荡与我国干旱、洪涝灾害遥感相关关系及其影响机制（陈菊英，2010；顾西辉等，2016）。研究气候变化介导的我国水资源变化特征，明确气候变化背景下我国各区域干旱和洪涝灾害的发生规律及其空间差异性，揭示气候变化对旱涝灾害的影响机制（吕军等，2011；蒋桂芹，2013；韩兰英，2016）。

综合运用区域气候模式、陆面水文过程模式和遥感模式，耦合地面观测、数值模拟和3S集成技术，构建多时空尺度农业旱涝监测模型，研发数字流域模型与洪水预报技术，以及针对不同地区特点的农业旱涝灾害预报预警技术（贾敬敦，2013；刘宪锋等，2015）。

研究干旱、洪涝灾害风险评估的基础理论和技术方法，揭示气候变化背景下农业干旱、洪涝灾害的时空演变规律与发展趋势（王春乙等，2015）；综合农业干旱、洪涝灾害的危害性、承灾体脆弱性，构建农业旱涝灾害风险评估指标体系，综合考虑地形、水利设施等因素，建立气候变化及农业旱涝灾害影响评估机理模型，构建气候变化及农业旱涝灾害风险评估系统；揭示旱涝灾害对作物产量与品质的影响机理与适应机制；研发旱涝灾害风险转移技术及产品；研发农业旱涝灾害动态监测、评估系统和平台（陈怀亮等，2009；李卫宁等，2011；黄友昕等，2015）。

研究不同空间尺度水循环、水分平衡以及作物、土壤田间水分供需平衡对气候变化的响应（吕军等，2011），解析天气状况、作物生理特征、作物生长阶段以及土壤理化特性与植物水分需求的关系，明确农作物对水分和温度的综合响应过程，针对区域特征，研发旱涝减损保产、提质增效技术优先序以及适应性技术清单（王春乙等，2005；何斌等，2010；黄友昕等，2015）。

通过上述研究系统阐明农业洪涝与干旱对大气环流特征及气候变化的响应机理，以及应对洪涝和干旱及气候变化的机制，对于农业提质增效和绿色发展，提高气候资源利用效率，构建气候智慧型农业系统具有重要的理论与实践意义。农业洪涝与干旱致灾响应及应对气候变化过程如图8-8所示。

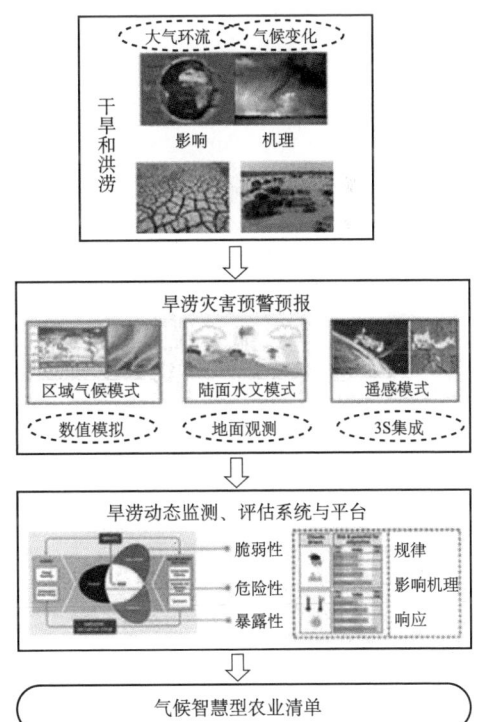

图8-8 农业洪涝与干旱致灾响应及应对气候变化

第八节　农业生物质高效转化与资源化利用机理

农业废弃物是指整个农业生产过程中被丢弃的有机类物质，主要包括农作物秸秆、畜禽粪污、农业加工残余废弃物。我国各类农业废弃物年产出量巨大，但有效处理和利用率仍然不高，每年产生畜禽粪污 38 亿 t，有 50% 未有效处理和利用；每年产生秸秆近 9 亿 t，未利用的约 2 亿 t。农业废弃物用则利、弃则害，加快推进农业废弃物资源化利用，关系 6 亿多农村居民生产生活环境，关系农村能源革命，关系能不能不断改善土壤地力、治理好农业面源污染，既惠当前更利长远。基于循环经济的农业废弃物资源化利用创新链如图 8-9 所示，如何最大限度实现资源利用效率和整体效益最大化以及环境污染的最小化、建立农业废弃物资源化高效清洁利用机制是迫切需要解决的关键基础问题。

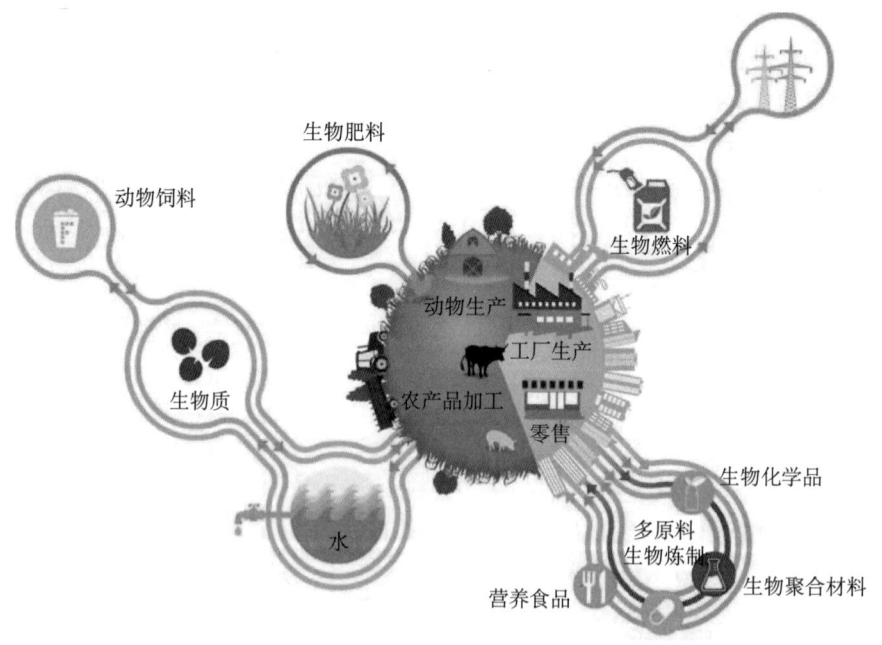

图 8-9　农业废弃物资源化利用创新链（H2020-WASTE-690142-AgroCycle）

针对农业废弃物种类多，分布广，形态、组分、结构迥异等问题，以农作物秸秆、畜禽粪污、加工废弃物等为对象，研究获取农业废弃物物理化特性、机械特性、热特性和热化学工程等与其高效转化和科学利用密切相关的重要基础性大数据，深入挖掘、评价、解析和阐明农业废弃物重要基础特性参数的时空动态、结构组成特征及其关联机制。研究畜禽养殖废弃物在生物转化过程中的动态、微区、显微等跨尺度、多元表征新方法，揭示其生物转化过程中的好氧和厌氧共轭作用机制，重点研究构建基于不同介观尺度的畜禽养殖废弃物好氧堆肥过程中温室气体的产排机理模型，揭示畜禽养殖废弃物好氧堆肥过程中甲烷、氧化亚氮等温室气体和硫化氢等有害气体的产排机制、动态规律、影响因素以及碳、氮、硫、磷转化损失规律与清洁生产高效调控策略。研究畜禽养殖废弃物厌氧生物能源转化原料预处理复合菌剂，重点研究发现可吸收或利用硫化氢等难闻气体的菌株和低温高效甲烷产生菌，研究发现复合菌群共培养技术。研究发现一批高效降解木质纤维素的菌种及相关酶，研究挖掘直接利用木质纤维素或直接利用生物合成气生产乙醇、氢气、丁醇、乳酸等生物能源和生物基化学品的菌种，揭示其定向生物转化的分子机制。重点研究木质纤维素高效分解微生物群及其协同机理，以木质纤维素高效分解菌复合系协同产酶，突破木质纤维素分解糖化，以木质纤维素高效分解菌复合系协同产酶，构建高活性复合酶系，以此突破木质纤维素的高效分解糖化难关。研究构建多尺度或跨尺度解译农作物秸秆等木质纤维类农业生物质能源、材料、饲料等转化的机理模型，研究多元预处理方法的组合效应，研究将木质纤维素类农业生物质定向、高效、催化转化为燃料乙醇、聚乳酸以及新型高值物质的新路径。

农业废弃物基础特性大数据的解析以及畜禽粪污或农作物秸秆生物能源、生物肥料、生物基材料高效清洁转化机制的重要突破，将为基于物质流—能量流—信息流的复杂多过程农业废弃物资源化利用的环境-经济综合优化与系统集成技术创新提供重要科学数据、理论基础和方法学支撑，对于实现农业废弃物生物转化过程零排放和清洁生产，加快推进农业废弃物资源化、清洁化、无害化高效利用具有重要科学意义。

第九节 土壤-机器-作物系统互作机理与农业智能装备设计基础

农业智能装备是提高农业生产效率、转变现代农业发展方式、增强农业综合生产能力的重要物质基础与保障。目前，我国农业装备自主创新能力不强，国际竞争力较弱，特别是农业装备产品质量和可靠性较差，智能化程度较低。应用信息感知、智能检测、大数据、智能设计等理论和方法，以适应我国农业生产复杂开放工况环境的智能化农业装备为研究对象，形成土壤、作物、环境及机器参数大数据，揭示土壤-机器-作物系统的互作规律，进而演化为农业智能装备设计基础模型，已成为农业装备领域亟须解决的关键基础科学问题。

研究农田土壤环境信息、作物生理生态参数、农业装备田间作业关键参数智能化快速获取方法，获取农业装备田间作业系统参数大数据，研究农田路面谱和环境谱、作物信息库以及机器作业载荷谱编制方法，挖掘数据本构模型，研究土壤、环境、作物及机器作业之间的相互影响机理，揭示复杂开放工况环境下土壤与机器、机器与作物的互作规律，探明土壤-机器-作物系统能量传输模式，解析机器作业与土壤质构和微生物活动以及作物生理生态的环境反应机制，提出土壤-机器-作物系统优化自适应与节本增效优化匹配方法；在此基础上，研究农业装备关键零部件及整机田间作业载荷特性，揭示载荷分布与演化机理，进一步研究零件与机械结构在复杂农田作业环境及复杂载荷下损伤或缺陷演化的机理和规律、试验与验证方法、失效机理、失效评价模型和寿命预测模型、工况环境适应性分析方法等，提出农田复杂开放环境下农业装备失效评价与寿命预测方法以及环境适应性评估模型；系统研究农业装备复杂机构的拓扑与参数一体化设计理论与方法以及动态设计理论，建立农机装备机构系统组成的理论体系，引入多学科理论，研究农机装备真实机构学理论与方法，研究农机装备新型作业机构设计方法；研究知识工程在农业装备设计中的应用方法和多学科动态协同仿真方法，建立设计知识服务系统，提出农业装备整机及关键零部件智能化设计理论和方法。土壤-机器-作物系统互作机理与农业智能装备示意图见图 8-10。

图 8-10　土壤-机器-作物系统互作机理与农业智能装备示意图
资料来源：https://www.agcotechnologies.com/support-and-training/varioguide/

通过上述研究，可以大幅度提升我国农业智能装备领域科技的原始创新能力，为作业可靠性高、工况环境适应性强、作业质量与性能优、具有智能化农业生产能力的农业装备设计奠定基础，满足我国耕地地形及地貌复杂多样、作物种植结构及区域差异较大、作物种类及品种数量众多的农业生产全程全面机械化需求。

第十节　多元农业信息感知、获取原理和智能信息处理方法

我国正处于从传统农业向现代农业快速过渡的关键时期，传统的生产方式

靠人、靠经验、靠天，劳动生产率低，大约是发达国家水平的 1/20，资源利用率低，只有发达国家的一半（高玲等，2014），土地产出率也低，生态环境恶化的趋势没有得到根本的解决。同时，中国一线农民的劳动成本越来越高，老龄化越来越突出，中国一线农业劳动力的年龄已经超过 50 岁，20 年后谁来种田的问题突出。大力发展精准农业和智慧农业，让机器代替劳力，电脑代替人脑，走资源节约、产出高效、产品安全、环境友好的现代农业之路，是未来农业发展的必然方向。如何利用新一代信息技术对各种农业资源要素进行数字化设计、在线化处理、智能化控制、精准化运行和科学化管理，提高农业的资源利用率、土地产出率和劳动生产率，有效降低不科学肥料和农药对环境污染和农产品质量安全的威胁，是发展精准农业和智慧农业的基础科学问题，迫切需要在多元农业信息感知、获取原理和智能信息处理方法等基础研究上取得新的重要突破，为精准农业和智慧农业技术体系建立提供理论基础和技术支撑。

农业多元信息的精准获取是实现精准农业和智慧农业的前提，农业生产环境复杂，影响因素多，精准获取农业环境、农业动植物生产信息非常困难。在对农业环境参数、动植物生理参数的传感机理和传感器失效机理研究的基础上，重点采用电化学检测技术、微纳检测技术、光学检测技术、光纤检测技术、光谱检测分析技术等新型检测技术，重点突破氨氮、亚硝酸盐、重金属等养殖水质参数、动植物活动信息、生命信息等多元农业信息的快速在线检测；重点研究农业多源异构信息融合关键技术，研究人机协作的群体计算技术，实现农业动植物环境信息和生理信息的智能感知，开发适应我国不同种养殖环境的多参数传感器与动植物生理参数在线检测仪器仪表，为农业生产现场信息和动植物生长信息的全面感知提供理论基础和技术支撑。

智能信息处理是实现精准农业和智慧农业的核心，在对农业现场环境信息、动植物生理信息精准获取的基础上，开展多源农业信息的降维、去噪、特征提取、分类识别等信息处理关键信息智能预处理研究；结合基因组、转录组、蛋白质组等组学信息和动植物表型信息，突破基于深度学习的农业动植物信息智能识别技术，提出跨模态融合、时序关联、并行计算等的光、温、水、肥、热、气、营养农业动植物信息挖掘技术体系；结合大量的农业动植物生长调控实验，构建基于大数据分析的动植物生长优化调控模型，实现农业生产的精准调控、优化控制（葛文杰和赵春江，2014），为植物工厂、动物工厂的无人系统，提供模型技术支撑。

　　精准智能作业是实现精准农业和智慧农业的目标。在对农业环境、动植物信息精准获取与智能处理的基础上，开展基于机器视觉、多光谱分析技术的农业作业对象的精准识别研究，开展作业机械、设施、装备的定位、导航的精准控制研究，探索农业生产过程中人、机、动植物、生产环境与信息的跨界融合、数据挖掘、柔性动态诊断、群智能决策等技术，实现物联网数据实时驱动和知识引导的农业生产智能诊断决策，为无人作业系统提供核心的支撑技术；开展农业作业规划管理、功能物资智能配送、作业装备集群智能管理、作业质量实时智能管控、农业产能和农产品质量优化研究。最终实现农业机械、装备和设施的精准作业和智能化控制，为农业机器人时代奠定理论和技术基础。多元农业信息感知、获取原理和智能信息处理示意图见图 8-11。

　　通过上述研究可以大幅度提升我国农业数字化、自动化和智能化的原始创新能力，为无人值守农场和农业作业机器人化奠定基础，相关研究的成果对于加速和引领我国精准农业和智慧农业有望发挥重大作用。

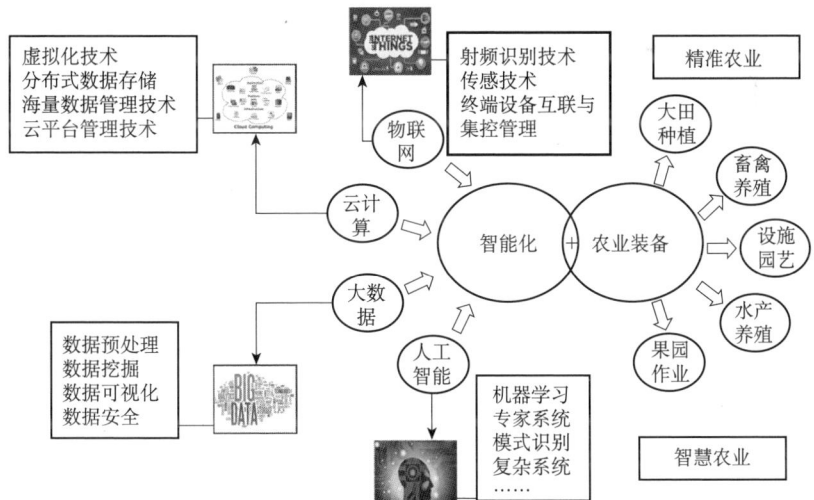

图 8-11　多源农业信息感知、获取原理和智能信息处理示意图

第九章
促进农业变革的重大颠覆性技术方向

人口数量增加及生活质量的提高,对粮食和畜产品的刚性需求和品质要求大幅提升。以高成本、低效率、高消耗的发展方式,近十多年我国农业种植和养殖业连年增产丰收,但难以可持续。面对资源条件与生态环境的刚性约束,迫切需要转变农业发展方式,加强农业废弃物的循环资源化利用,切实推进农业生态环境保护与治理,促进农业节能减排和可持续发展。科学技术的快速进步,对农业生产方式变革与效率提高具有颠覆性作用。新型生物技术的发展,为我国动植物(品系)培育注入了新的活力,改变了育种方式,加快了育种步伐,对农牧业发展具有颠覆性改变。干细胞、基因工程和基因编辑技术对农业及医学领域具有深刻的影响,是促进农业变革的重大颠覆性技术。可再生的农业生物质原料转化为生物高分子材料或者单体,获得环境友好的生物基功能性材料,降低碳排放,缓解石油危机,生物基材料正逐步成为引领当代世界科技创新和经济发展的又一新的主导产业。

面向 2035 年,以创新驱动发展战略为纲领,以科技进步为主推动力,积极推动引领农业变革的重大颠覆性工程技术创新。家畜干细胞目前为止都是胚胎干(ES)细胞,深入研究干细胞将极大推动我国农业领域(猪、牛和羊等)大牲畜良种扩繁的革新。转基因技术以其特有的优势,可以跨越物种隔离,将优良的基因转入家畜，精准提高生产性能及品质，缩短品种培育周期；同时，利用家畜作为生物反应器生产功能性蛋白和药用蛋白、疾病动物模型，拓宽了家畜应用领域，对生物医学领域发展具有重要的推动作用。新型基因编辑技术的崛起，尤其被誉为生命科学领域的革命性技术 CRISPR/Cas9 基因编辑系统，使得对动物基因精准操作成为可能，在已知控制动物优良性状遗传变异的前提下，通过基因编辑技术对基因单个碱基修饰，靶向提高动物特定性状，与传统育种技术相比，体现了基因编辑技术的精准性、高效性、快速性等优势。新型生物技术在农业动物生产中的应用，能够加快我国动物品种培育，尤其是特色品种培育，提高畜产品生产效率，增强我国品种核心竞争能力，保证畜牧业安全等，同时可以极大地提升我国生物技术的基础理论研究水平，在部分领域保持国际领先地位。围绕国内外生物基材料产业发展的重大技术需求，以制造高品质、高价值材料并进行化石资源的高效替代为目的，以综合利用农业生物质资源制造功能性生物基材料为重点，通过生物质全组分选择性分离及生物基纳米纤维绿色制备技术研究，加强生物基材料制造过程中的核心关键技术研发，促进基于生物基新材料的农业产业价值链延伸，引领生物基材料新兴产业飞跃式发展。开发智慧型生物能源环保系统工程，生产清洁生物能源和生物基肥料两种产品，示范区域组合生物能源供应中心、生物基肥料供应中心和有机废弃物处理中心，实现农业、能源、环保三大产业贯通融合，以满足社会和经济绿色、可持续发展的需要。通过对珍稀植物的幼苗和种子内部构造和生长机理及导致植物濒危化的内部主要诱因进行研究，提出相应的植物幼苗培育以及种子重构策略，开发新型生物材料并基于 3D 生物打印量身定制不同幼苗培育和种子重构技术，进而获取优质的幼苗或具有再生能力珍稀植物的种子，并对植物幼苗或种子免疫体系、抗性品系等方面进行优化，大幅度提高珍稀植被幼苗或种子的免疫和抗病虫害能力。同时，对植物幼苗或种子生长过程中营养物质需求以及各组分之间的生长变化，进行参数化设计，实现植物幼苗和种子的定制化生产，达到低耗、优质、高效的应用目标，从根本上杜绝珍稀植物的濒危化问题。

第一节 基因编辑技术

一、技术定义

基因编辑技术是指按照人类的意愿对生物基因组上特定 DNA 片段精准操作，实现 DNA 片段敲除、插入及单个碱基改变等（Capecchi，1989）。基因编辑技术主要包括两个过程：一是准确定位，在宏大的基因组上准确找到需要操作的特定 DNA 片段；二是执行编辑功能，找到特定 DNA 片段后，利用切割酶实现 DNA 片段缺失、加入和单碱基修饰等（图 9-1）。运用基因编辑技术对控制动植物特定性状的基因进行操作，将对未来农业领域尤其是种业具有不可估量的作用。

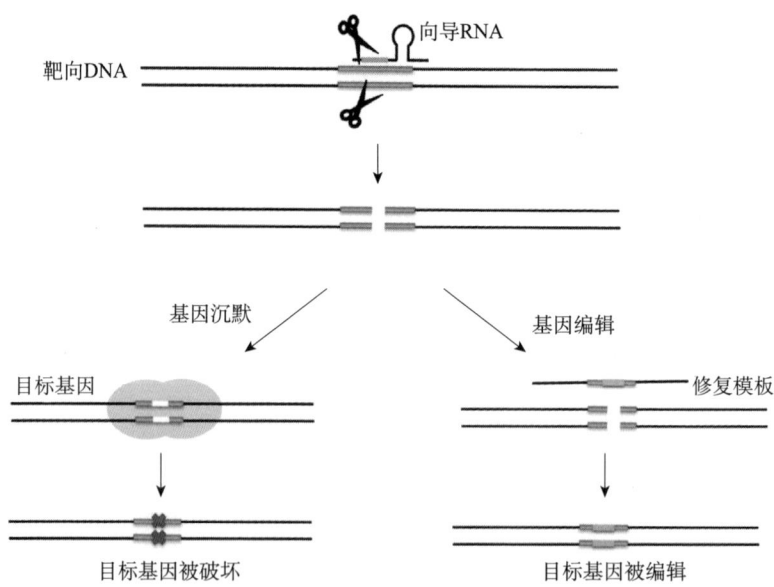

图 9-1 利用基因编辑技术（如 CRISPR/Cas9）造成 DNA 双链断裂，实现靶基因敲除和编辑

资料来源：http://sitn.hms.harvard.edu/flash/2014/crispr-a-game-changing-genetic-engineering-technique

二、需突破的关键技术点

基因编辑技术从最初的利用同源重组的方法发展到采用锌指核酸内切酶（ZFN）或转录激活子样效应因子核酸酶（TALEN）切割DNA双链，源重组效率提高了上万倍，但仍然存在技术操作复杂、使用成本高等问题（Kim et al., 1996; Boch et al., 2009）。近几年，CRISPR/Cas9的出现和不断优化，基因编辑技术取得了决定性突破，实现了编辑高效、操作简便、成本低廉（Jinek et al., 2012）。但在农业动植物基因操作上，CRISPR/Cas9系统仍存在基因脱靶率高、编辑效率相对低等问题。

未来需要攻关的关键科学与技术问题如下。

（1）优化动植基因编辑技术。根据不同物种的基因特性，对CRISPR/Cas9系统的靶向序列以及切割酶进一步优化。

（2）实施主要动植物大规模功能基因编辑计划。利用高效的CRISPR/Cas9系统，对主要动植物基因组进行大规模操作，并进行系统的表型测定，批量化验证功能基因。

（3）创制性状优异的育种新材料。利用高效的CRISPR/Cas9系统，对调节动植物重要经济性状基因进行编辑，获得性状优异的育种新材料。

三、技术的重要意义

在基础研究领域，基因编辑技术为大规模开展动植物基因功能研究提供了可能；在动植物育种领域，该技术可以对调控动植物的重要经济性状，如产量、质量以及抗病、抗逆等基因进行操作，从而实现对重要性状的改良，与传统育种技术相比，具有精准、高效、快速等特点。此外，基因编辑技术还可以实现精准高效的转基因，获得动植物转基因育种新材料。基因编辑技术对创制优质、高产、抗病等动植物种质，培育具有优异性状的动植物新品种以及大规模解析动植物基因功能具有非常重大的意义。

四、促进未来战略性新型产业的愿景

动植物基因编辑技术的发展与应用，将大幅加快农业动植物遗传改良和特色品种的培育速度，带动种业产业的飞速发展，增强我国种业产业的核心竞争能力；利用基因编辑技术，将加快动植物药物生物反应器的制备进程，为建立基于动植物生产的大规模药物生产体系提供了可能，拓展了未来农业发展的新领域。此外，基因编辑技术还可用于人源化异种器官以及动物疾病模型制备，为人类健康和医学研究提供物质保障。

第二节　动物干细胞技术

一、技术定义

动物干细胞是一种具有自我复制能力，可分化成多种功能细胞的细胞类型。根据发育潜能分为全能干细胞、多能干细胞和专能干细胞。目前，动物干细胞主要是从早期胚胎、成体组织分离或体细胞经过重编程获得。由于干细胞具有分化形成各种组织器官和生命个体的潜在功能，目前，已成为发达国家基础研究、生物医药、农业领域关注和竞争的焦点。

二、需突破的关键技术点

自 1981 年以来，人类先后从胚胎中成功分离了小鼠、猴及人类的胚胎干细胞系，而猪、牛、羊等家畜的胚胎干细胞系尚未获得。因此，围绕建立家畜干细胞系、干细胞的特异定向分化是今后研究的重要方向。

（1）建立家畜干细胞系。研究多能干细胞初始态（naïve）的调控机制，优化家畜多能干细胞的体外培养体系，获得家畜初始态的多能干细胞系。

（2）建立家畜干细胞分化体系。研究家畜干细胞分化的调控机制，建立特异定向分化以及在体外分化形成精子与卵子的技术体系。

（3）建立家畜干细胞个体发育体系。利用干细胞重构胚胎技术、四倍体补偿技术或嵌合体技术制备动物个体。利用干细胞形成的精子、卵子，通过体外受精获得家畜个体。

（4）建立家畜试管育种技术。其核心是利用干细胞体外分化形成雌雄配子，体外受精形成胚胎，在胚胎上开展基因组选择育种。再将具有育种价值的胚胎分离获得干细胞，依此循环。此外，还可以结合基因编辑技术在干细胞上对疾病、品质等重要生产性状进行修饰。

（5）建立家畜干细胞转化医学平台。阐明猪等大动物作为人类再生医学模型的安全性和可行性，进一步探索高效异种嵌合（如人猪嵌合）机制，制备人源化异体器官，实现人源化器官移植的临床应用。

三、技术的重要意义

由于干细胞具有无限增殖、个体发育的多能性和种系传递功能，因此，干细胞在家畜育种、高效繁殖、资源保存中具有广阔的前景，未来有望成为家畜育种与繁殖领域的颠覆性技术。动物干细胞的基础研究，尤其是小鼠上的成果，为揭示组织器官形成、个体发育机制提供了良好的理论依据。动物（尤其是大家畜）干细胞技术的发展和完善对未来临床医学、家畜育种和资源保存具有重要意义。

四、促进未来战略性新型产业的愿景

随着家畜干细胞系以及定向分化技术的建立，特别是干细胞经过分化形成精子、卵子，通过体外受精技术和全基因组选择育种技术，实现家畜的试管育种，未来将带来家畜育种技术的革命，形成一个全新家畜种业产业。此外，干细胞技术与基因编辑技术的结合，将加速疾病动物模型的制备以及未来人源化异体器官的研究与临床试验（图9-2），将大大拓展传统畜牧业发展空间。家畜干细胞建系以及应用将开辟和建立一个全新的领域，具有重大的科学价值和产业价值。

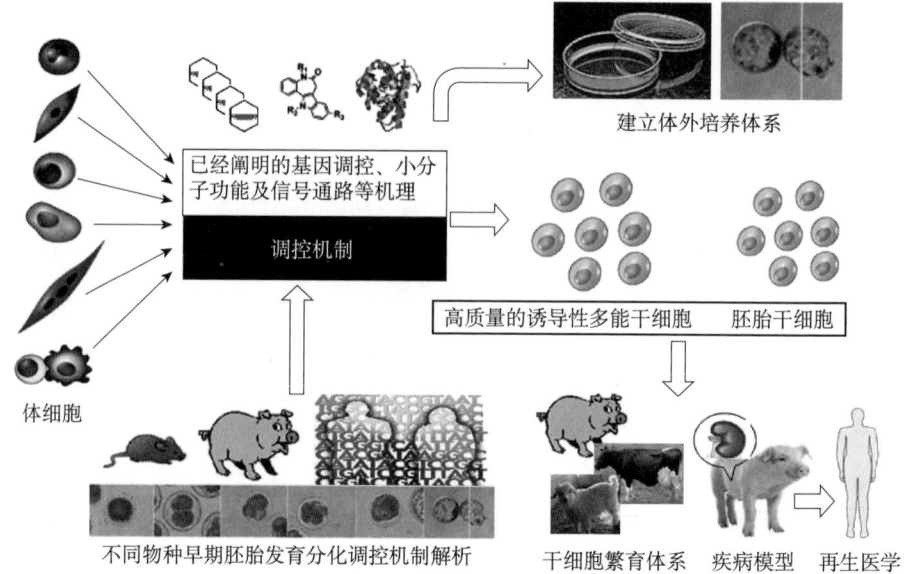

图 9-2　动物干细胞基础研究及未来应用

第三节　新型生物基材料与农业纳米材料技术

一、技术定义

生物基材料是利用可再生生物质原料（包括农作物、树木、其他植物及其残体和内含物等），通过生物、化学、物理等方法制造的新型材料，主要包括生物塑料、热固性树脂材料、木塑复合材料、生物基功能炭材料、生物基精细化学品、生物基平台化合物等产品。农业纳米材料是指融合生物基材料技术与纳米技术制备的具有高性能或特殊功能的新型材料。新型生物基材料与农业纳米材料技术示意见图 9-3。

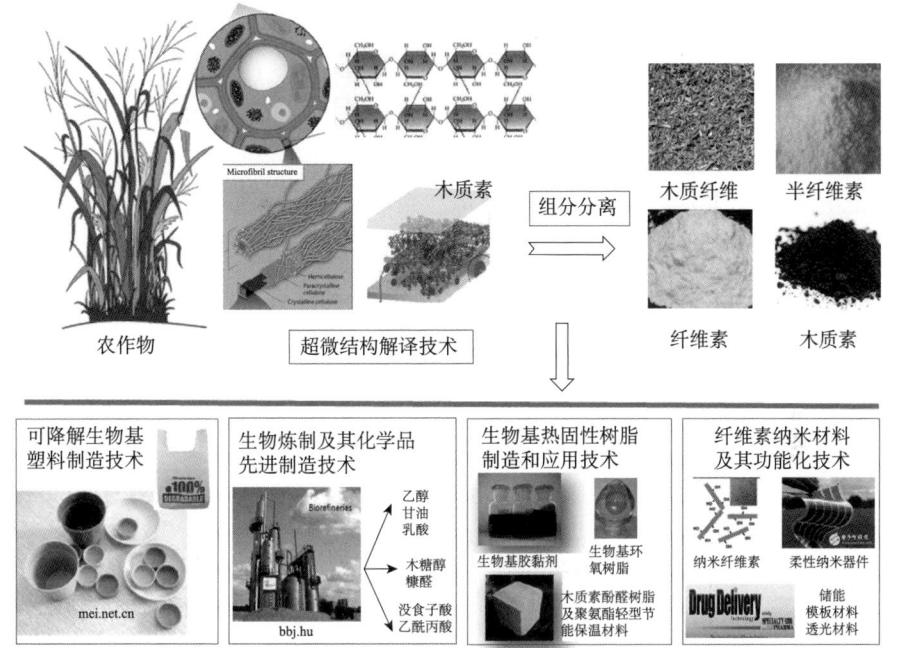

图 9-3 新型生物基材料与农业纳米材料技术

二、需突破的关键技术点

（1）生物质组分分离和超微结构解译技术。建立和完善木质纤维原料结构解析现代分析表征技术，借助全方位多尺度表征方法解译天然植物细胞壁超微结构，解析木质纤维组分微区分布、聚集形态以及组分键合机制，研究生物基材料合成用微生物代谢组学与功能基因组学、生物基材料高效催化合成机理以及分子设计理论，阐明生物质高分子功能化转化机理，为新型生物基材料开发提供支撑。

（2）可降解生物基塑料制造技术。研究生物塑料生产菌株的改造技术、生物塑料的高密度发酵技术、生物塑料单体的高效共聚技术，突破聚羟基脂肪酸酯（PHA）生产新技术，加强聚乳酸新型催化和聚合关键技术及装备研发，开展聚丁二酸丁二醇酯（PBS）等生物基塑料在农膜、超市购物袋和食品包装等领域的规模化应用研究。

（3）生物炼制及其化学品先进制造技术。重点研究清洁、高效、低成本木质纤维素糖基平台生物炼制技术,构建从纤维素或原生生物质直接制备5-羟甲基糠醛、乙酰丙酸等重要生物基平台化合物的高效催化转化技术,突破下游衍生物绿色合成及共缩聚技术。开发大宗木质素基轻化产品,建立生物表面活性剂生产菌种的代谢工程和合成生物学技术平台;研发以木薯、秸秆、浮萍等为原料的异戊二烯生物转化与衍生化技术、聚合技术、产品制备技术,建立生物基异戊二烯及异戊橡胶合成技术体系。

(4)生物基热固性树脂制造和应用技术。开发低成本环保型生物基胶黏剂、生物基环氧树脂、木质素酚醛树脂及聚氨酯轻型节能保温材料制备技术;加强生物基功能炭材料低成本规模化加工利用技术及装备开发。

(5)纤维素纳米材料及其功能化技术。利用分离得到的生物基纤维素进行纳米级拆解、分离得到拥有精细纳米结构、优异力学性能、良好生物相容性的天然网状结构生物基纳米纤维;利用纳米纤维丰富的表面活性基团进行高效催化改性和修饰,结合高分子自组装及聚合等技术,赋予纤维素纳米纤维优异的光、电、热、力及渗透等方面的功能化特性,为其在绿色储能、柔性纳米器件、可控透光材料、功能型模板材料以及药物缓释等领域的应用奠定基础。

三、技术的重要意义

生物质资源是地球上再生资源的核心组成部分,是维系人类经济社会可持续发展的重要保障。生物基材料的主要功能是最大限度地替代石油基塑料、钢材、水泥等矿产资源日益枯竭的不可再生材料,具有绿色环保、环境友好、原料可再生、可生物降解等特性。我国生物质资源丰富,推动生物基材料的规模化发展与应用,降低化工材料工业对矿产资源的依赖,有利于环境改善与经济协调发展,对于加快培育战略性新兴产业、促进我国石油化工材料转型升级、推动绿色经济增长、促进农工融合与城镇化建设具有重大意义。

四、促进未来战略性新型产业的愿景

针对生物基材料产业链中上游原料附加值低、中游产品生产成本高、下游产品应用开发不足、配套制造装备落后、全质利用体系未能形成等问题,通过突破上述生物基材料高效低碳绿色制造关键技术,创制一批高值化多元化产品,推广应用大宗化生物基材料,面向 2035 年,重要生物基材料产品总产量超过 1000 万 t,其中年产聚酯类生物塑料 100 万 t、生物基热固性树脂 150 万 t、木塑复合材料 500 万 t 等;实现 20% 左右的精细化学品的生物制造;生物基平台化合物生产规模达到万吨级水平。大幅度提升生物基材料产品在高分子材料市场中的比例,生物基材料替代率达到 5% 以上。面向 2035 年,我国在聚羟基脂肪酸酯及异戊二烯制造技术方向居国际领先水平,木塑复合材料、生物基热固性树脂制造技术与国际并行,生物质纳米材料、生物基功能碳材料、生物基化学品等制造总体技术水平与发达国家差距显著缩小。

第四节　3D 生物打印技术

一、技术定义

3D 打印技术,又称 3D 快速成型技术或增材制造技术,被誉为是"第三次工业革命的重要标志之一",已被各国作为战略新兴产业大力发展。3D 生物打印技术是 3D 打印技术的一个分支,是以生命科学、材料科学、制造科学交叉融合的新兴产物,是目前 3D 打印技术中最具活力和发展前景的方向。3D 生物打印技术是以计算机三维模型为基础,通过离散-堆积的方法,将生物材料或细胞按仿生形态、生物体功能、细胞特定微环境等要求,用增材制造法打印出同时具有复杂结构与功能的生物三维结构、体外三维生物功能体、再生医学模型等生物医学产品。3D 生物打印过程示意见图 9-4。

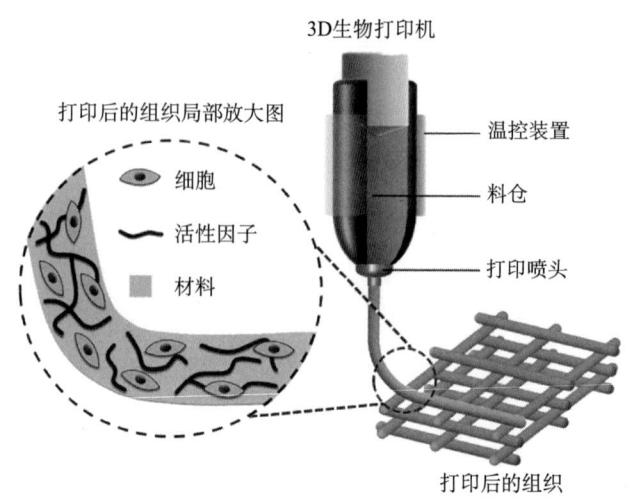

图 9-4　3D 生物打印过程

资料来源：http://www.cas.cn/kx/kpwz/201508/t20150831_4418483.shtml

二、需突破的关键技术点

农业 3D 打印技术的研发应用主要集中在工程学和食品制造领域，利用 3D 打印技术研发农业机具等生产装备以及食品加工，而 3D 生物打印技术在农业领域的研究目前尚未完全起步。可以围绕"植物种子"开展 3D 生物打印技术的研发，突破传统的植物生长和种子培育机制限制，形成适用于植物种子的 3D 生物打印技术。关键技术点有以下几方面。

（1）深入系统地研究植物种子的内部成分，以及各种组分之间的相互作用机理，建立完善的生物材料制备策略。

（2）设计适用于种子打印的喷头结构，实现不同生物材料的按需打印，建立完善的材料制备和加工工艺，且实现整个打印过程的无损化设计。

（3）搭建多温度控制系统，保证在打印过程中生物材料的活性；基于 3D 生物打印技术设计适用于植物幼苗和种子生长的生物支架结构，即"温床"，确保制备生物支架材料的无菌、无毒、可降解等特性，定量化地为植物幼苗或种子生长提供所需的营养物质，合理搭配营养诱导，促进幼苗和种子健康生长。

（4）通过 3D 生物打印的种子重构技术，以及不同的组分之间的相互作用关系，重构种子结构，实现植物种子的再制造。

（5）建立3D生物打印系统的监测机制与决策系统，实现生物"温床"参数化生产、生物材料的定量化打印、可植入性材料的匹配、生长与环境因子监控、精准化管理等核心关键技术。

三、技术的重要意义

3D生物打印技术是未来生物科学领域的前沿研究与产业开发的竞争热点领域。目前，该领域研发主要集中在生物医学领域，第一台3D生物打印机的原型机已在2009年年底由Organovo公司制造出来，被《时代周刊》评为2010年50项最佳发明之一。目前，已采用3D生物打印技术制造出骨骼、皮肤、血管、肾脏等人体器官。3D生物打印技术在农业领域尚没有完全起步，以植物种子3D打印为切入点，是我国农业生物技术领域抢占国际前沿科技制高点的重要战略机遇，对我国农业领域3D生物打印的研发将起到重要的推动作用。

四、促进未来战略性新型产业的愿景

3D生物打印将会成为一种非常简单、容易、迅速的技术，并将在生物领域得到广泛的应用。抓住3D生物打印新一轮的发展契机，对发展我国3D生物打印技术的研究步入国际先进水平具有十分广阔的发展前景。对于农业领域，针对植物种子3D生物打印技术的研究，通过整体布局优化、资源高效管理、创新理论等技术集成，构建幼苗生长和种子制备的全程可控性、精准性和智能性的机制，促进生物材料构建、幼苗的培育与种子的制备向更加健康、高效的方向发展。如果此项技术能够得到突破，其将完全颠覆传统的育种途径，可以人工设计、快速生产适应各自需求的植物种子，对于未来生物种业的发展将起到重要的颠覆作用。

第五节　智慧型生物能源技术

一、技术定义

生物能源是指来自生物质原料的能源，包括固态（成型或不成型固体燃料）、液态（燃料乙醇和生物柴油等）和气态（沼气及经过净化后的生物燃气、气化气、生物产氢）生物燃料以及生物质发电。

智慧型生物能源系统技术是基于生物能源技术创新推动生物能源生产进步、基于智能调控技术推动生物能源融入国家大能源体系的生物能源系统技术。通过突破生物能源转化和智能化调控等关键技术瓶颈，在智慧能源大框架下，实现生物能源对国家能源体系的蓄能补偿和能源供应支撑，进一步实现对全社会能源供应和分配的智能调配，提高全社会能源利用的智慧水平，促进环境保护。智慧型生物能源技术示意见图 9-5。

二、需突破的关键技术点

1. 生物能源技术突破

通过基因改造育种，实现作物体内生物质与生物质能源转化催化剂的同步生长，同时阻断催化剂向籽实的通道。在籽实收获后，作物秸秆将在一定的条件下在体内催化剂的作用下迅速转化为不同能源形态。

（1）功能性微藻培育。通过基因改造和基因重组，在生物安全的前提下，通过微藻的基因改组而形成功能性微藻，耦合自养或异养，高效处理污水，同时生产微藻油脂和微藻碳水化合物。

（2）生物燃气与生物基化肥规模化生产技术。实现有机污水的高效、快速厌氧发酵，生产甲烷等能源产品。通过工程创新，实现沼液养分回收，在处理污水的同时实现生物基化肥规模化生产。

（3）基于"IT+"的生物质资源数据库与分布式环保能源网络。基于北斗

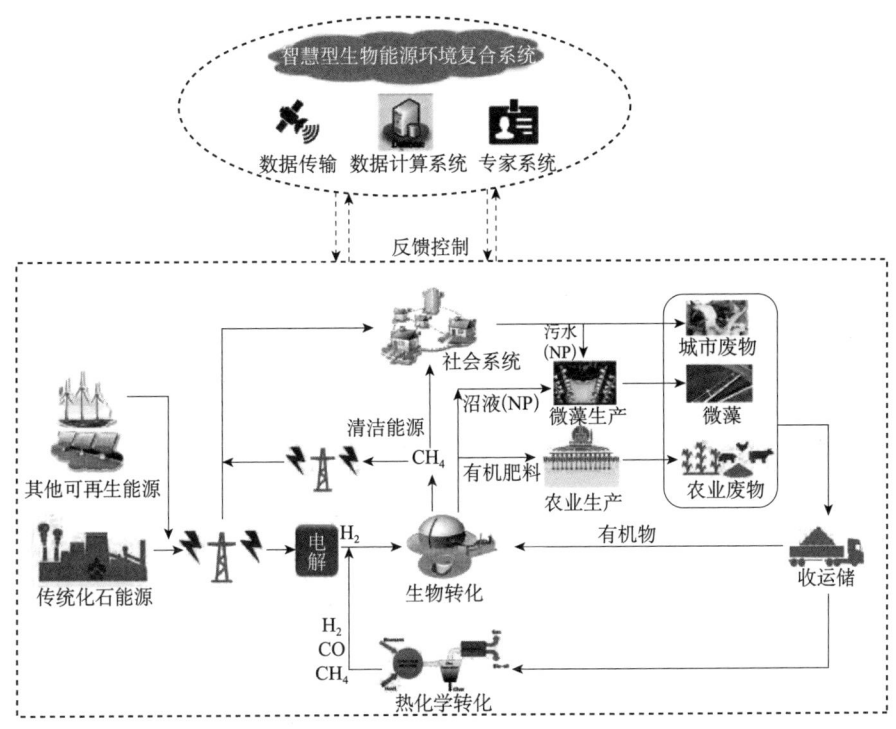

图 9-5 智慧型生物能源技术

GIS 系统、信息科学技术和物料特性速测技术，分区域测控生物质资源量（大多为农业源有机废弃物）和物料特性，优化生物质原料输送和分布式环保能源网络。基于物联网、云计算和专家系统等信息技术，实现对生物质能生产过程的智能和远程调控。

（4）木质纤维素物料的热转化与生物转化耦合生产生物燃气。木质纤维素物料经热解转化成含有甲烷、二氧化碳、氢气和一氧化碳等多组分的合成气，在厌氧微生物发酵系统中进行生物重整并纯化生产以甲烷为主要组分的高品质燃气。

（5）研发生物能源转化的新型催化剂，实现固态生物原料高效转化为甲醇。甲醇是生产工业产品和其他能源产品的原料。

2. 基于可再生电能的生物燃气生产技术

利用局部过剩可再生电能甚至电网的过剩电能制氢，在厌氧微生物发酵系统（沼气工程）中，将氢与二氧化碳合成甲烷，利用甲烷的可压缩和可液化特点，使生物燃气（沼气）生产系统成为缓冲储存和调节全社会能源供给的蓄能池,实现能源蓄能补偿和能源的柔性智能化、灵活化供应。该技术在优化能源供给的同时还减排了二氧化碳。

3. 生物能源-生态环境耦合技术示范

按照就近肥料和能源主要利用方式,面对"能源、农业、环保"三位一体的总体要求,优化生物能源-生态环境耦合技术,在示范推广过程中进一步优化,实现耦合技术体系的全社会覆盖,创造绿水青山、生态文明的新生活。

三、技术的重要意义

随着全球能源向消费结构清洁化、利用方式电气化、化石能源转向非燃烧方式的转型,可再生、可储存、可输送的生物能源系统的智慧管控技术可提高全社会能源供应与利用的灵活匹配,实现不同能源形式的协同发展,使生物质能成为衔接环境保护、能源生产、农业发展的关键。通过智慧型生物能源系统技术,在生物能源产业链前端生产更有利于能源转化的原料、提高生物质原料收储运环节的连续性和稳定性、优化基础设施和资源的配置;在生产环节进行远程监控和实时过程管理,不但提高生产效率、降低成本,还将分布式生物能源生产与整个能源生产及供应系统有机地融为一体,提高能源供应和消费的灵活性;通过智慧管控技术还能对能源和肥料等多级别产品进行反向控制与追溯,为生物能源全产业链建立良好的产业生态。

四、促进未来战略性新型产业的愿景

中国将引领世界能源低碳转型,未来 20 年,中国新增非化石能源消费量将占到世界的约 40%。预计到 2035 年,中国非化石能源在能源消费中的比例将提升至 25%。未来生物能源将在提高社会能源系统的运行效率和农业生产、环境保护中发挥越来越重要的作用。智慧生物能源系统技术是学科高度交叉、产业高度融合的技术体系,对促进未来战略性创新型产业的发展具有带动作用,可能形成基于大数据、云技术和北斗 GIS 系统的"IT+"信息产业,包含生物能源、生态环境治理、生物基肥料生产和新型催化剂生产的生物与催化新型经济,包含智慧型生物能源的智慧型能源产业,以及新型生态环保产业等。

第六节 智能农业机器人技术

一、技术定义

同工业机器人相比，农业机器人作业空间跨度覆盖空中、地面和水下，工作环境复杂多变，作业任务繁杂多样，干扰与不确定因素多，具有极大的挑战性。由此，农业机器人对智能化程度的要求远高于其他领域机器人。

智能农业机器人技术（intelligent agricultural robot technology）是机器人技术融合人工智能、信息、云计算、大数据等技术在农业生产中的综合运用。基于智能农业机器人技术诞生的新型农业机器人，是一种"能感觉、有反应、会思考"的机器"生物"，其生物性不仅体现在建立于仿生学理论基础上的结构设计，还体现在其仿生行为上，能够检测、感觉并适应作物种类变化或环境变化；是能够理解人类表情、动作、语言，具有同人类交互信息、判断决策的能力、逻辑推理能力，能够自适应复杂农业生产作业的下一代无人自主控制农业机械。同时，智能农业机器人之间也具备信息交互、协同作业的能力，存在群体智能和群体行为，而不仅仅是孤立的个体作业。

二、需突破的关键技术点

随着"互联网+""人工智能与机器学习""自动驾驶""增强现实遥操作""仿生结构设计""清洁能源动力系统""容错与自修复控制""四维空间协同信息感知""群体智能与群体协作"等技术的发展，智能农业机器人技术需突破的关键技术主要包括以下几方面。

（1）基于"互联网+"的智能农业机器人的网络连入方法、标准、协议和网络唯一身份标识方法以及联网软硬件系统集成技术，基于网络的智能农业机器人的实时定位导航、信息采集与监测、网络安全和信息加密方法，智能农业机器人之间及其同外界的信息交互技术。

（2）基于人工智能与机器学习的智能农业机器人的人工智能应用场景，以及适用于农业机器人的人工智能与机器学习技术的特定实现方法。

（3）融合北斗卫星导航、惯性导航、航姿参考系统等多源信息融合的自主精准定位、组合导航技术，基于视觉、雷达等传感器多源信息融合的自主避障技术、即时定位与地图构建技术及智能农业机器人的路径规划与路径优化、精确自主控制技术。

（4）基于增强现实的智能农业机器人驾驶模拟器的软硬件系统集成技术，基于网络延迟、传输错误、不确定干扰条件下的智能农业机器人遥操作鲁棒技术，遥操作过程中的力反馈技术与系统。

（5）智能农业机器人关键部件仿生结构设计理论和方法，智能农业机器人结构仿生、材料仿生、功能仿生、控制仿生理论，农业机器人从宏观走向微观乃至纳米级的微小型化技术，类似生物单细胞组合成多细胞的农业机器人合体技术。

（6）清洁能源动力系统与智能农业机器人的匹配性和适应性技术。

（7）基于容错与自修复控制的面向智能农业机器人机械电子系统的故障检测、定位、隔离与诊断技术，被动容错控制方法和主动容错控制方法，基于气动、电动、液压等混合冗余执行机构的控制分配方法，具有鲁棒自适应性的容错应急控制律。

（8）基于四维空间协同信息感知的利用空间卫星、飞艇、飞机、无人机和地面、水下的各种静止或运动机器人部署，搭载各种光、电、生物、化学传感器对地面、水下种植养殖的农作物及动物信息进行协同感知、综合决策、优化和管理的技术。

（9）基于群体智能与群体协作的适用于农业机器人集群作业的群体智能策略与方法，地面农业机器人与空中农业无人机混合编队的联合作业技术，多机集群作业中的拓扑通信与编队控制技术，农业机器人编队的协同感知、协同任务规划、协同路径规划、协同控制等关键技术。

三、技术的重要意义

全球各国都面临着人口日益老龄化的问题，中国也正遭遇着"70后不愿种地、80后不会种地、90后不谈种地"的严峻现实。智能农业机器人集机械电子技术、人工智能技术、信息技术、云计算技术和大数据技术于一身，将决策、控制、作业、运输等农业生产流程自动化、智能化、规范化、标准化,可大幅度节约生产成本,并通过互联网将农作物产业链上的各个节点实时连接起来,既提高了农产品的品质控制与品质回溯能力,也降低了农业生产由于周期长给农民带来的风险。智能农业机器人的出现及广泛应用,势必将改变传统的农业劳作方式,最大程度上降低人力的需要,促进农业现代化的发展,最终实现农业全程自动化。

四、促进未来战略性新型产业的愿景

智能农业机器人技术带动的产业升级,将为改善农民生活开拓新空间,让务农不再苦、不再累,同时也将缓解人口老龄化带来的劳动力短缺问题。此外,智能农业机器人技术还将给农业带来一场新的产业变革。具体表现在未来两个战略性新型产业上,一是农作物生产、动物养殖全程自动化、无须人力干预的现代化农场,充分体现智能农业机器人在典型的农业环境中解放人力的过程,是农业生产的必然发展趋势;二是无须种植在室外田地的农作物室内生产工厂,即智慧农业工厂,可在人造、可控的非典型农业环境中生产各种农作物,整个生产过程以及后续的加工、传送、运输也都依赖于室内智能农业机器人的协同操作。未来智能农业机器人的天-空-地一体化感知和作业体系示见图9-6。

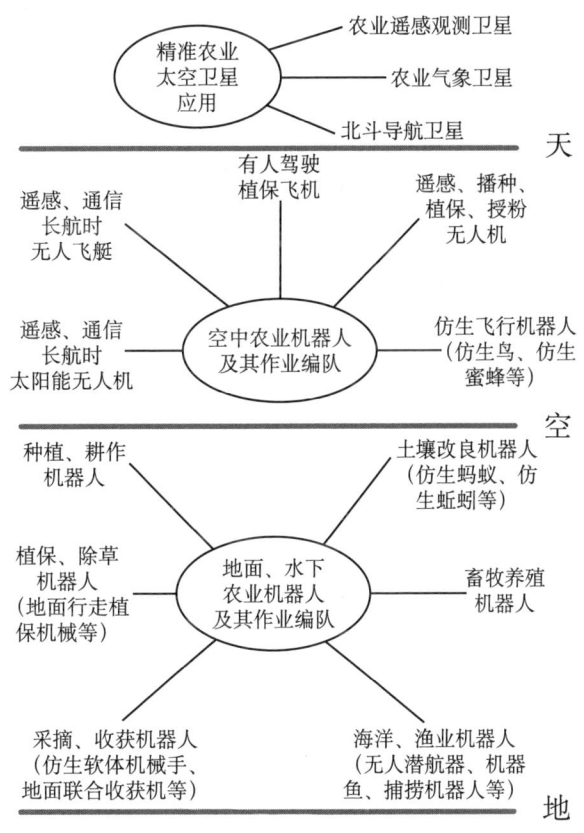

图 9-6 未来智能农业机器人的天-空-地一体化感知和作业体系

第七节　垂直智慧植物工厂技术

一、技术定义

垂直智慧植物工厂技术，是科学家为应对未来人口压力及资源匮乏所提出的一个新概念，核心是充分利用资源与空间，使单位面积产量最大化。这一概念最早由美国哥伦比亚大学教授迪克逊·德斯帕米尔提出。德斯帕米尔希望在由玻璃和钢筋建成的、光线充足的建筑物里种植本地食物。他认为到2050年，全球人口总数将增至92亿，其中80%（现在是60%）都将居住在城市中。这些新增城市人口的食物保障将会是很大的挑战性问题。根据德斯帕米尔的构想，利用垂直农业技术，城区内一幢30层的摩天大楼能够养活5万纽约曼哈顿区的居民。建设160座同样的建筑物，就能为纽约所有人提供全年的粮食。

二、需突破的关键技术点

（1）多层立体无土栽培技术装备是人工光植物工厂必要的装备，也是太阳光垂直智慧植物工厂需要迫切发展的技术装备。

（2）人工光照明技术装备是人工光植物工厂核心技术装备，为植物生产提供光合能量和光照信号。发光二极管（LED）新型光源的植物生理响应机制尚需进一步揭示，需要制定根据不同植物生长发育调制光谱、光强、光周期以及按需给光的标准。

（3）环境控制智能化水平的高低在很大程度上决定着植物工厂的运行效率。智能环境控制以植物环境控制为基础，特别需要以环境因子耦合控制下的植物生理响应效应作为依据，尚需深入地系统研究。

（4）养分和光照是两个既有数量属性，又有质量属性的环境要素，智能控制难度较大，其控制策略具有时间和空间要求，也需要和其他环境要素耦合统筹控制，是今后研究开发的重点。

（5）垂直智慧植物工厂采用营养液栽培方式，将产生大量污水，需要探索污水转化成资源、降低能源成本的技术新途径。

三、技术的重要意义

未来垂直智慧植物工厂生产方式将向三维垂直空间拓展，会大幅提升植物工厂资源利用效率、单位面积食物产能和智慧化管控水平。将突破大厦型垂直植物工厂结构与新材料技术、基于植物光配方的高光效 LED 光源创制及其智能光环境调控技术、多层立体营养液栽培及其营养液智能管控技术、太阳能-风能高效获取与利用技术、有机废弃物处理及资源化利用技术、植物种苗移栽单元空间运转与蔬菜水果收获机器人技术、垂直植物工厂环境-营养-生物信息获取及智能决策与管控等技术，创制出先进的垂直智慧植物工厂及其成套的多层立体无土栽培技术装备、人工光照明技术装备、智能环境控制技术装备、植物生产空间自动化管控技术装备。垂直智慧植物工厂技术示意见图9-7。

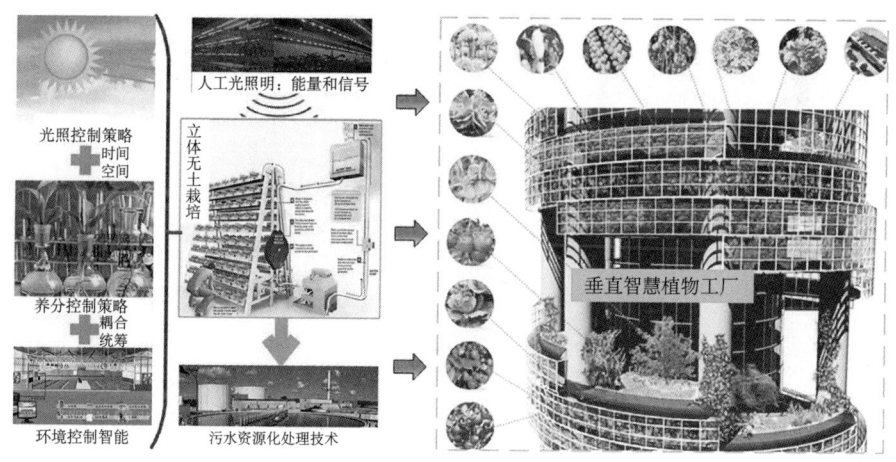

图 9-7　垂直智慧植物工厂技术

四、促进未来战略性新型产业的愿景

垂直智慧植物工厂运用传感器和软件，通过移动平台或电脑平台对植物工厂生产进行控制，集成应用计算机与网络技术、物联网技术、音视频技术、3S

技术、无线通信技术及专家智慧与知识，实现可视化远程诊断、远程控制、灾变预警等智能管理，使植物工厂生产与管理更具有"智慧"。这是未来解决农业土地空间不足、资源短缺的有效途径，但关键在于如何降低生产和管理成本，使其能大面积应用。

第十章
农业重大科技创新平台

第一节 需求与必要性

农业重大科技创新平台是我国农业科技新思想、新理论、新技术和重大科技命题的策源地,应聚焦世界科学前沿和国家重大科技目标,以提升国家农业核心竞争力和自主创新能力为使命,支撑开展重大基础和前沿技术的探索。当前,我国农业科技创新水平已步入跟踪、并跑和领跑并存的新阶段,整体处于发展中国家前列。但与发达国家相比,重大科技基础设施建设滞后,科技资源分布较为分散,原始创新能力、关键技术创新和产业发展薄弱。因此,面对发展现代农业的重大科技需求和新一轮全球农业科技革命,在农业科学研究的基础前沿、高新技术领域,加速布局一批体现国家意志、自主创新占主导性作用、对解决重大科技问题具有不可替代性的农业重大科技基础设施工程、国家实验室、国家重点(工程)实验室、国家工程(技术)研究中心、国家野外台站等,为孕育革命性、颠覆性的农业科学技术、突破核心关键技术、创建区域农业绿色可持续发展新模式奠定物质基础,并力争部分领域的科研条件达到世界一流水平,夯实农业科技自主创新的物质基础,抢占全球农业科技创新制高点。

第二节 建设目标

围绕国家食物安全、生态安全和营养健康的重大战略需求，面向国际竞争，为增强科技储备和原始创新能力，在新兴前沿交叉领域和具有我国特色和优势的领域，建设若干队伍强、水平高、学科综合交叉的国家实验室和国家重点（工程）实验室，提升我国农业基础科学研究能力；围绕提升探索未知世界、发现自然规律、实现科技变革的能力，建设若干具有较大国际影响力的国家重大科技基础设施，夯实我国开展农业重大科学研究的物质基础；围绕农业行业发展中的重大关键性、基础性和共性技术问题，进行系统化、配套化和工程化关键技术创新和产品创制，建设一批国家工程（技术）研究中心，推动相关行业、领域的科技进步和新兴产业的发展；围绕深入实施创新驱动发展战略，深化农业科技体制改革，以创新管理和运行机制为突破口，强化顶层设计，整合产学研用等科技资源，充分发挥农业企业、科研院所、高校、社会组织等各类创新主体的功能，贯通创新链，延长产业链，建设一批国家现代农业产业科技创新中心（区域创新中心）和产业技术创新战略联盟，使创新要素有效配置、创新效率显著提升、创新成果密集涌现，成为国家现代农业发展的战略策源地、技术创新源、产业孵化器、大数据中心与国际交流平台；围绕长期定位监测和科学数据积累以及示范带动，开展长期定位观测、野外控制实验、发展应用示范、联网观测实验，重点对农业生产区的水、土壤、大气、生物进行长期定位监测，实现数据资源开放共享，建设一批农业领域国家野外科学观测研究站，满足我国的农业科技创新和国家发展的重大需求；围绕加快农业科技成果转移转化，重点发展研发设计、中试熟化、创业孵化、检验检测、评估认证、知识产权等各类服务，完善全国农业技术市场交易体系，发展规范化、专业化、市场化、网络化的技术和知识产权交易平台，支持科研院所和高校建立专业化技术转移机构和职业化技术转移人才队伍，畅通技术转移渠道，建设国家农村科技综合服务体系，促进农业科技成果落地生根；围绕建设世界一流农业大学和科研院所为目标，支持若干所农业大学和农科院所进入国际先进行列，引领全国农业科技创新进步与发展。

第三节 建设任务

结合农业发展对科研的重大需求，在我国具有一定基础和优势的农业技术领域，组建一批跨学科、跨领域的农业领域国家实验室和农业领域国家重点（工程）实验室、国家重大农业科学基础设施、国家农业工程（技术）研究中心、国家农业野外科学实验观测台站、国家现代农业产业（区域）科技创新中心、国家农业产业技术创新战略联盟和国家农村科技综合服务与技术推广体系，集中力量开展农业领域的重大理论和应用技术研究，攻克制约农业技术进步的关键瓶颈，创制一批农业重大产产品，加快农业科技成果转化，引领产出高效、产品安全、资源节约、环境友好的现代农业发展道路。

一、农业领域国家实验室

在农业领域建设3~5个国家实验室，开展农业生物学与生物技术、食品工程、资源环境、健康养殖、高效种植等重大科学理论研究和技术创新，重点开展农业生物资源发掘与创新、农业生物重要性状遗传解析与调控、合成生物学与生物反应器、农业生物育种、农业生物药物、链化农业技术、化学农业投入品的生物替代技术、农业资源绿色高效利用与循环农业、动物疫病防控与生态养殖、重大农林生物灾害防控、食品生物技术、农业环境生物改良、现代农业信息与智能装备等制约农业产业发展的重大科学问题研究，大幅提升我国农业基础研究能力。

二、农业领域国家重点（工程）实验室

着眼于提高自主创新能力，在现有农业领域国家重点（工程）实验室基础

上，加强统筹部署、优化布局，在现代生物技术、信息与智能装备技术、新材料与新能源、资源环境等领域新建15～20个农业领域交叉学科国家重点（工程）实验室，进一步夯实现有国家重点（工程）实验室建设，提升我国现代农业原始创新能力和工程化水平，促进现代农业可持续发展。

三、国家重大农业科学基础设施

围绕实现我国特定的重大农业科学技术目标和满足粮食安全等战略需求，由国家投资，在农作物基因资源与基因改良重大科学工程、生物安全科学中心、畜禽改良研究中心、模式动物研究设施的基础上，新增6～8个重大科学基础设施建设，重点在农作物种质表型和基因、动物疫病、农业微生物研究设施等方面部署大规模、高标准、现代化的科学技术设施，在农业重大气象灾害模拟舱、农业生物制造、农业卫星等一系列前瞻性、战略性农业部署重大设施项目。通过建设，实现引领农业科技创新方向、促进学科交叉融合、攻关共性关键技术、凝聚高层次科技人才、搭架集成创新平台，从解决农业领域的重大科技问题、满足国家战略需求等层面实现质的突破，为我国农业科技水平提升注入关键动力。

四、国家农业工程（技术）研究中心

在现有农业领域国家工程（技术）研究中心的基础上，对现有中心深入分析，按照农业全产业链横向坐标和关键环节及重点产品纵向坐标，凝练工程关键技术，查漏补缺，优胜劣汰，进一步优化中心布局。在事关国家食物安全、水安全、生态安全、食品安全、产业竞争力提升等方面，重点在作物高效生产、畜禽水产养殖、食品产业、农业生物产业、农用工业、节水农业、农业资源环境、信息化与城镇化等方向加大力度布局新建20～30个工程（技术）研究中心，加快提升我国现代农业工程化水平。

五、国家农业野外科学实验观测台站

在农业发展与粮食安全领域，重点围绕农田生态系统观测、水肥高效利用、

种质资源圃；在生态环境建设领域，重点围绕水土流失、荒漠化和草地沙化、富营养化、农田污染防治、温室气体排放、碳汇功能估算等；在防灾减灾领域，重点围绕监测自然灾害的发生过程及影响，探索自然灾害发生和发展规律，提高灾害预测水平和灾害防治能力；在重大工程建设领域，围绕退耕还林（还草）、退牧还草、三江源生态建设等对沿途或周边的生态与环境特征进行长期观测和实验，再新建20~30个国家农业野外科学实验观测台站，为我国食物安全生产、生态环境建设、脆弱生态系统保护、退化生态系统恢复和应对全球气候变化提供关键技术和示范模式，以满足我国的农业科技创新和国家发展的重大需求。

六、国家现代农业产业（区域）科技创新中心

针对生物育种、智能农机、节水节肥、灾害防控、加工增值等优先领域，建设50个左右国家现代农业（区域）科技创新中心，以创新管理和运行机制为突破口，强化顶层设计，整合科技资源，贯通创新链，延长产业链，依托创新能力强、基础条件好的运行载体，建设创新要素有效配置、创新效率显著提升、创新成果密集涌现的国际一流创新组织，成为国家现代农业发展的战略策源地、技术创新源、产业孵化器、大数据中心与国际交流平台。构筑集科技创新、技术集成、成果转化、人才培养与国际合作于一体的创新平台，开展协同创新，建立科学系统的科技体系，加快推动"产出高效、产品安全、资源节约、环境友好"的现代农业发展。在不同优势地区，围绕事关国家重大区域战略、人类生产生活健康以及制约可持续发展的区域发展问题，建立一批部省、省级互动的区域农业发展创新中心。

七、国家农业产业技术创新战略联盟

围绕着力提高农业科技创新能力、保障我国农产品有效供给、提高农业综合生产能力、培育新型农业产业、延长农业产业链、促进农业增产和农民增收等重点任务，按照"政府引导、战略导向；试点先行、合理布局；市场机制、产业发展"的基本思路，根据国家战略产业发展方向、市场需求和企业需求，继续在生物种业、农业生物制造、精准农业、农业物联网、水肥药产业、农产

品加工等农业重要支柱性产业中认定50个左右的国家农业产业技术创新战略联盟,引导创新要素向企业集聚,形成产业技术创新链,促进农业支柱产业发展。

八、国家农村科技综合服务与技术推广体系

整合和完善科技资源共享服务平台,建设农业科技资源开放共享与服务平台,形成涵盖科研仪器、科研设施、科学数据、科技文献、实验材料等的科技资源共享服务平台体系,建立科技资源信息公开制度,完善科学数据汇交和共享机制,提高农业科技创新效率。积极推进高等学校新农村发展研究院建设,探索大学农业科技推广模式,提升高校公益性服务与技术推广能力。加快发展研发设计、中试熟化、创业孵化、检验检测、认证、知识产权等各类农业科技创新服务。建立和完善国家农业科技成果交易市场体系,发展规范化、专业化、市场化、网络化的农业技术和知识产权交易平台。支持科研院所和高校建立专业化技术转移机构和职业化技术转移人才队伍,畅通农业科技转移通道。围绕国家重大农业科技需求,与相关领域具有创新优势的国家合作建设一批联合研究中心和国际技术转移中心。

九、世界一流农业大学和农科院所建设

坚持以"瞄准国际农业科技前沿、服务产业重大科技需求"为使命,以全球视野谋划科技开放合作,突出体制机制创新,调整优化学科布局,加强人才团队建设,改善科研条件,健全完善国际领先的农业科研组织方式,全面提升创新能力,提高改革"排头兵"、创新"国家队"、决策智囊团的地位,加快世界一流农业大学、农科院所和一流学科建设。通过建设,建成2~3所世界一流农业大学、1~2家世界一流农业科研院所,在绿色生物种业、健康养殖、农业生态环境、水资源绿色高效利用、农产品加工等领域建成15~20个世界一流学科,建成100个农业领域卓越创新团队。

第四节 需要解决的关键问题

一、瞄准科学问题，务求取得实效

在事关国家食物安全、生态安全、人类营养健康等重大战略需求方面，切实加强基础科学研究和关键技术攻关，提高农业科技支撑能力及服务能力。在应对全球粮食安全、高技术竞争、气候变化以及新兴产业等方面，始终把握农业科技重大趋势和前沿，加强自主核心技术研发与应用力度，建立具有国际竞争力的现代农业技术体系。农业重大科技创新平台工程要全面部署，整体推进，重点突破，为保障食物安全、发展现代农业和新农村建设提供更加有力的科技支撑。

二、明确功能定位，加强农业科技统筹

农业重大科技创新平台工程涉及领域多、区域性强，涉及单位和部门多、组织复杂程度高，研发涉及基础研究、关键技术攻关、重大产品创制及农业科技成果转化等全链条，要强化顶层设计，改革管理体制，统筹农业科技资源，明确各平台功能定位，加强功能性分工，形成职责规范、科学高效、公开透明的组织管理体制。

三、改进运行机制，确保平台发挥作用

完善的投入机制是加强我国农业重大科技创新平台工程建设与充分发挥其科技支撑作用的重要保障。从发达国家经验看，农业重大科技创新平台工程的投入必须整体考虑、统筹安排。一是要"全生命周期"投入，即在立项审批时，整体考虑项目的建设、运行及改造升级等费用，既要保障建设资金充足，又要合理安排运行费用（含小型维修改造费用），还要对可能涉及的重大升级甚至退

役等资金需求统筹安排。二是要兼顾项目特性与投资共性。作为固定资产投资，既要最大限度地控制风险因素，又要充分考虑项目周期性长、创新性强等不确定因素；既要坚持"先设计、再建设"的基本原则，又要按照"边建设、边优化"的思路不断完善工艺路线、技术方案等，进而确保目标前瞻、技术先进和运转高效。三是要加大对农业重大科技创新平台工程稳定支持力度，提升原始创新能力和科技发展后劲。

四、实现数据共享，加快科技创新进程

建立国家农业科学数据库，充分发挥大数据对于加快转变农业发展方式、建设现代农业的牵引和驱动作用。科学合理运用数据库，为农业生产的产前、产中、产后提供全程服务，提高农业全要素的利用效率；运用数据库提升农业综合信息服务能力，为政府决策提供参考、咨询和指导服务，为企业生产、转型、市场营销提供咨询、指导；运用数据库加强全球农业数据调查分析，增强在国际市场上的话语权、定价权和影响力；运用数据库为开展农业科学研究提供基础资料，加快农业科技创新进程。

第五节　发　展　路　径

农业重大科技创新平台建设技术路线如图 10-1 所示。

图 10-1 农业重大科技创新平台建设技术路线图

第十一章
措施与政策建议

　　未来 20 年是我国农业工程科技发展的关键时期，为确保 2035 年农业工程科技发展战略目标的顺利实现，应聚集国内外人才资源要素，明确发展战略，聚焦发展目标，确定发展重点，创新体制机制，加大政府投资力度，提高我国农业工程科技的综合创新能力和国际竞争力，实现由农业大国向农业强国的跨越式发展。

第一节　加快国家农业科技创新体系建设，提升农业科技自主创新能力

一、构建国家农业科技创新体系

　　国家农业科技创新体系以"科学布局，优化资源，创新机制，提升能力"为总体思路，以提高科技持续创新能力和效率为核心，以整合资源和创新机制为手段，以食物特别是粮食安全、生态安全和农民增收为主要任务，从知识创

新、技术创新、成果创新和产品创制四个方面进行系统设计的开放式体系。面对科技创新新态势、创新主体新变化、科技体制改革新要求，积极构建农业科技创新制度体系、创新主体系统、区域创新系统、科技服务系统和创新环境系统，探索建立符合农业科技发展规律、各类农业科技创新主体协调互动和创新元素高效配置的国家农业科技创新体系。明确政府在科技创新战略规划和组织管理上的作用，加强高校、科研院所和企业的产学研合作，激发创新主体活力，增强原始创新能力，培育和建设一批世界一流农业大学和科研院所。

二、加强农业科技计划顶层设计

深化农业科技计划管理改革，围绕我国农业科技计划碎片化和科研项目取向聚焦不够的问题，加强科技计划顶层设计和整体布局，面向国家重点战略需求和农业生产重大问题，以目标和绩效为导向，开展前沿性、原创性基础科学研究和重大技术应用研究，建立符合农业科技创新规律要求的科研项目立项和管理机制。围绕面向2035年我国经济社会发展的重大战略需求，规划启动并实施一批农业领域重大工程和重大工程科技专项，明确战略目标和重点任务，注重学科发展和学科交叉，抢占未来战略制高点。健全竞争性经费和稳定支持经费相协调的投入机制，适当启动实施一批非竞争性重大科技计划，逐步加大稳定支持力度，提高经费保障能力，营造自由宽松、适合潜心科研的创新环境。加强地方、行业部门科技规划的协调衔接，引导科技资源合理优化配置，统筹协调各级管理部门、高等学校、科研院所、企业，打破行业壁垒，协同创新，解决农业生产面临的重大技术瓶颈问题和发展困境。

三、建立企业主导技术创新体系

逐步建立健全企业主导的技术创新体系，发挥企业在技术创新中的主体作用，增强企业自主创新能力。要坚持以市场为导向、企业为主体、政策为引导，完善科技计划组织管理方式，鼓励企业承担中央或地方财政支持的科技计划，推进政产学研用创紧密结合，促进科技成果快速产业化。鼓励农业企业加大科技投入，建立研发机构，加强与高等学校和科研院所互相合作、联合攻关，培育一批具备国际竞争力的科技型龙头企业。积极鼓励高等学校、科研院所和创新企业之间采取多种形式,实现人才流动。

第二节　加快布局创新基地,提高科技创新支撑能力

一、布局高水平科技创新基地

布局推进一批农业领域国家研究中心与重点实验室、国家工程技术研究中心、国家现代农业产业科技创新中心（区域创新中心）等,建立农村科技综合服务与技术推广体系、专业化农业技术转移服务体系,完善绩效评估和考核管理,并与现有的国家重大科技基础设施、基地平台、重大工程、服务体系紧密结合,建成信息畅通、高效联动、协调发展的科技创新平台。以高水平创新基地为引领,充分聚集一流人才,增强创新储备,提升全链条支撑创新能力,为实现农业科技重大成果和源头创新奠定重要基础。

二、建设区域农业科技创新载体

围绕"一带一路"、京津冀一体化、长江经济带等国家区域发展重大战略实施,建立农业科技区域协同创新联盟和创新中心,推动京津冀农业融合发展,推进长江经济带优势地区率先实现农业现代化;面向典型脆弱生态区,重点实施干旱半干旱、盐碱地、退化草地、滩涂、荒漠化与石漠化、华北地下水漏斗区等科技创新示范工程,解决制约区域农业发展的重大科技问题,实现农业发展与区域发展同步。

三、建设农业科研野外基地

围绕现代农业、生态安全、气候变化和灾害防治等国家战略需求,统筹全国农业科研院校、部委及地方的农业研究野外基地,建设布局一批国家农业野外科学观测试验台站,形成覆盖全国的农业野外科学观测试验台站体系,推动

野外科学观测基地的多能化、标准化、规范化和网络化建设运行,促进联网观测和协同创新,实现农业科技资源共建共享。结合农业大数据研究与应用,提升农业科技原始创新的支撑能力。

第三节　加强人才队伍建设,培养创新型农业科技人才

一、完善多元化人才考核评价体系

健全农业领域工程科技人才分类评价激励机制,改进人才评价考核方式,转变单一以 SCI 论文篇数和影响因子高低等数量指标考核评价人才的办法,突出品德、能力和业绩评价,对从事农业科技创新基础研究、技术研发、成果转化、管理服务等各类科技人员实行分类评价。加大对有突出贡献的科技人员、企业主导技术创新管理者的奖励力度;完善科研院所、高校科研人员与企业人才流动和兼职制度,创造良好的内部科研氛围和外部环境,鼓励支持部门、地方、企业建立优秀人才奖励机制和专项基金。

二、优化配置人才支持计划

加强人才优先发展的战略布局,优化人才资助机制,防止人才计划碎片化,防止人才计划成为人才的永久性"标签"和"帽子",推进形成鼓励优秀年轻人才静心做事、有利于人才健康成长的生态环境。统筹整合国家各部门之间、国家和地方之间的各类人才资助计划,建立部际人才资助协商机制,组织召开联席会议,优化人才资源配置,避免人才计划重复、重叠支持。改变"重入选申请、轻后续评价",取消以入选人才计划数量和资助经费额度作为评估指标,逐步完善人才评价机制、遴选机制和培养机制,支持范围重点向 40 岁以下的青年学者倾斜。建立健全人才流动机制,优化人才发展环境,促进人才间的共享与合作,推动跨学科、多部门人才的协同创新。

三、培养和引进农业科技人才

建立国家农业科技人才专项基金,加强对农业高层次人才的支持力度,重点培养和引进从事农业科技创新的杰出科学家、高水平创新团队,提升农业重点领域科技创新能力。加强创新型科技人才的科学化分类管理,探索个性化培养路径,拓宽培养渠道,积极支持农业科技成果转化和科研管理人才发展。坚持人才资源优先,优化整合科技资源配置,形成广泛、多层次的创新人才合作机制,充分发挥人才、项目、资金和政策的综合效益,大力推动科技创新能力建设。

四、大力培育新型职业农民

大力开展农业科技教育培训,全方位、多层次培养各类新型职业农民和农村实用技术人才。构建以企业为主体、职业院校为基础,各类培训机构积极参与、公办与民办并举的职业培训和技能人才培养体系。通过广泛开展形式多样的农村科普活动和特色技能培训,大力普及现代农业、绿色发展、安全健康、耕地保护、防灾减灾等科技知识和观念,培养造就有文化、懂技术、会经营的新型职业农民,促进农业科技成果转化和应用。

第四节 拓展国际交流合作,增强农业科技国际竞争力

一、开展农业科技创新国际合作

顺应科学研究国际化趋势,坚持平等互利、优势互补、成果共享的原则,立足农业工程技术发展的重要前沿技术和重大研究领域,争取最大限度地利用国际农业科技资源。积极支持国内科技服务机构与国外同行开展深层次合作,吸引国际科技服务人才来华工作、短期交流或举办培训,形成信息共享、资源分享、互联互通的国际科技服务协作网络,提升我国农业工程技术创新的国际竞争能力。

二、搭建农业领域国际合作平台

发挥政府职能,全方位搭建农业工程领域的国际合作平台。在合作层次上坚持政府引导、广泛参与的原则,多层次开展农业工程的国际科技工作,注重国际合作方式多样化,鼓励组织、主导和参与国际重大工程科技合作计划,鼓励支持国内有关单位与国外同行共建国际合作联合实验室、工程中心等研究平台,使其逐步成为我国农业工程科技前沿技术和平台技术发展的"桥头堡"。同时,积极吸引和支持国际知名研究院校和企业在国内建立合资或分支合作研究机构,促进和加快我国农业工程技术整体水平的提高。

第五节 改进科技成果评价与奖励政策,加速农业科技成果转移转化

一、完善农业科技成果评价政策

农业科技成果具有地域性、基础性与公益性特征,而且转化周期长、不确定性和风险大、转化受体类型多样等,要根据农业科技成果的不同特点,实行分类评价,完善农业科技成果评价指标体系。逐步建立第三方评价制度,完善公平、公正、公开、高效的农业科技成果评价政策。鼓励社会力量(包括民间学术团体、企业以及个人)设立科技奖励。强化评价机构监督管理,加强专业评价队伍建设,推行评价资质认证。

二、加快农业科技成果转移转化

推动高等学校、科研院所建立健全农业科技成果技术转移工作体系和机制,加强成果转化队伍建设,优化成果转化流程,完善成果转化激励评价制度。完善创新国家公共农业技术推广服务体系,加强基层农业技术推广队伍建设,保障岗位编制和资金投入,强化专业技能再教育和培训,实行技术推广人员执业资格制

度。积极培育和发展多种农业科技服务主体，制定并落实服务主体激励优惠政策。建立长效、稳定的专项资金渠道，要逐步建立农业科技与经济紧密结合的成果转化运行机制。加快农业科技成果示范基地建设，通过技术成果展示、宣传和培训，加速科技成果转移转化进程。

三、逐步减少政府奖励科技成果数量

深化科技奖励改革，建立完善公开、公平、公正的评奖机制，构建既符合科技发展规律又适应国情的中国特色科技奖励体系。评审要遵循"服务国家发展、激励自主创新、突出价值导向"，要弱化奖励数量，强化科技成果质量。逐步减少政府主导的科技奖励数量，政府要转为对科技奖评审工作的监督和管理，完善评价体系，打造国家科技奖励的公信力和权威性。逐步健全以专业学术机构和社会学术团体为主体的民间评奖机制，扩大评奖范围，规范评奖程序，提高奖项评审的公正性和权威性。

第六节　加大财政投入，建立多元化科技投入体系

一、加大中央财政投入

农业科技创新具有公益性强、研究周期长、研究风险大、科研环境艰苦等特点，国家要制定出台特殊政策，加大中央财政支持力度，农业研究与开发投资强度达到 2.0% 以上，重点支持动植物新品种选育、植物病虫害防控、动物重大疫病防控、高效安全生产、农业资源绿色高效利用、非传统耕地利用、智慧农业工程等基础性和公益性研究。继续优化中央财政科技计划（专项、基金等）管理，深入实施农业领域的国家科技重大专项、重大科技项目、重大工程等重大科技计划。

二、建立多渠道全社会投资机制

创新科技投入方式，加强财政资金和金融手段的协调配合，鼓励和吸引地方、企业、民间等各种金融资本，加大对农业工程科技创新、研究开发及产业化应用的投入，逐步建立国拨、专项基金、风险投资、企业投入、民间集资等多形式、多渠道、多元化的科技投入体系。鼓励企业加大研发投入，通过风险补偿、后补助、创投引导等方式，引导各类创新要素向企业集聚，支持企业开展农业科技创新，增强企业创新能力，提升农业科技贡献率。

参 考 文 献

陈怀亮,张红卫,刘荣花,等. 2009. 中国农业干旱的监测、预警和灾损评估. 科技导报, 27(11): 82-92.

陈焕春. 2012. 兽医学科发展战略研究. 中国家禽, 34 (17): 1-3.

陈焕春. 2013. 天然免疫与疫病防控新策略. 兽医导刊, 12: 4-6.

陈久昀. 2011. 发达国家农产品加工业技术创新研究. 中国科技信息, (2): 98-99.

陈菊英. 2010. 中国旱涝的机理分析和长期预报技术研究. 北京: 气象出版社.

陈松林,邵长伟,徐鹏. 2016. 水产生物技术发展战略研究. 中国工程科学, (3): 49-56.

陈兆波,董文,霍治国,等. 2013. 中国农业应对气候变化关键技术研究进展及发展方向. 中国农业科学, 45(15): 3097-3104.

成立园. 2014. 澳大利亚农产品加工业发展经验及其对我国的启示. 中国农资, (4): 213, 217.

崔静,王秀清,辛贤,等. 2011. 生长期气候变化对中国主要粮食作物单产的影响. 中国农村经济, (9): 12-22.

《第二次气候变化国家评估报告》编写委员会. 2011. 第二次气候变化国家评估报告. 北京: 科学出版社.

《第三次气候变化国家评估报告》编写委员会. 2015. 第三次气候变化国家评估报告. 北京: 科学出版社.

方建光,李钟杰,蒋增杰,等. 2016. 水产生态养殖与新养殖模式发展战略研究. 中国工程科学, (3): 22-28.

方升佐,田野. 2012. 人工林生态系统生物多样性与生产力的关系. 南京林业大学学报（自然科学版）, 36(4): 1-6.

房世波,韩国军,张新时,等. 2011. 气候变化对农业生产的影响及其适应. 气象科技进展,

1(2): 15-19.

冯伟, 蔡学斌, 杨琴, 等. 2015. 发达国家农产品加工业增长及经验借鉴. 世界农业, (11): 55-57, 67.

高玲, 夏利利, 刘勇. 2014. 设施智能农业装备发展现状及特点. 安徽农业科学, 42(16): 5334-5335.

葛文杰, 赵春江. 2014. 农业物联网研究与应用现状及发展对策研究. 农业机械学报, 45(7): 222-230, 277.

顾西辉, 张强, 孔冬冬, 等. 2016. 低频气候变化对中国农业洪涝灾害的影响. 自然灾害学报, 25(1): 35-44.

桂建芳. 2015. 水生生物学科学前沿及热点问题. 科学通报, 22: 2051-2057.

桂建芳, 包振民, 张晓娟. 2016. 水产遗传育种与水产种业发展战略研究. 中国工程科学, (3): 8-14.

郭建平. 2015. 气候变化对中国农业生产的影响研究进展. 应用气象学报, 26(1): 1-11.

郭凯军, 杨振海. 2017. 意大利畜禽粪污处理情况及启示. 世界农业, (3): 29-32.

郭然, 王效科, 逯非, 等. 2008. 中国农田土壤生态系统固碳现状和潜力. 生态学报, 28(2): 621-619.

国家林业局. 2013. 全国防沙治沙规划（2011—2020年）.

国家林业局. 2014. 中国森林资源报告（2009—2013）. 北京: 中国林业出版社.

国家林业局. 2015. 中国林业发展报告. 北京: 中国林业出版社.

国土资源部土地整治中心. 土地整治蓝皮书: 中国土地整治发展研究报告. 北京: 社会科学文献出版社, 2014—2017.

韩兰英. 2016. 气候变暖背景下中国农业干旱灾害致灾因子、风险性特征及其影响机制研究. 兰州: 兰州大学.

何斌, 武建军, 吕爱锋. 2010. 农业干旱风险研究进展. 地理科学进展, 29(5): 557-564.

胡振琪. 2009. 中国土地复垦与生态重建20年: 回顾与展望. 科技导报, 27(17): 25-29.

环境保护部, 国土资源部. 2014. 全国土壤污染状况调查公报.

黄健, 曾令兵, 董宣, 等. 2016. 水产生物安保发展趋势与政策建议. 中国工程科学, (3): 15-21.

黄友昕, 刘修国, 沈永林, 等. 2015. 农业干旱遥感监测指标及其适应性评价方法研究进展. 农业工程学报, 31(16): 186-195.

黄元仿, 张世文, 张立平, 等. 2015. 露天煤矿土地复垦生物多样性保护与恢复研究进展. 农业机械学报, 46(8): 72-82.

贾敬敦. 2013. 中国农业应对气候变化研究进展与对策. 北京: 中国农业科学技术出版社.

贾伟, 臧建军, 张强, 等. 2017. 畜禽养殖废弃物还田利用模式发展战略. 中国工程科学,

19(4): 130-137.

蒋桂芹．2013．干旱驱动机制与评估方法研究．北京：中国水利水电科学研究院．

解绶启，张文兵，韩冬，等．2016．水产养殖动物营养与饲料工程发展战略研究．中国工程科学，(3): 29-36.

京津风沙源治理工程二期规划思路研究项目组．2013．京津风沙源治理工程二期规划思路研究．北京：中国林业出版社．

康绍忠．2014．水安全与粮食安全．中国生态农业学报，22 (8): 880-885.

康绍忠，霍再林，李万红．2016．旱区农业高效用水及生态环境效应研究现状与展望．中国科学基金，(3): 208-212.

康绍忠，李万红，霍再林．2012．粮食生产中水资源高效利用的科学问题——第 74 期"双清论坛"综述．中国科学基金，(6): 321-324, 329.

康绍忠，刘旭，唐华俊，等．2017．关于京津冀一体化背景下地下水严重超采区发展适水农业的建议．中国工程院院士建议，12.

李道亮．2012．物联网与智慧农业．农业工程，2(1): 1-6.

李道亮．2017．互联网 + 农业：农业供给侧改革必由之路．北京：电子工业出版社．

李家洋，等．2016．"跨越 2030"农业科技发展战略．北京：中国农业科学技术出版社．

李锐，郝庆升，高可，等．2015．国外农产品加工业的发展经验及启示．黑龙江畜牧兽医，(2): 4-6.

李卫宁，匡昭敏，卢远，等．2011．基于 GIS 技术的农业干旱监测与评估系统．安徽农业科学，39(28): 17296-17298, 17329.

李希辰，鲁传一．2011．我国农业部门适应气候变化的措施、障碍与对策分析．农业现代化研究，32(3): 324-327.

刘宪锋，朱秀芳，潘耀忠，等．2015．农业干旱监测研究进展与展望．地理学报，70(11): 1835-1848.

刘晓琳．2016．农业现代化综合发展水平测度及实证研究．成都：成都理工大学．

刘秀梵．2013．H5 和 H7 亚型禽流感病毒感染的防控策略．兽医导刊，12: 6-7.

刘兆普，翟虎渠，沈其荣，等．1999．沿海滩涂改造与生态农业．北京：海洋出版社．

吕军，孙嗣旸，陈丁江．2011．气候变化对我国农业旱涝灾害的影响．农业环境科学学报，30(9): 1713-1719.

孟宪军．2011．国内外农产品加工现状及发展趋势．农业科技与装备，(11): 16-17.

农业部．2012．国家中长期动物疫病防治规划（2012—2020 年）．

农业部．2014．关于全国耕地质量等级情况的公报．

农业部．2015a．到 2020 年化肥使用量零增长行动方案．

农业部．2015b．耕地质量保护与提升行动方案．

农业部. 2015c. 全国农业可持续发展规划 (2015—2030 年).

农业部. 2016. 全国生猪生产发展规划 (2016—2020 年).

潘根兴, 高民, 胡国华. 2011a. 气候变化对中国农业生产的影响. 农业环境科学学报, 30(9): 1698-1706.

潘根兴, 高民, 胡国华, 等. 2011b. 应对气候变化对未来中国农业生产影响的问题和挑战. 农业环境科学学报, 30(9): 1707-1712.

秦大河, 丁永建, 穆穆. 2012. 中国气候变化与环境演变: 2012. 北京: 气象出版社.

任国玉, 封国林, 严中伟. 2010. 中国极端气候变化观测研究回顾与展望. 气候与环境研究, 15(4): 337-353.

任国玉, 任玉玉, 李庆祥, 等. 2014. 全球陆地表面气温变化研究现状、问题和展望. 地球科学进展, 29(9): 934-946.

山立, 韩冰. 2015. 可降解农用地膜国内外研究推广进程与存在问题. 陕西农业科学, 61(12): 73-77.

邵丽华. 2016. 我国农业面源污染的现状分析及对策. 现代化农业, (446): 41-42.

盛炜彤. 2014. 中国人工林及其育林体系. 北京: 中国林业出版社.

施季森, 王占军, 陈金慧. 2012. 木本植物全基因组测序研究进展. 遗传, 34(2): 145-156.

宋建德, 滕翔雁, 王栋, 等. 2014. 重大动物疫病防控国际规则. 中国动物检疫, 31(1): 5-11.

唐启升. 2017. 环境友好型水产养殖发展战略新思路、新任务、新途径. 北京: 科学出版社.

唐启升, 丁晓明, 刘世禄, 等. 2014. 我国水产养殖业绿色、可持续发展战略与任务. 中国渔业经济, 32(1): 6-14.

田胜平, 秦德辉, 肖金平, 等. 2016. 我国农业科技投入存在的问题与机制创新. 中国农业信息, (2): 3-4.

王春乙, 王石立, 霍治国, 等. 2005. 近10年来中国主要农业气象灾害监测预警与评估技术研究进展. 气象学报, 63(5): 659-671.

王春乙, 张继权, 霍治国, 等. 2015. 农业气象灾害风险评估研究进展与展望. 气象学报, 73(1): 1-19.

王建, 徐敏, 刘兆普, 等. 2012. 江苏省海岸滩涂及其利用潜力. 北京: 海洋出版社.

王小萱. 2016. 我国食品加工业跨入营养健康新时代. 中国食品报, 2016-10-14(001).

夏咸柱, 钱军, 杨松涛, 等. 2014. 严把国门, 联防联控外来人兽共患病. 灾害医学与救援, 3(4): 204-207.

夏咸柱. 2012. 动物疫病预防与控制战略研究. 中国家禽, 34(11): 10-12.

肖风劲, 张海东, 王春乙, 等. 2006. 气候变化对我国农业的可能影响及适应性对策. 自然灾害学报, 15(6): 327-331.

徐皓. 2016. 水产养殖设施与深水养殖平台工程发展战略. 中国工程科学，(3): 37-42.

薛长湖，翟毓秀，李来好，等. 2016. 水产养殖产品精制加工与质量安全发展战略研究. 中国工程科学，(3): 43-48.

闫丽珍，闵庆文，成升魁. 2005. 中国农村生活能源利用与生物质能开发. 资源科学，27(1): 8-13.

严昌荣，梅旭荣，何文清，等. 2006. 农用地膜残留污染的现状与防治. 农业工程学报，22(11): 269-272.

杨小梅. 2010. 国内外农产品加工业发展现状及方向. 魅力中国，(4): 8-9.

杨晓光，陈阜. 2014. 气候变化对中国种植制度影响研究. 北京：气象出版社.

杨晓光，李勇，代姝玮，等. 2011a. 气候变化背景下中国农业气候资源变化Ⅸ. 中国农业气候资源时空变化特征. 应用生态学报，22(12): 3177-3188.

杨晓光，刘志娟，陈阜，等. 2010. 全球气候变暖对中国种植制度可能影响：Ⅰ. 气候变化对我国种植制度北界和粮食产量的可能影响分析. 中国农业科学，43(2): 329-336.

杨晓光，刘志娟，陈阜，等. 2011b. 全球气候变暖对中国种植制度可能影响：Ⅵ. 未来气候变化对中国种植制度北界的可能影响. 中国农业科学，44(8): 1562-1570.

叶乃好，庄志猛，王清印. 2016. 水产健康养殖理念与发展对策. 中国工程科学，(3): 101-104.

佚名. 2013. 国内外农产品加工业现状及启示. 吉林农业，(3): 46-47.

佚名. 2014. 国家农产品加工技术研发体系. 农业工程技术·农产品加工业，(11): 17-19.

尹佟明. 2010. 林木基因组及功能基因克隆研究概述. 遗传，32(7): 677-684.

袁学国，郑纪业，李敬锁. 2012. 中国农业科技投入分析. 中国农业科技导报，14(3): 11-15.

翟明普. 2011. 现代森林培育：理论与技术. 北京：中国环境科学出版社.

张改平. 2011. 我国动物疫病防控的问题与思考. 中国家禽，33(1): 2-4.

张桃林. 2016. 农产品加工业如何挑起现代农业"大梁". 小康，(24): 28-30.

张学彪，徐继峰，李化，等. 2016. 我国粮食单产发展特点及国际比较. 中国食物与营养，22(2): 23-27.

中国工程院. 2013. 中国养殖业可持续发展战略研究. 北京：中国农业出版社.

中国农业机械化科学研究院赴美考察组. 2014. 美国农产品加工业考察报告. 农业工程技术·农产品加工业，(9): 38-44.

中国养殖业可持续发展战略研究项目组. 2013. 中国养殖业可持续发展战略研究：水产养殖卷. 北京：中国农业出版社.

周广胜. 2015. 气候变化对中国农业生产影响研究进展. 气象与环境科学，38(1): 80-94.

周海川，周海文，王锐，等. 2013. 中美畜牧业发展比较分析. 中国食物与营养，19(11): 22-27.

周中仁，吴文良. 2005. 生物质能研究现状及展望. 农业工程学报，21(12): 12-15.

Andretta I, Pomar C, Rivest J, et al. 2014. The impact of feeding growing-finishing pigs with daily tailored diets using precision feeding techniques on animal performance, nutrient utilization, and body and carcass composition. Journal of Animal Science, 92(9): 3925-3936.

Andretta I, Pomar C, Rivest J, et al. 2016. Precision feeding can significantly reduce lysine intake and nitrogen excretion without compromising the performance of growing pigs. Animal, 10(7): 1137-1147.

Araújo V R, Gastal M O, Figueiredo J R, et al. 2014. In vitro culture of bovine preantral follicles: A review. Reprod Biol Endocrinol, 12(1): 78.

Biotechnology and Biological Sciences Research Council (BBSRC). 2014. New techniques for genetic crop improvement. http: //www.bbsrc.ac.uk/documents/genetic-crop-improvement-position-statement-pdf.

Boch J, Scholze H, Schornack S, et al. 2009. Breaking the code of DNA binding specificity of TAL-type III effectors. Science, 326(5959): 1509-1512.

Broom D M, Galindo F A, Murgueitio E. 2013. Sustainable, efficient livestock production with high biodiversity and good welfare for animals. Proceedings of the Royal Society B Biological Sciences, 280(1771): 20132025.

Burns R T, Spajić R, Kralik D, et al. 2015. Overview of United States and European Union Manure Management and Application Regulations//Ni JQ, Teng TL, Wang C. Animal Environment and Welfare-Proceedings of International Symposium. Beijing: China Agriculture Press: 195-204.

Capecchi M R. 1989. Altering the genome by homologous recombination. Science, 244(4910): 1288-1292.

Chen X P, Cui Z L, Vitousek P M, et al. 2011. Integrated soil-crop system management for food security. Proceedings of the National Academy of Sciences of the United States of America, 108(16): 6399-6404.

European Commission. 2001. Council Directive 2001/93/EC of November 2001, amending Directive 91/630/EEC laying down minimum standards for the protection of pigs. Brussels: EC.

European Commission. 2003. Integrated pollution prevention and control reference document on best available technology for intensive rearing of poultry and pigs.

Gu L, Liu H, Gu X, et al. 2015. Metabolic control of oocyte development: Linking maternal nutrition and reproductive outcomes. Cellular & Molecular Life Sciences Cmls, 72(2): 251-271.

IPCC. 2013. Climate Change 2013: Physical Science Basis. Cambridge: Cambridge University Press.

Jayathilakan K, Sultana K, Radhakrishna K, et al. 2012. Utilization of byproducts and waste materials from meat, poultry and fish processing industries: A review. Journal of Food Science & Technology, 49(3): 278-293.

Jinek M, Chylinski K, Fonfara I, et al. 2012. A Programmable Dual-RNA–Guided DNA Endonuclease in Adaptive Bacterial Immunity. Science, 337(6096): 816.

Kaimio I, Mikkola M, Lindeberg H, et al. 2013. Embryo production with sex-sorted semen in superovulated dairy heifers and cows. Theriogenology, 80(8): 950-954.

Kim Y G, Cha J, Chandrasegaran S. 1996. Hybrid restriction enzymes: Zinc finger fusions to Fok I cleavage domain. Proceedings of the National Academy of Sciences of the United States of America, 93(3): 1156-1160.

Kirkwood R N, Kauffold J. 2015. Advances in breeding management and use of ovulation induction for fixed-time AI. Reprod Domest Anim, 50 (S2): 85-89.

Krasel C, Lohse M J. 1997. Signalling in the β-adrenergic receptor system. Pharmacochemistry Library, 28(9): 317-327.

Li JT, Li DF, Zang JJ, et al. 2012. Evaluation of energy digestibility and prediction of digestible and metabolizable energy from chemical composition of different cottonseed meal sources fed to growing pigs. Asian-Australasian Journal of Animal Sciences, 25(10): 1430-1438.

Mccormack U M, Curião T, Buzoianu S G, et al. 2017. Exploring a possible link between the intestinal microbiota and feed efficiency in pigs. Applied & Environmental Microbiology, 83(15).

Meuwissen T, Hayes B, Goddard M. 2013. Accelerating improvement of livestock with genomic selection. Annual Review of Animal Biosciences, 1(1): 221-237.

Ruan J, Jie X, Chen-Tsai R Y, et al. 2017. Genome editing in livestock: Are we ready for a revolution in animal breeding industry?. Transgenic Research, 26(6): 715-726.

Shi C X, Liu Z Y, Shi M, et al. 2015. Prediction of digestible and metabolizable energy content of rice bran fed to growing pigs. Asian Australasian Journal of Animal Sciences, 28(5): 654-661.

Stanton T B. 2013. A call for antibiotic alternatives research: Trends in microbiology. Trends in Microbiology, 21(3): 111-113.

Wu G, Fanzo J, Miller D D, et al. 2014. Production and supply of high-quality food protein for human consumption: Sustainability, challenges, and innovations. Ann N Y Acad Sci, 1321(1): 1-19.

Yang H, Huang X, Fang S, et al. 2017. Unraveling the fecal microbiota and metagenomic functional capacity associated with feed efficiency in pigs. Frontiers in Microbiology, 8: 1555.

Zhang Q Q, Ying G G, Pan C H, et al. 2015. Comprehensive evaluation of antibiotics emission and fate in the river basins of China: Source analysis, multimedia modeling, and linkage to bacterial resistance. Environ Sci Technol, 49: 6772-6782.

关键词索引

B

白色污染防控　198, 200, 201, 204
北斗卫星定位　55, 60, 61, 83, 85
标准规范　47, 68, 69, 70, 71, 74, 75
病原学　15, 114, 115, 152

C

草食畜牧业　200
测土配方施肥　28, 124, 170
产品溯源技术　54, 57, 59, 61, 62, 65, 71, 75
产业融合　ix, 22, 33, 77, 80, 199
产业升级　ii, 21, 76, 79, 139, 141, 182, 187, 243
成果转移转化　248, 261, 262

D

大数据　ii, 4, 8, 9, 10, 22, 39, 55, 57, 59, 60, 62, 70, 72, 75, 78, 87, 104, 106, 118, 119, 125, 134, 139, 140, 141, 142, 149, 153, 167, 169, 172, 188, 207, 218, 221, 222, 224, 240, 241, 242, 248, 251, 254, 259
颠覆性技术　xi, 35, 42, 47, 53, 62, 85, 226, 231
顶层设计　86, 248, 251, 253, 257
动物疫病　x, 4, 5, 15, 56, 58, 59, 60, 62, 67, 69, 70, 71, 73, 74, 75, 77, 78, 83, 84, 85, 109, 112, 114, 115, 116, 150, 151, 152, 154, 156, 211, 249, 250

F

防灾减灾　ix, 19, 29, 31, 41, 109, 118, 191, 194, 196, 198, 200, 218, 251, 260
分子标记　3, 5, 14, 54, 78, 87, 88, 89, 91, 93, 96, 98, 101, 130, 132, 133, 134, 135, 136, 195, 207, 208
分子育种　4, 15, 17, 37, 54, 55, 57, 59, 60, 61, 70, 72, 75, 84, 86, 87, 89, 93, 98, 100, 110, 111, 130, 132, 134, 135, 136, 153, 168, 192

G

干旱　26, 30, 31, 40, 101, 129, 130, 145, 156, 194, 195, 198, 200, 201, 204, 206, 215, 218,

219, 258
干细胞　4, 17, 55, 77, 111, 213, 226, 230, 231, 232
高值化利用　56, 57, 182, 188
耕地质量　x, 10, 31, 85, 120, 146, 165, 166, 167, 170, 199, 203, 218
工业基础能力　47, 68, 69, 72, 73, 74, 75
功能性园艺产品　55, 57, 62, 67, 70, 72
共性技术　xi, 46, 47, 52, 53, 60, 61, 74, 81, 82, 85, 104, 159, 181, 187, 188, 191, 248
国际合作平台　156, 261
国家农业科技创新体系　256, 257

H

海洋农业　x, 81, 172, 174
黑土地保护　198, 199, 204
洪涝　30, 31, 194, 218, 219
化肥农药减施　90, 216, 217
环境友好型　5, 19, 22, 35, 38, 81, 85, 95, 109, 119, 123, 126, 129, 146, 154, 169, 173, 176, 178, 196, 198, 199, 202, 204, 214

J

基因编辑技术　35, 208, 226, 227, 228, 229, 230, 231
基因组学　3, 17, 35, 56, 86, 99, 130, 145, 152, 207, 233
极端气候　ix, 29, 41, 192, 195
集约化生产　93, 94, 110
监测预警　4, 5, 37, 42, 56, 58, 59, 60, 62, 71, 75, 81, 85, 87, 91, 105, 115, 118, 151, 195, 198, 218
节水农业　x, 116, 118, 156, 157, 164, 170, 193, 250
节水抑盐　198, 200, 201, 204
经济性状形成　136, 207
经济作物　x, 53, 54, 56, 57, 59, 60, 61, 62, 67,

69, 70, 71, 72, 74, 75, 80, 82, 83, 85, 86, 87, 88, 125, 144, 145, 146, 147, 158, 160, 161, 162, 209, 216, 217
精准营养　7, 55, 57, 60, 62, 71, 72, 85
净化与根除　115, 150, 151

K

抗生素　37, 77, 125, 150, 152, 153
科技成果评价　261
科技创新平台　xi, 247, 253, 254, 258
科技投入　257, 262, 263, 267, 268
科技资源　36, 47, 68, 69, 70, 74, 104, 247, 248, 251, 252, 253, 257, 259, 260
跨尺度　221

L

冷链物流　9, 187
粮食　x, 1, 2, 3, 5, 6, 14, 15, 18, 20, 24, 25, 26, 31, 33, 35, 36, 37, 41, 53, 54, 56, 57, 59, 60, 61, 62, 67, 69, 70, 71, 72, 74, 75, 77, 79, 80, 82, 83, 85, 86, 87, 88, 89, 90, 91, 118, 119, 123, 124, 125, 126, 129, 130, 137, 144, 145, 146, 147, 150, 156, 158, 160, 162, 164, 165, 167, 170, 187, 189, 191, 192, 193, 196, 198, 199, 201, 209, 210, 216, 217, 226, 244, 250, 253, 256
林产化学　102, 184
林业　x, 16, 43, 53, 55, 56, 57, 60, 61, 62, 70, 71, 72, 74, 78, 83, 84, 85, 96, 98, 99, 102, 130, 170, 180, 181, 182, 183, 184
林业科技　98, 102, 184
流行病学　4, 5, 15, 114, 115, 151, 177, 178, 211
卵泡发育　212, 213, 214
绿色高效生产　6, 15, 38, 86, 87, 89, 91, 147, 149, 199
绿色革命　x, 18, 85

绿色生物种业　x, 129, 131, 137, 252

M

免疫佐剂　115, 151
面源污染　11, 123, 124, 125, 144, 156, 162, 202, 220
木材　96, 98, 99, 101, 102, 136, 180, 181, 182, 183, 184

N

农业传感器　9, 55, 57, 61, 62, 73, 78, 83, 85
农业工程　x, xi, 8, 16, 53, 56, 57, 58, 59, 60, 61, 62, 67, 69, 72, 74, 75, 82, 83, 84, 85, 116, 139, 140, 157, 166, 180, 249, 250, 256, 260, 261, 262, 263
农业机器人　9, 55, 84, 90, 119, 140, 225, 241, 242, 243
农业机械化和自动化　116
农业科技人才　81, 259, 260
农业纳米材料　232, 233
农业物联网　21, 39, 78, 118, 119, 139, 140, 141, 142, 251

P

胚胎工程　104, 105, 106, 135

Q

气候变化　x, xi, 19, 29, 30, 31, 35, 37, 41, 42, 57, 71, 78, 85, 100, 108, 118, 129, 140, 158, 164, 165, 167, 175, 191, 192, 193, 194, 195, 196, 198, 202, 203, 209, 215, 218, 219, 251, 253, 258
器官发育　207, 208
轻简省力化栽培　54, 57, 59, 61, 62, 65, 71, 75, 89, 93, 95
区域农业可持续发展　x, 198, 199, 204, 206

区域气候模式　219

R

人才计划　259
人才评价　259
人畜共患病　4, 5, 6, 56, 58, 59, 65, 70, 84, 112, 114, 116, 150, 152, 154, 211
人工林培育　100
人工智能　39, 139, 142, 149, 241, 242

S

森林生态系统　16, 98, 99, 101, 102, 180, 181
生境修复　55, 57, 70, 71, 175, 178, 204
生态　iii, ix, x, 5, 6, 7, 10, 11, 15, 16, 19, 21, 22, 23, 26, 27, 34, 38, 40, 41, 43, 53, 56, 57, 61, 67, 70, 72, 74, 76, 77, 78, 79, 80, 81, 82, 83, 84, 85, 87, 89, 90, 94, 96, 98, 99, 101, 102, 105, 106, 108, 109, 110, 111, 115, 118, 119, 120, 123, 124, 126, 129, 131, 132, 134, 135, 137, 139, 142, 144, 147, 149, 151, 152, 153, 156, 157, 158, 159, 160, 161, 162, 164, 165, 166, 167, 168, 169, 170, 172, 173, 174, 175, 176, 177, 178, 180, 181, 183, 184, 186, 191, 193, 194, 195, 196, 198, 199, 200, 201, 202, 203, 204, 206, 208, 209, 210, 211, 214, 215, 216, 222, 224, 226, 240, 248, 249, 250, 251, 252, 253, 256, 258, 259
生态安全　x, 6, 82, 85, 87, 89, 98, 111, 124, 135, 137, 147, 158, 165, 168, 173, 183, 198, 206, 248, 250, 253, 256, 258
生态保育　90, 123, 126, 198, 204
生态环境压力　ix, 26
生态养殖　x, 106, 109, 149, 153, 173, 176, 249
生物基材料　42, 182, 183, 221, 226, 227, 232, 233, 234, 235
生物质　19, 22, 42, 79, 80, 85, 105, 119, 121,

168, 181, 182, 183, 184, 194, 220, 221, 226, 227, 232, 233, 234, 235, 238, 239, 240
生物种业　x, 1, 3, 15, 82, 85, 91, 129, 130, 131, 137, 207, 237, 251, 252
石漠化综合治理　98, 99, 198, 203, 204
食物安全　ix, x, 2, 24, 76, 77, 79, 80, 82, 85, 86, 87, 108, 130, 139, 157, 187, 201, 216, 248, 250, 251, 253
适水农业　198, 201, 202, 204
数字农业　18, 142
水肥高效利用　10, 89, 124, 125, 145, 161, 250
水文模型　164
饲料安全　150
饲料添加剂　18, 78, 104, 106, 153

T

天然免疫　210, 211, 212
土壤污染修复　166, 216

W

"五位一体"战略布局　198
外来动物疫病　83, 84, 112, 114, 115
胃肠微生物　212, 213, 214

X

先进木质材料　57, 61, 62, 65, 75, 85, 96, 98, 100, 101, 102, 183
现代生物种业　130
乡村振兴　ix, x, 77, 82, 85
畜牧　x, 4, 7, 8, 11, 20, 53, 55, 56, 57, 59, 60, 61, 62, 67, 69, 70, 71, 72, 73, 74, 75, 80, 83, 84, 85, 102, 104, 105, 106, 112, 124, 130, 150, 151, 154, 200, 203, 227, 231
循环农业　19, 41, 56, 73, 79, 80, 123, 124, 126, 199, 200, 206, 249
循环水养殖　55, 57, 71, 109, 173, 177, 178

Y

研发投入　47, 68, 69, 72, 74, 75, 263
养殖废弃物　40, 105, 106, 119, 123, 150, 154, 214, 216, 221
疫病防控　x, 4, 5, 15, 76, 83, 84, 85, 108, 109, 112, 114, 115, 116, 147, 151, 152, 154, 156, 173, 177, 210, 211, 249, 262
疫苗　5, 15, 17, 84, 112, 114, 115, 116, 150, 151, 152, 177, 211
优异基因挖掘　54, 57, 59, 60, 61, 70, 72, 75, 82, 85, 93, 94
有害生物防控　90
有机废弃物资源化　125, 199
渔业　x, 14, 53, 55, 56, 57, 58, 59, 60, 62, 67, 69, 70, 71, 73, 74, 75, 83, 84, 85, 108, 110, 112, 172, 173, 174, 175, 176, 178, 198, 203, 204
园艺作物　54, 57, 59, 60, 61, 62, 65, 70, 71, 82, 83, 84, 85, 91, 93, 94, 95, 96, 130, 135, 136, 209
远洋渔业　58, 173, 174

Z

诊断　4, 5, 15, 56, 58, 59, 60, 62, 71, 75, 78, 84, 85, 112, 114, 115, 116, 119, 120, 151, 152, 159, 192, 211, 215, 225, 242, 246
职业农民　33, 260
植被恢复　55, 99, 101, 203
植物工厂　55, 42, 83, 84, 90, 224, 244, 245, 246
质量安全　x, 8, 9, 10, 34, 40, 56, 58, 72, 77, 78, 80, 84, 85, 91, 93, 102, 106, 108, 119, 137, 140, 144, 146, 149, 153, 172, 177, 183, 186, 187, 188, 189, 191, 198, 206, 216, 224
致病机理　56, 147, 188, 211
智慧农业　x, 8, 9, 18, 35, 38, 39, 42, 82, 85,

118, 119, 121, 137, 139, 140, 141, 142, 147, 224, 225, 243, 262
智慧型生物能源　227, 238, 240
智慧园艺　84, 96
智能农业装备　57, 59, 60, 61, 65, 73, 75, 149, 265
智能装备技术　90, 120, 250
种养结合　11, 28, 124, 200
重大工程　82, 83, 85, 128, 144, 251, 257, 258, 261, 262
重金属防控　125, 166
竹材　181, 182, 183, 184
贮藏加工　9, 18, 186, 189, 190
资源高效利用　10, 15, 79, 85, 87, 88, 89, 93, 95, 96, 118, 119, 123, 145, 146, 147, 165, 199, 200, 209
资源环境　21, 38, 40, 76, 85, 123, 124, 174, 175, 189, 198, 199, 200, 201, 204, 209, 249, 250
自主创新　14, 76, 77, 78, 79, 83, 104, 129, 133, 184, 207, 222, 247, 249, 256, 257, 262
作物遗传改良　87, 91
作物种质资源　3, 15, 54, 57, 70, 71, 87, 88, 91, 93, 135

其他

3D生物打印技术　235, 236, 237